现代灌溉排水工程技术

主　编　余金凤　杜艳珍　周　欢
副主编　赖永明　刘俊宏　张志玲
　　　　梁　丹　金斌斌　粟世华
主　审　郭晋川

北京理工大学出版社
BEIJING INSTITUTE OF TECHNOLOGY PRESS

内 容 提 要

本书是广西职业教育“十四五”规划立项教材，是高职高专水利工程专业及相关专业的教材。全书分为5个项目，共22个任务，主要内容包括灌溉用水量计算、灌溉引水工程规划设计、灌溉渠道系统规划设计、灌区排水工程规划设计、节水灌溉工程规划设计等。每个任务设置学习目标和学习任务，每个项目后面附有思考与习题。本书是为适应国家高等职业技术教育的高质量发展而编写的，突出了灌溉排水工程基本知识的应用能力。

本书可作为高等院校水利工程类专业的教材，也可供成人高等学校师生及相关水利工程技术人员等学习参考。

图书在版编目（CIP）数据

现代灌溉排水工程技术 / 余金凤，杜艳珍，周欢主编. -- 北京：北京理工大学出版社，2024.4

ISBN 978-7-5763-3542-2

Ⅰ.①现…　Ⅱ.①余… ②杜… ③周…　Ⅲ.①灌溉工程—高等学校—教材 ②排水工程—高等学校—教材　Ⅳ.①S277②TU992

中国国家版本馆CIP数据核字（2024）第042941号

责任编辑： 江　立　　**文案编辑：** 江　立
责任校对： 周瑞红　　**责任印制：** 王美丽

出版发行 / 北京理工大学出版社有限责任公司
社　　址 / 北京市丰台区四合庄路6号
邮　　编 / 100070
电　　话 / （010）68914026（教材售后服务热线）
（010）68944437（课件资源服务热线）
网　　址 / http：//www.bitpress.com.cn

版 印 次 / 2024年4月第1版第1次印刷
印　　刷 / 北京紫瑞利印刷有限公司
开　　本 / 787 mm×1092 mm　1/16
印　　张 / 13.5
字　　数 / 361千字
定　　价 / 89.00元

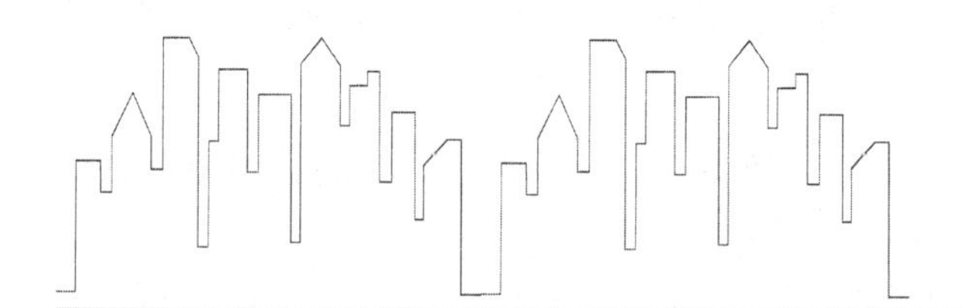

前言

为了不断提高教材质量，本书编者于2023年6月根据《国家职业教育改革实施方案》《职业教育提质培优行动计划（2020—2023年）》等文件精神及《职业院校教材管理办法》规定对全书进行了修订完善。本书以党的二十大精神进教材、进课堂、进头脑为统领，通过对全书5个项目的讲述，采用"润物无声"的方式，最终实现对学生进行"社会主义核心价值观"教育的总目标。

本书紧密结合岗位技能对职业素质的要求，以学生能力提升为主线，反映现代水利行业高质量发展和职业教育教学改革的成果，具有鲜明的时代特点，体现实用性、实践性、创新性。本书以工作任务为引领，突出工作过程的导向作用，贴合以职业技能为核心，立足工学结合的项目式教学方法，基于水利工程管理工程技术人员应具备的工匠精神和"精设计、懂工艺、能创新"的岗位工作过程及典型工作任务，包含5个项目22个任务，简明扼要地介绍了完成每一项工作任务所需要的相关知识和技能应采用的具体方法与步骤，旨在培养学生知行合一和自主创新的能力。

本书编写内容所选的项目实例均是专业领域生产一线的典型案例，突出本课程内容的专业针对性和应用性，采用近年来国家及行业最新颁布的新规范、新标准等。本书在关键内容重难点中添加了动画视频等资源的二维码链接，读者通过手机扫描即可观看。通过本书22个任务的学习和训练，学生不仅能够掌握灌溉排水工程技术的基本知识，还能够进行灌溉排水工程的初步设计和规划。

本书由广西水利电力职业技术学院余金凤、杜艳珍、周欢担任主编；由广西水利电力职业技术学院赖永明、刘俊宏、张志玲、梁丹，浙江同济科技职业学院金斌斌、广西桂林灌溉试验站粟世华担任副主编。具体编写分工为：余金凤编写引言及项目一中的任务一；周欢编写项目一中的任务二～任务四；赖永明编写项目二；刘俊宏编写项目三中的任务一～任务三；杜艳珍编写项目三中的任务四～任务六；张志玲和粟世华共同编写项目四中的任务一；周欢编写项目四中的任务二和任务三；杜艳珍编写项目四中的任务四；张志玲编写项目五中的任务一；金斌斌编写项目五中的任务二；梁丹编写项目五中的任务三；杜艳珍编写项目五中的任务四。全书由广西水利科学研究院郭晋川主审。

本书在编写过程中参阅了大量国内同类教材，在此对这些文献的作者表示诚挚的谢意。

由于本次编写时间仓促，书中难免存在缺点和不妥之处，欢迎广大读者提出宝贵意见和建议。

编　者

目录

引　言

当前，我国水资源短缺的形势十分严峻，人均水资源量只有2 300 m^3，仅为世界平均水平的1/4，是全球人均水资源最贫乏的国家之一。农业是我国用水大户，2019年我国农业用水量为3 682.3亿立方米，占用水总量的61.2%，有的地区甚至超过90%。农业灌溉用水效率总体不高，高效节水灌溉面积仅占有效灌溉面积的30%。大力发展节水农业，节水潜力很大。大力发展节水农业、推广节水灌溉、建设节水型社会是我国一项长期的基本国策。解决水资源危机问题，需要从开源与节流两个方面入手：一方面要抓紧跨流域调水的规划设计工作，从根本上改变水资源紧缺的局面；另一方面要在节流上下功夫。我国在水资源的利用上还有巨大的潜力可挖。不少灌区，尤其是北方灌区，由于灌水量偏大，净灌水定额在150 mm以上，有些甚至高于300 mm。这是由于渠道渗漏严重，加上管理不善等造成的，自流灌区灌溉水有效利用系数仅0.4。换句话说，每年经过水利工程引、蓄的4 000多亿 m^2 水量中，约有60%是在各级渠道的输、配水和田间灌水过程中渗漏损失掉的。水量损失引起灌区地下水水位的升高和土壤盐碱渍害，从而导致农业减产，并恶化灌区生态环境。采用科学的用水管理办法、推广节水灌溉技术，对缓解我国水资源供需矛盾将起到重要的作用。近年来，通过加强水资源高效利用，实现农业灌溉用水总量控制和定额管理，推进品种节水、农艺节水、工程节水。2022年，我国的农田灌溉水有效利用系数达到0.568，较十年前提高了0.052。

现代灌溉排水工程技术是调节农田水分状况和改善地区水情变化，科学、合理地运用有效的调节措施，消除水旱灾害，合理利用水资源，服务于农业生产和生态环境良性发展的一门综合性科学技术。

一、现代灌溉排水工程技术的研究对象

1. 调节农田水分状况

农田水分状况一般指田间土壤水、地面水和地下水的状况及其相关的养分，通气和热状况。田间水分不足或过多都会影响作物的正常生长和产量。调节农田水分状况的水利措施一般可分为以下两种：

(1)灌溉措施。按照作物正常生长的需要，通过灌溉工程有计划地将水分输送和分配到

田间，以补充田间水分的不足。

(2)排水措施。通过排水工程将田间内多余的水分(包括地面水和地下水)排入承泄区(河流或湖泊等)，使田间处于适宜的水分状况。在易涝、易碱地区，排水工程还有控制地下水水位和排盐的作用。近年来，控制地下水水位对作物增产的重要作用已越来越为人们所认识和重视。

2. 改善和调节地区水情

随着农业生产的发展和需要，人类改造自然的范围越来越广，田间水利措施不仅限于改善和调节农田本身的水分状况，而且要求改善和调节更大范围的地区水情。

地区水情主要是指地区水资源的数量、分布情况及其动态。改变和调节地区水情的措施，一般可分为以下两种：

(1)蓄水保水措施。通过修建水库、河网和控制利用湖泊、地下水库，以及大面积的水土保持和田间蓄水措施(土壤水库)，拦蓄当地径流和河流来水，改变水量在时间上(季节或多年范围内)和地区上(河流上下游之间、高低地之间)的水分分布状况，通过拦蓄措施可以减小汛期洪水流量，避免暴雨径流向低地汇集，可以增加枯水期河水流量及干旱年份地区水量储备。

(2)调水排水措施。主要通过引水渠道使地区之间或流域之间的水量互相调剂，从而改变水量在地区上的分布状况。用水时期采用引水渠道及取水设备，自水源(河流、水库、河网、地下水库)引水，以供需水地区用水。

南水北调工程就是调水工程的典型例子。已经修建完成的南水北调中线工程，即从长江最大支流汉江中上游的丹江口水库东岸岸边引水，经长江流域与淮河流域的分水岭南阳方城垭口，沿唐白河流域和黄淮海平原西部边缘开挖渠道，在河南荥阳市王村通过隧道穿过黄河，沿京广铁路西侧北上，自流到北京颐和园团城湖的输水工程。中线工程可调水量按丹江口水库后期规模完建，正常蓄水位 170 m 条件下，考虑 2020 年发展水平在汉江中下游适当做些补偿工程，保证调出区工农业发展、航运及环境用水后，多年平均可调出水量 141.4 亿立方米，一般枯水年(保证率 75%)，可调出水量约 110 亿立方米。供水范围主要是唐白河平原和黄淮海平原的西中部，供水区总面积约 15.5 万平方千米。该工程重点解决河南、河北、天津、北京 4 个省市，沿线 20 多座大中城市的生活和生产用水，并兼顾沿线地区的生态环境和农业用水。中线输水干渠总长达 1 267 km，向天津输水干渠长 154 km。2014 年 12 月 12 日 14 时 32 分，南水北调中线工程正式通水。选择 14 时 32 分开，寓意着南水北调中线工程总干渠长度 1 432 km。

截至 2020 年年底，南水北调东中线一期工程受水区城区地下水压采量超过 30 亿立方米，地下水水位止跌回升，浅层地下水总体达到采补平衡。目前，南水北调东、中线一期工程目前累计向北方调水超 620 亿立方米，成为沿线 40 多座大中城市、280 多个县市区不可或缺的供水生命线，直接受益人口超 1.5 亿人，累计实施生态补水近 100 亿立方米，发挥了显著的经济、社会、生态等综合效益。

二、现代灌溉排水工程技术的基本内容

灌溉排水工程技术的基本内容包括：分析和确定作物的需水规律和需水量，灌溉用水过程和用水量的确定；灌溉方法和灌水技术；水资源在农业方面的合理利用，水源的取水方式；输水渠道(或管道)工程的规划布置及设计。

灌溉研究的内容可以概括为水源工程、输水工程和田间工程的规划设计、施工和管理。

排水技术的主要内容包括分析产生田间水分过多的原因及采用相应的排水方法，田间排水工程的规划设计，排水输水沟道工程的规划设计、施工、管理和承纳排水工程排出水量的承泄区治理技术。

灌溉排水是通过调节土壤水分状况，以满足作物生长需要的适宜水分状况的措施，而且在调节土壤水分状况的同时可以起到调节田间小气候和调节土壤的温热、通气、溶液浓度等作用。例如，盛夏炎热季节灌水可以起到降温作用，冬季灌水可以起到防冻作用，盐碱地冲洗灌水可以使土壤脱盐，降低土壤盐溶液浓度。排水后土壤的自由孔隙度增加，改善了土壤的通气状况，有利于作物根系的呼吸，对好气性细菌活动有利，可以使有机质分解为无机养料，便于作物吸收利用。所以，灌溉排水是提高作物产量和改良土壤的重要工程措施。

项目一 灌溉用水量计算

学习目标

通过学习掌握农田水分状况及作物需水量、灌溉制度、灌水率的确定方法，能够合理确定灌溉用水量、灌溉用水流量及灌水方式。培养“节水优先”和“绿水青山就是金山银山”的理念和守正创新的意识。

学习任务

1. 分析农田水分状况对作物生长的影响及土壤水分的有效范围，会进行土壤含水率各种表示方法的转换。

2. 作物需水量的计算方法，确定各种作物的需水量。

3. 利用水量平衡方程式确定水稻及旱作物灌溉制度，合理地制定水稻和旱作物在充分灌溉条件下的灌溉制度。

4. 绘制和修正灌水率图，确定灌溉用水量及灌溉用水流量。

5. 小组协作和运用规范解决问题。

任务一　分析农田水分状况和作物需水量

一、农田水分状况

(一)农田水分存在形式

农田水分存在四种基本形式，即空气中的水汽、地面水、土壤水和地下水，其中土壤水是作物吸收水分的主要来源，是作物生存的重要条件，地面水、地下水必须转化成土壤水才能被植物吸收利用，空气中的水汽主要反映在空气湿度上。

土壤水按其形态不同可分为固态水、气态水、液态水三种(图 1-1)。固态水是土壤水冻结时形成的冰晶；气态水是存在于土壤孔隙中的水汽，有利于微生物的活动，对植物根系有利，但由于数量很少，在计算时常略而不计；液态水是蓄存在土壤中的液态水分，是土壤水分存在的主要形态，对农业生产意义最大。液态水按其受力和运动特性可分为吸着水、毛管水、重力水三种类型。

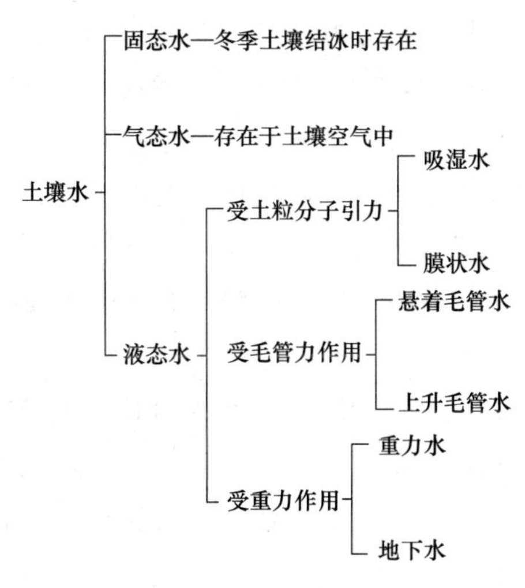

图 1-1　土壤水的形态

土壤水分常数有吸湿系数、凋萎系数、田间持水量、毛管持水量。

1. 吸着水

吸着水包括吸湿水和膜状水。

(1)吸湿水。吸湿水是指土壤孔隙中的水汽在土粒分子的吸引力作用下，被吸附于土粒表面的水分。它被紧束于土粒表面，不能呈液态流动，也不能被植物吸收利用，是土壤中的无效含水量。当空气相对湿度接近饱和时，吸湿水达到最大的土壤含水率称为吸湿系数。不同质地土壤的吸湿系数不同，吸湿系数一般为 0.034%～6.5%(以占干土质量的百分数计)。

(2)膜状水。当土壤含水率达到吸湿系数后，土粒分子的引力已不能再从空气中吸附水分子，但土粒表面仍有剩余的分子引力。这时，如再遇到土壤孔隙中的液态水，就会继续吸附并在吸湿水外围形成水膜，这层水叫作膜状水。膜状水吸附于吸湿水外部，只能沿土粒表面进行速度极小的移动，只有少部分能被植物吸收利用。

初期凋萎系数：通常在膜状水没有完全被消耗之前，植物已呈凋萎状态。作物下部叶子开始萎蔫时的土壤含水率，叫作初期凋萎系数。若补水充分，作物的叶子又会舒展开。

凋萎系数：植物产生永久性凋萎时的土壤含水率，叫作凋萎系数。它包括全部吸湿水和部分膜状水，是可利用水的下限。凋萎系数不仅取决于土壤性质，而且与土壤溶液浓度、根毛细胞液的渗透压力，作物种类和生育期有关。凋萎系数难以实际测定，一般取吸湿系数的 1.5～2 倍作为凋萎系数的近似值。

最大分子持水率：当膜状水达到最大时的土壤含水率，称为土壤的最大分子持水率。

它是土壤借分子吸附力所能保持的最大土壤含水率，它包括全部的吸湿水和膜状水，其值为吸湿系数的 2～4 倍。

2. 毛管水

土壤借毛管力作用而保持在土壤孔隙中的水叫作毛管水，即在重力作用下不易排除的水分中超出吸着水的部分。毛管水能溶解养分和各种溶质，较易移动，是植物吸收利用的主要水源。依其补给条件的不同，可分为悬着毛管水和上升毛管水。

(1)悬着毛管水。悬着毛管水是指不受地下水补给时，由于降雨或灌溉渗入土壤并在毛管力作用下保持在上部土层毛管孔隙中的水分。当悬着毛管水达到最大时的土壤含水率称为田间持水率，是指在良好排水条件下，灌溉后的土壤所能保持的最高含水率。在数量上它包括全部吸湿水、膜状水和悬着毛管水。当灌水或降雨超过田间持水率时，多余的水便向下渗漏，因此，田间持水率是有效水分的上限。在生产实践中，常将灌水两天后的土壤所能保持的含水率作为田间持水率。

(2)上升毛管水。地下水沿土壤毛细管上升的水分称为上升毛管水。毛管水上升的高度和速度与土壤的质地、结构和排列层次有关，上升毛管水的最大含量称为毛管持水量。土壤黏重，毛管水上升高，但速度慢；土壤质地轻，毛管水上升低，但速度快。不同土壤的毛管水最大上升高度见表 1-1。

表 1-1　不同土壤的毛管水最大上升高度　　m

土壤种类	毛管水最大上升高度
黏土	2～4
黏壤土	1.5～3
砂壤土	1～1.5
砂土	0.5～1
泥炭土	1.2～1.5
碱土或盐土	1.2

3. 重力水

当土壤水分超过田间持水率后，多余的水分将在重力作用下沿着非毛管孔隙向下层移动，这部分水分叫作重力水。重力水在土壤中通过时能被植物吸收利用，只是不能被土壤所保持。当土壤全部孔隙被水分充满时，土壤便处于水分饱和状态，这时土壤的含水率称为饱和含水率或全持水率。重力水渗透到下层较干燥的土壤时，一部分转化为其他形态的水(如毛管水)，另一部分继续下渗，但水量逐渐减少，最后完全停止下渗。如果重力水下渗到地下水面，就会转化为地下水并抬高地下水水位。

(二)土壤含水率的测定和表示方法

土壤含水率是衡量土壤含水多少的数量指标。为掌握土壤水分状况及其变化规律，用以指导农田灌溉和排水，经常需要测定土壤含水率。测定土壤含水率的方法有很多，如称重法[包括烘干法、酒精燃烧法、红外线法、负压计法、时域反射仪(TDR)法、核物理法(y

射线法、中子散射法)]等。下面介绍常用的几种方法。

视频：土壤含水率的测定方法

1. 土壤含水率的测定方法

(1)烘干法。将采集的土样称得湿重后，放在105 ～110 ℃的烘箱中烘烤8 h，然后称重。水重与干土重的比值为土壤含水率。

烘干法的优点是操作简单，对设备要求不高，结果直观，对于样品本身而言结果可靠；缺点是采样会干扰田间土壤水的连续性，深层取样困难，测量必须在实验室完成，费时费力，不能做定点连续监测，同时，由于田间取样的变异系数较大，称重法取样代表性较差；而且称重法只能得出土壤的质量含水率，应用不方便，如果将称重法用于标定其实测量方法的时候，有时必须将质量含水率转换成体积含水率，这时则要求测量样本的干相对密度，而求干相对密度也是很不方便的。

(2)负压计法(张力计法)。土壤水分是靠土壤吸力(基质势)的作用而存在于土壤中的。在同土壤内含水率越小，土壤吸力越大；含水率越大，土壤吸力越小。当含水率达到饱和时，土壤吸力等于零。负压计就是测量土壤吸力的仪器。只要事先按不同土壤建立率定的土壤吸力与土壤含水率的关系曲线，即土壤水分特征曲线(可通过同时测定负压计读数和用烘干法测定土壤含水率来建立)，而后用负压计测得土壤吸力，再查已建立的土壤水分特征曲线，即得出土壤含水率。

负压计主要由多孔陶土头、连接管和真空(负压)表等部件组成，如图1-2所示。陶土头是整个仪器的感应部件，它具有许多均匀的细孔，能够透水。

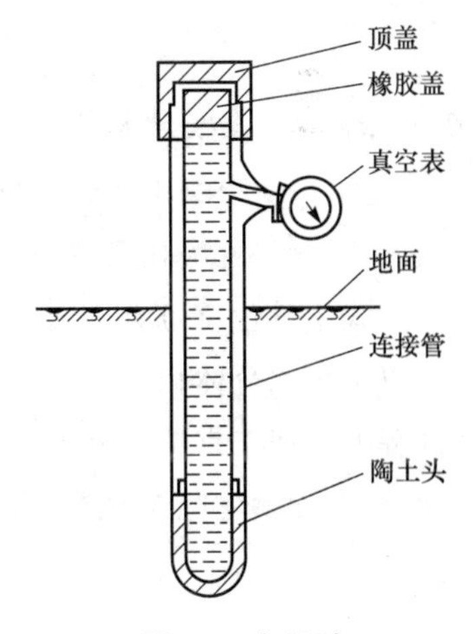

图1-2　负压计

当陶土头内充水后，其孔隙全部饱和，与空气接触面上形成水膜。在一定的压力范围内，水膜不被击穿，使空气不能进入陶土头内。负压计的结构简单，能定量连续观测土壤含水率，如果分层埋设，可以及时掌握土壤水分运动情况，也可在不同测点多处埋设，配合自动观测设备，同时测得多点的土壤含水率及其变化过程。

张力计法是应用得很广泛的一种方法。其优点是试验设备和操作都较为简单，在土壤比较湿润的时候测量土壤基质是很准确的，适用于灌溉和水分胁迫的连续监测，而且受土壤空间变异性的影响较小；缺点是反应慢，需要长时间后才能达到水平衡，测量范围窄，通常只有在0～0.08 MPa吸力范围内有效，不适用于较干燥的土壤，陶土头需要定期维护和更换，如用水银做压力计，需要防止水银外泄污染，如用水做压力计，则需及时加水，整个测量过程所消耗的劳力与时间较多，运行费用高。

2. 土壤含水率的表示方法

(1)以土壤水分质量占干土质量的百分数表示：

$$\beta_{重}=\frac{G_{水}}{G_{干土}}\times 100\% \tag{1-1}$$

式中　$\beta_{重}$——土壤含水率[占干土质量的百分数(%)]；

$G_{水}$——土壤中含有的水质量，为原湿土质量与烘干土质量的差(kg)；

$G_{干土}$——烘干土质量(kg)。

(2)以土壤水分体质的百分数表示：

$$\beta_{体}=\frac{V_{水}}{V_{土}}\times 100\%=\beta_{重}\cdot\frac{\rho_{干土}}{\rho_{水}} \tag{1-2}$$

式中　$\beta_{体}$——土壤含水率[占土壤体积的百分数(%)]；

$V_{水}$——土壤水分体积(m^3)；

$\beta_{重}$——土壤含水率[占干土质量的百分数(%)]；

$\rho_{干土}$——土的密度(m^3/g)；

$\rho_{水}$——水的密度(m^3/g)；

$V_{土}$——土的体积(m^3)。

以土壤水分体质百分数表示的方法便于根据土壤体积直接计算土壤中所含水分的体积，或根据预定的含水率指标直接计算出需要向土壤中灌溉的水量。由于土壤水分体积在田间难以测定，生产实践中常将含水率的质量百分数换算为体积百分数。

(3)以土壤水分体积占土壤孔隙体积的百分数表示：

$$\beta_{孔}=\frac{V_{水}}{V_{孔}}\times 100\%=\beta_{重}\cdot\frac{\rho_{干土}}{\rho_{水}} \tag{1-3}$$

式中　$\beta_{孔}$——土壤含水率[占土壤孔隙率体的百分数(%)]；

$V_{水}$——土壤中水分体(m^3)；

$V_{孔}$——土壤孔隙率[指一定体积的土壤中，孔隙的体积占整土壤体的百分数(%)]；

式中其他符号意义同前。

以土壤水分体积占土壤孔隙体积百分数表示的方法能清楚地表明土壤水分占据土壤孔隙的程度，便于直接了解土壤中水、气之间的关系。

(4)以土壤实际含水率占田间持水率的百分数表示，即以相对概念表示土壤含水率：

$$\beta_{相对}=\frac{\beta_{实}}{\beta_{田}}\times 100\% \tag{1-4}$$

式中　$\beta_{相对}$、$\beta_{实}$、$\beta_{田}$——土壤的相含水率、含水率、田间含水率(%)。

以土壤实际含水率占田间持水率的百分数表示的方法便于直接判断土壤水分状况是否适宜，以制订相应的灌溉排水措施。

(5)以水层厚度表示。以水层厚度表示是将某一土层所含的水量折算成水层厚度来表示土壤的含水率，以 mm 为单位。这种方法便于将土壤含水率与降雨量、灌水量和排水量进行比较。

(三)不同地区的农田水分状况

1. 旱作地区的农田水分状况

旱作地区的地面水和地下水必须适时适量地转化为作物根系吸水层(可供根系吸水的土层，略大于根系集中层)中的土壤水，才能被作物吸

视频：农田水分状况

收利用。通常地面不允许积水，以免造成涝灾，危害作物。地下水水位不允许上升至作物根系吸水层，以免造成渍害。因此，地下水水位必须维持在根系吸水层以下一定深度处，此时地下水可通过毛细管作用上升至根系吸收层，供作物利用，如图 1-3 所示。

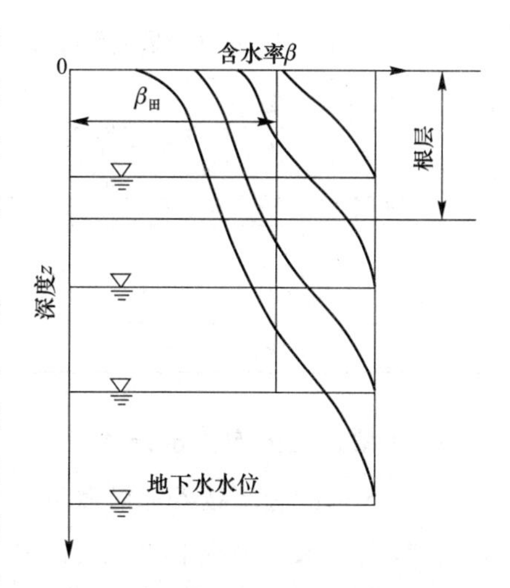

图 1-3　地下水水位对作物根系吸水层内土壤含水率分布的影响示意

作物根系吸水层中的土壤水，以毛管水最容易被旱作物吸收，是对旱作物生长最有价值的水分形式。超过毛管含水率的重力水，在土壤中通过时虽然也能被植物吸收，但由于它在土壤中停留的时间很短，利用率很低，一般下渗流失，不能被土壤所保存，因此为无效水。同时，如果重力水长期保存在土壤中也会影响到土壤的通气，对旱作物生长不利。所以，旱作物根系吸水层中允许的平均最大含水率一般为根系吸水层中的田间持水率。

根系吸水层的土壤含水率过低，对作物生长将造成直接影响。当根系吸水层的土壤含水率下降至凋萎系数时，作物将发生永久性凋萎。所以，凋萎系数是旱作物根系吸水层中土壤含水率的下限值。

当植物根部从土壤中吸收的水分来不及补给叶面蒸腾时，便会使植物体的含水率不断减少，特别是叶片的含水率迅速降低。这种由于根系吸水不足，以致破坏了植物体水分平衡和协调的现象，称为干旱。

因此，土壤根系吸水层的最低含水率必须能使土壤溶液浓度不超过作物在各个生育期所容许的最高值，以免发生凋萎。

综上所述，旱作物根系吸水层的允许平均最大含水率不应超过田间持水率，最小含水率不应小于凋萎系数。因此，对于旱作物来说，土壤水分的有效范围是从凋萎系数到田间持水率。其土壤水分关系示意如图 1-4 所示。不同土壤的田间持水率、凋萎系数及有效水量见表 1-2。

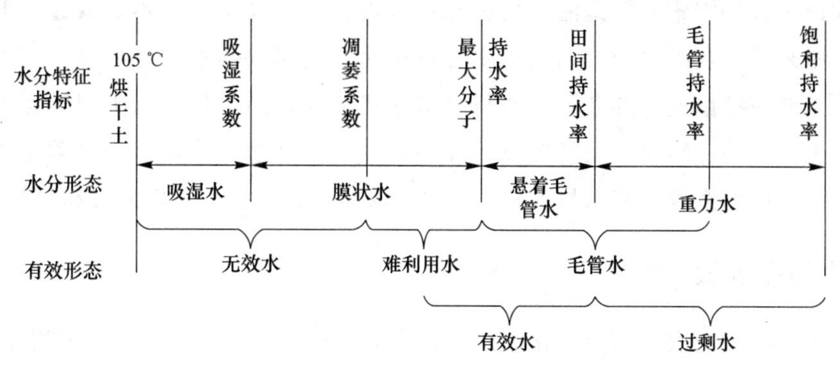

图 1-4　土壤水分关系示意

表 1-2 不同土壤的田间持水率、凋萎系数及有效水量(占干土质量的百分数) %

土壤质地	田间持水率	凋萎系数	有效含水量
砂土	8～16	3～5	5～11
砂壤土、轻壤土	12～22	5～7	7～15
中壤土	20～28	8～9	12～19
重壤土	22～28	9～12	13～15
黏土	23～30	12～17	11～13

2. 水稻地区的农田水分状况

由于水稻的栽培技术和灌溉方法与旱作物不同，因此农田水分存在的形式也不同。我国水稻灌水技术，传统上采用田间建立一定水层的淹灌方法，故田面经常(除烤田外)有水层存在，并不断地向根系吸水层中渗入，供给水稻根部以必要的水分。根据地下水埋藏深度、不透水层位置、地下水出流情况(有无排水沟、天然河道、人工河网)的不同，地面水、土壤水与地下水之间的关系也不同。

当地下水埋藏较浅，又无出流条件时，由于地面水不断下渗，使原地下水水位至地面间土层的土壤孔隙达到饱和，此时地下水便上升至地面并与地面水连成一体；当地下水埋藏较深，出流条件较好时，地面水虽然仍不断渗入，并补给地下水，但地下水水位常保持在地面以下一定的深度，此时地下水水位至地面间土层的土壤孔隙不一定达到饱和。

水稻是喜水喜湿性作物，保持适宜的淹灌水层不仅能满足水稻的水分需要，而且能影响土壤的一系列理化过程，并起到调节和改善湿、热及农田小气候等状况的作用。但长期的淹灌及过深的水层(不合理的灌溉或降雨过多造成的)对水稻生长也是不利的，会引起水稻减产，甚至死亡。因此，合理确定淹灌水层上下限具有重要的实际意义。适宜水层上下限通常与作物品种、生育阶段、自然环境等因素有关，应根据试验或实践经验来确定。

3. 农田水分状况的调节措施

在天然条件下，农田水分状况和作物需水量要求通常是不相适应的。农田水分过多或水分不足的现象会经常出现，必须采取措施加以调节，以便为作物生长发育创造良好的条件。

调节农田水分的措施主要是灌溉措施和排水措施。当农田水分不足或过少时，一般应采取灌溉措施来增加农田水分；当农田水分过多时，应采取排水措施来排出农田中多余的水分。无论采取何种措施，都应与农业技术措施相结合，如尽量利用田间工程进行蓄水或实行深翻改土、免耕、塑膜和秸秆覆盖等措施，减少棵间蒸发，增加土壤蓄水能力。无论水田或旱地，都应注意改进灌水技术和方法，以减少农田水分的蒸发损失和渗漏损失。

二、作物需水量

作物需水量是研究农田水分变化规律、水分资源开发利用、农田水利工程规划和设计、分析和计算灌溉用水量等的依据之一。影响田间作物需水量的主要因素有气象条件、作物种类、土壤性质和农业措施等。气温高，空气干燥，风速大，作物需水量就大；生长期长、叶面积大、生长速度快、根系发达及蛋白质或油脂含量高的作物需水量就大。

(一)农田水分消耗的途径

1. 植株蒸腾

植株蒸腾是指作物根系从土壤中吸入体内的水分，通过叶片的气孔扩散到大气中的现象。试验证明，植株蒸腾要消耗大量水分，作物根系吸入体内的水分有99%以上消耗于蒸腾，只有不足1%的水量留在植物体内，成为植物体的组成部分。

植株蒸腾过程是由液态水转变为气态水的过程，在此过程中，需要消耗作物体内的大量热量，从而降低作物的体温，以免作物在炎热的夏季被太阳光所灼伤。蒸腾作用还可以增强作物根系从土壤中吸取水分和养分的能力，促进作物体内水分和无机盐的运转。所以，作物蒸腾是作物的正常活动，这部分水分消耗是必须的和有益的，对作物的生长有重要的意义。

2. 棵间蒸发

棵间蒸发是指植株间土壤或水面的水分蒸发。棵间蒸发和植株蒸腾都受气象因素的影响，但蒸腾因植株的繁茂而增加，棵间蒸发因植株造成的地面覆盖率加大而减小，所以，蒸腾与棵间蒸发互为消长。一般作物生育初期植株小，地面裸露大，以棵间蒸发为主；随着植株增大，叶面覆盖率增大，植株蒸腾逐渐大于棵间蒸发；到作物生育后期，作物生理活动减弱，蒸腾耗水又逐渐减少，棵间蒸发又相对增加。棵间蒸发虽然能增加近地面的空气湿度，对作物的生长环境产生有利影响，但大部分水分消耗和作物的生长发育没有直接关系。因此，应采取措施减少棵间蒸发，如农田覆盖、中耕松土、改进灌水技术等。

3. 深层渗漏

深层渗漏是指旱田中由于降雨量或灌溉水量太多，使土壤水分超过了田间持水率，向根系活动层以下的土层产生渗漏的现象。深层渗漏对旱作物来说是无益的，且会造成水分和养分的流失，合理的灌溉应尽可能地避免深层渗漏。由于稻田需要经常保持一定的水层，所以深层渗漏是不可避免的，适当的渗漏可以促进土壤通气，改善还原条件、消除有毒物质、有利于作物生长，但是渗漏量过大，会造成水量和肥料的流失，与开展节水灌溉有一定的矛盾。

(二)作物需水规律

作物需水规律是指在作物生长过程中，日需水量及阶段需水量的变化规律。研究作物需水规律和各阶段的农田水分状况，是进行灌溉排水的重要依据。

视频：作物需水规律

作物需水量的变化规律是苗期需水量少，然后逐渐增多，到生育盛期达到高峰，后期又有所减少。以棉花为例，其变化过程如图1-5所示。

农作物在其生长发育的不同时期对水分的敏感程度不同，其中对水分最敏感的时期，即由于水分的缺乏或过多对产量影响最大的时期，称为需水临界期。需水临界期不一定是作物需水量最多的时期，而仅是水分对产量影响最大的时期。不同作物的需水临界期各不

相同，如水稻为孕穗至开花期，冬小麦为拔节至灌浆期，玉米为抽穗至灌浆期，棉花为开花至结铃期。若在需水临界期不能满足作物对水分的要求，将会减产。因此，在缺水地区，将有限的水量用在需水临界期，能充分发挥水的增产作用。

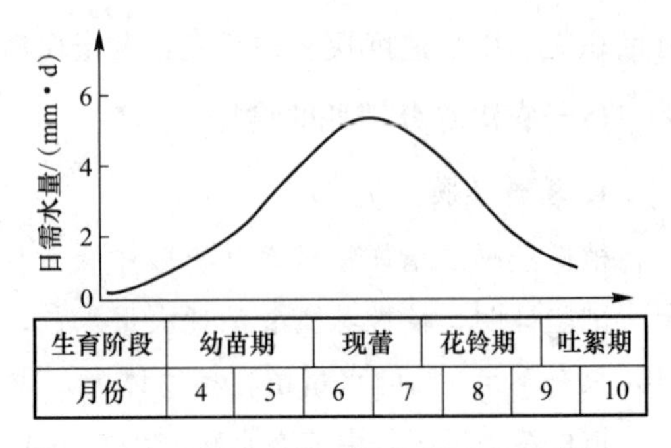

生育阶段	幼苗期		现蕾		花铃期		吐絮期
月份	4	5	6	7	8	9	10

图 1-5　棉花日需水量变化过程示意

(三)作物需水量的计算方法

影响作物需水量的因素很多，主要有自然和人为两大类。自然因素包括气象条件(温度、日照、湿度、风速)、土壤水分状况、作物种类及其生长发育阶段；人为因素有农业技术措施、灌溉排水措施等。这些因素对需水量的影响是相互联系的，也是错综复杂的，目前还难以从理论上精确确定各因素对需水量的影响程度。在生产实践中，一方面通过田间试验的方法直接测定作物需水量；另一方面常采用某些计算方法确定作物需水量。

现有计算作物需水量的方法一般为两类：一类是直接计算作物需水量；另一类是通过计算参照作物需水量来计算实际作物需水量。

1. 直接计算作物需水量的方法

直接计算作物需水量是从影响作物需水量的众多因素中，选择几个主要因素，如水面蒸发、气温、日照、辐射等，再根据试验观测资料分析这些主要因素与作物需水量之间存在的关系，最后归纳出经验公式。目前，常见的方法一般有以下几种：

(1)以水面蒸发为参数的需水系数法(简称 α 值法或蒸发皿法)。大量的灌溉试验资料表明，气象因素是影响作物需水量的主要因素，而当地的水面蒸发又是各种气象因素综合影响的结果。因此，可以用水面蒸发估算作物需水量。其计算公式为

$$ET=\alpha E_0 \tag{1-5}$$

或

$$ET=\alpha E_0+b \tag{1-6}$$

式中 ET——某时段内的作物需水量，以水层深度计(mm)；

E_0——与 ET 同时段的水面蒸发量，以水层深度计(mm)，E_0 一般采用 80 cm 口径蒸发皿的蒸发值，若用 20 cm 口径蒸发皿，则 $E_{80}=0.8E_{20}$；

α——各时段的需水系数，即同时期需水量与水面蒸发量的比值，一般由试验确定，水稻 $\alpha=0.9\sim1.3$，旱作物 $\alpha=0.3\sim0.7$；

b——经验常数。

由于 α 值法只需要水面蒸发量资料，所以该法在我国多用于淹灌的水稻田。在水稻地区，气象条件对 ET 及 E_0 的影响相同，故应用 α 值法较为接近实际，也较为稳定。对于水稻及土壤水分充足的旱作物，用此法计算，其误差一般不超过 20%～30%；对于土壤含水率较低的旱作物和实施湿润灌溉的水稻，因其腾发量还与土壤水分有密切关系，所以此法不太适宜。

(2)以产量为参数的需水系数法(简称 K 值法)。作物产量是太阳能的累积与水、土、肥、热、气等因素的协调及农业技术措施综合作用的结果。因此，在一定的气象条件和农业技术措施条件下，作物田间需水量将随产量的提高而增加，如图 1-6 所示，但是需水量的增加并不与产量成比例。

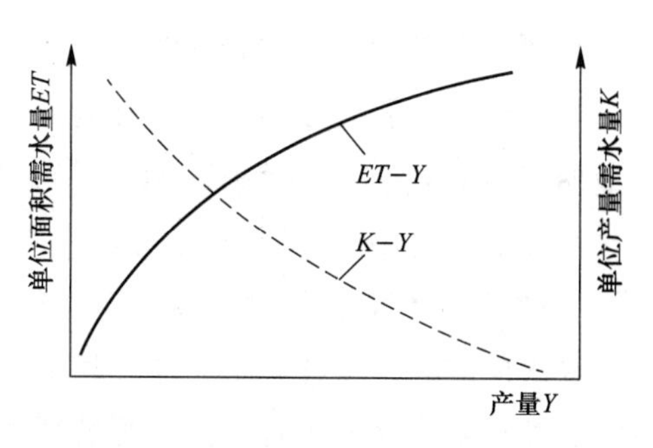

图 1-6　作物需水量与产量关系示意

由图 1-6 还可以看出，单位产量的需水量随产量的增加而逐渐减小，说明当作物产量达到一定水平后，要想进一步提高产量就不能仅依靠增加水量，而必须同时改善作物生长所必需的其他条件，如农业技术措施、增加土壤肥力等。作物总需水量与产量之间的关系可用式(1-7)表示为

$$ET = KY \tag{1-7}$$

或

$$ET = KY^n + c \tag{1-8}$$

式中　ET——作物全生育期内总需水量(m^3/hm^2)；

Y——作物单位面积产量(kg/hm^2)；

K——以产量为指标的需水系数，即单位产量的需水量(m^3/kg)；

n，c——经验指数和常数。

式(1-8)中的 K、n、c 值可通过试验确定。此法简便，便于进行灌溉经济分析，有一定可靠性，特别是对于旱地作物中、低产范围，需水量是影响产量的主要因素，用此法推算较可靠，其误差常在 30%以下。但对于土壤水分丰富的旱地及水稻田，此法推算误差较大。

上述公式可估算全生育期作物需水量。在生产实践中，过去习惯采用需水模系数估算作物各生育阶段的需水量，即根据已确定的全生育期作物需水量，按照各生育阶段需水量规律，以一定的比例进行分配，即

$$ET_i = \frac{1}{100} K_i ET \tag{1-9}$$

式中　ET_i——某一生育阶段作物需水量；

K_i——需水模系数，即某一生育阶段作物需水量占全生育期作物需水量的百分数，可以从试验资料中取得或运用类似地区资料分析确定。

式中其他符号意义同前。

按上述方法求得的各阶段作物需水量很大程度上取决于需水模系数的准确程度。但由于影响需水模系数的因素较多，如作物品种、气象条件及土、水、肥条件和生育阶段划分的不严格等，使同一生育阶段在不同年份内同品种作物的需水模系数并不稳定，而不同品种的作物需水模系数则变幅更大。大量分析计算结果表明，用此方法计算各阶段需水量的误差常在±(100%～200%)，但是用该方法计算全生育期总需水量仍有参考作用。

2. 通过计算参照作物需水量来计算实际作物需水量的方法

参照作物需水量 ET_0，是指高度一致、生长旺盛、地面完全覆盖、土壤水分充足的绿草地(8～15 cm 高)的蒸发蒸腾量，一般是指在这种条件下的苜蓿草的需水量，因为这种参照作物需水量主要受气象条件的影响，所以都是根据当地的气象条件分阶段计算的。

(1)参照作物需水量的计算。计算参照作物需水量的方法很多，大致可归纳为经验公式法、水汽扩散法、能量平衡法等。其中，能量平衡原理比较成熟、完整。其基本思想是将作物蒸发看作能量消耗的过程，通过平衡计算出蒸发所消耗的能量，然后将能量折算为水量，即作物需水量。

根据能量平衡原理及水汽扩散等理论，英国的彭曼(Pen-man)提出了可以利用普通的气象资料计算参考作物蒸发蒸腾量的公式。后经联合国粮农组织修正，正式向各国推荐。其基本公式为

$$ET_0=\frac{\frac{p_0}{p}\cdot\frac{\Delta}{\gamma}R_n+E_a}{\frac{p_0}{p}\cdot\frac{\Delta}{\gamma}+1} \tag{1-10}$$

式中　ET_0——参照作物需水量(mm/d)；

$\frac{\Delta}{\gamma}$——标准大气压下的温度函数，Δ 为平均气温时饱和水汽压随温度的变率，即 $\frac{\mathrm{d}e_a}{\mathrm{d}t}$ (e_a 为饱和水汽压，t 为平均气温)，γ 为湿度常数，$\gamma=0.66$ hpa/℃；

$\frac{p_0}{p}$——海拔影度函的改正系数，p_0 为海平面气，$p_0=1\ 013.25$ hp_a，p 为平均气(hPa)；

R_n——太阳净辐射，以蒸发的水层深度计(mm/d)，可用经验公式计算，从有关表格中查得或用辐射平衡表直接测取；

E_a——干燥力(mm/d)，$E_0=0.26\times(1+0.54u)(e_a-e_d)$，$e_d$ 为当地的实际水汽压，u 为离地面 2 m 高处的风速(m/s)。

近些年，我国在计算作物需水量和绘制作物需水量等值线图时多采用式(1-10)。在《灌溉与排水工程设计标准》(GB 50288—2018)中也推荐采用此公式。由于该公式计算复杂，一般都用计算机完成。在实际应用时，可从已鉴定过的作物需水量等值线图中确定。

(2)实际需水量的计算。已知参照作物需水量 ET_0 后，在充分供水条件下，采用作物系数 K_C 对 ET_0 进行修正，得作物实际需水量 ET，即

$$ET=K_C ET_0 \tag{1-11}$$

式中，ET 与 ET_0 应取相同单位。

作物系数是指某一阶段的作物需水量与相应阶段内的参考作物蒸发蒸腾量的比值，它反映了作物本身的生物学特性、产量水平、土壤耕作条件等对作物需水量的影响。根据各地的试验，作物系数 K 不仅随作物而变化，更主要的是随作物的生育阶段而异，生育初期和末期的 K 值较小，而中期的较大。表 1-3 为山西省冬小麦作物系数 K_C 值，表 1-4 为湖北省中稻作物系数 K_C 值。

表 1-3 山西省冬小麦作物系数 K_C 值

生育阶段	播种—越冬	越冬—返青	返青—拔节	拔节—抽穗	抽穗—灌浆	灌浆—收割	全生育期
K_C	0.86	0.48	0.82	1.00	1.16	0.87	0.87

表 1-4 湖北省中稻作物系数 K_C 值

月份	5	6	7	8	9
K_C	1.03	1.35	1.50	1.40	0.94

(3)作物需水量等值线图。作物需水量等值线图是指在地图上由作物需水量等值点的连线所形成的需水量分布图。影响作物需水量的主要因素为气象因素和非气象因素。气象因素是指在空间呈连续变化的物理量；非气象因素主要是指土壤水分条件、产量水平等，若将非气象因素维持在一定水平，这样便可以用等值线图来表示作物需水量空间变化规律。我国主要农作物需水量等值线图协作组对土壤水分条件与产量水平已做了统一规定，按照统一的要求进行设计与试验，这样就在全国范围内取得了同一非气象因素水平下的需水量值。

任务二 确定灌溉制度和灌溉用水量

农作物的灌溉制度是指作物播种前(或作物移栽前)及其全生育期内的灌水次数、每次的灌水时间、灌水定额及灌溉定额。其是根据作物需水特性和当地气候、土壤、农业技术及灌水技术等条件，为作物高产及节约用水而制订的适时、适量的灌水方案。

灌水定额是指一次灌水单位灌溉面积上的灌水量。灌溉定额是指播种前和全生育期内单位面积上的总灌水量，即各次灌水定额之和。灌水定额和灌溉定额常以 m^3/hm^2 或 mm 表示，它们是灌区规划及管理的重要依据。

一、充分灌溉条件下的灌溉制度

充分灌溉条件下的灌溉制度是指灌溉供水能够充分满足作物各生育阶段的需水量要求而制定的灌溉制度。

长期以来，人们都是按照充分灌溉条件下的灌溉制度来规划、设计灌溉工程的。当灌溉水源充足时，也按照这种灌溉制度来进行灌水。因此，研究制定充分灌溉条件下的灌溉制度具有重要的意义。常采用以下三种方法来确定灌溉制度：

(1)总结群众丰产灌水经验。群众在长期的生产实践中，积累了丰富的灌溉用水经验。能够根据作物生长特点，适时、适量地进行灌水，夺取高产。这些实践经验是制定灌溉制度的重要依据。

灌溉制度调查应根据设计要求的干旱年份，调查这些年份当地的灌溉经验，包括灌区范围内不同作物的灌水时间、灌水次数、灌水定额及灌溉定额。根据调查资料，分析确定

这些年份的灌溉制度。

(2)根据灌溉试验资料制定灌溉制度。为了实施科学灌溉，我国许多灌区设置了灌溉试验站。灌溉站试验项目一般包括作物需水量、灌溉制度、灌水技术和灌溉效益等。

试验站积累的试验资料是制定灌溉制度的主要依据。但是，在选用试验资料时，必须注意原试验的条件与需要确定灌溉制度地区条件是否具有相似性，特别是气象条件、水文年度、产量水平、农业技术措施、土壤条件等。在认真分析研究对比的基础上确定灌溉制度，不能生搬硬套。

(3)按水量平衡原理分析制定作物灌溉制度。这种方法有一定的理论依据，比较完善，但必须根据当地具体条件，参考群众丰产灌水经验和田间试验资料，才能使制定的灌溉制度更加切合实际。

下面分别就水稻和旱作物详细介绍按水量平衡原理分析制定作物灌溉制度。

(一)水稻的灌溉制度

由于水稻大都采用移栽，所以水稻的灌溉制度可分为泡田期及插秧以后的生育期两个时段进行计算。

1. 泡田期泡田定额的确定

泡田定额由三部分组成：一是使一定土层的土壤达到饱和；二是在田面建立一定的水层；三是满足泡田期的稻田渗漏量和田面蒸发量。泡田定额可用下式确定，即

$$M_1=10H\gamma(\beta_{饱}-\beta_0)+h_0+t_1(s_1+e_1)-P_1 \tag{1-12}$$

式中 M_1——泡田期泡田定额(mm)；

$\beta_{饱}$，β_0——土壤饱和含水率泡田前土壤含水率[占干土质量的百分数(%)]；

H——稻田犁底层深度(m)；

γ——稻田 H 深度内土壤平均密度(t/m^3)；

h_0——插秧时田面所需的水层深度(mm)；

s_1——泡田期稻田的渗漏强度(mm/d)；

t_1——泡田期的天数(d)；

e_1——泡田期内水田田面平均水面蒸发强度(mm/d)；

P_1——泡田期内的有效降雨量(mm)。

泡田定额通常参考土壤、地下水埋深和耕犁深度相类似田块上的实测资料确定。一般情况下，当田面水层为30～50 mm时，泡田定额可参考表1-5中规定的数值。

表1-5 不同土壤及地下水埋深的泡田定额 mm

土壤类别	地下水埋深	
	≤2 m	>2 m
黏土和黏壤土	75～120	—
中壤土和砂壤土	110～150	120～180
轻砂壤土	120～190	150～240

2. 生育期灌溉制度的确定

在水稻生育期中任何一个时段(t)内，农田水分的变化取决于该时段内的来水和耗水之间的消长，它们之间的关系可用下列水量平衡公式表示，即

$$h_1+P+m-E-c=h_2 \tag{1-13}$$

式中 h_1——时段初田面水层深度(mm)；

h_2——时段末田面水层深度(mm)；

P——时段内降雨量(mm)；

m——时段内的灌水量(mm)；

E——时段内田间耗水量(mm)；

c——时段内田间排水量(mm)。

为了保证水稻正常生长，必须在田面保持一定的水层深度。

不同生育阶段田面水层有一定的适宜范围，即有一定的允许水层上限(h_{max})和下限(h_{min})。在降雨时，为了充分利用降雨量、节约灌水量减少排水量，允许蓄水深度 b 大于允许水层上限(h_{max})，但以不影响水稻生长为限。

各种水稻的适宜水层上限、下限及允许最大蓄水深度见表 1-6。当降雨深超过最大蓄水深度时，即应进行排水。

表 1-6 水稻各生育阶段适宜水层上限、下限及允许最大蓄水深度 mm

生育阶段	早稻	中稻	双季晚稻
返青	5—30—50	10—30—50	20—40—70
分蘖前	20—50—70	20—50—70	10—30—70
分蘖末	20—50—80	30—60—90	10—30—80
拔节孕穗	30—60—90	30—60—120	20—50—90
抽穗开花	10—30—80	10—30—100	10—30—50
乳熟	10—30—60	10—20—60	10—20—60
黄熟	10—20	落干	落干

在天然情况下，田间耗水量是一种经常性的消耗，而降雨量则是间断性的补充。因此，在不降雨或降雨量很小时，田面水层就会降到适宜水层的下限(h_{min})，这时如果没有降雨，则需要进行灌溉，灌水定额为

$$m=h_{max}-h_{min} \tag{1-14}$$

这一过程可用图 1-7 所示的图解法表示。如在时段初 A 点，水田应按 1 线耗水，至 B 点田面水层降至适宜水层下限，即需灌水，灌水定额为 m_1；如果时段内有降雨 P，则在降雨后，田面水层回升降雨深 P，再按 2 线耗水至 C 点时进行灌溉；若降雨 P_1 很大，超过最大蓄水深度，多余的水量需要排除，排水量为 d，然后按 3 线耗水至 D 点时，进行灌溉。

根据上述原理可知，当确定了各生育阶段的适宜水层 h_{max}、h_{min}、h_p 及阶段需水强度

e_i 时，便可用图解法或列表法推求水稻灌溉制度。现以某灌区某设计年早稻为例，说明列表法推求水稻灌溉制度的具体步骤。

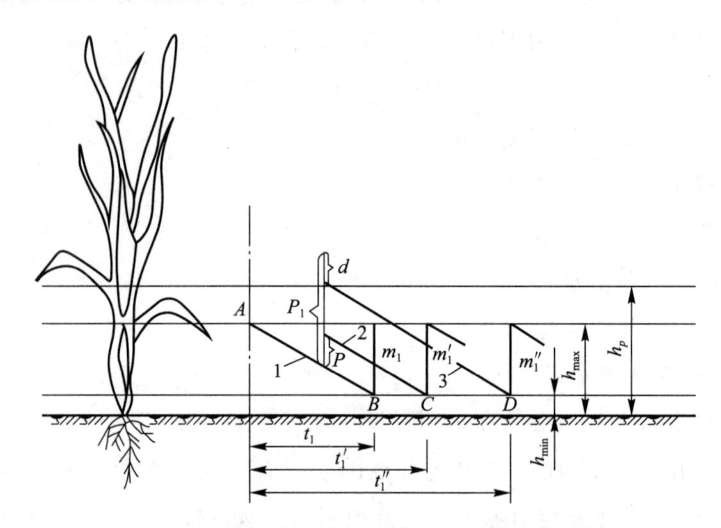

图 1-7　水稻生育期中任一时段水田水分变化图解法

【例 1-1】 用列表法推求某灌区双季早稻的灌溉制度。

【解】

1. 基本资料

(1)早稻生育期各生育阶段起止日期、需水模系数、渗漏强度见表 1-7。

表 1-7　逐日耗水量计算表

生育阶段	返青	分蘖前	分蘖末	拔节孕穗	抽穗开花	乳熟	黄熟	全生育期
起止日期 (月一日～月一日)	04—25～ 05—02	05—03～ 05—10	05—11～ 05—29	05—30～ 06—14	06—15～ 06—27	06—28～ 07—08	07—09～ 07—16	04—25～ 07—16
天数/d	8	8	19	16	13	11	8	83
需水模系数/%	4.8	9.9	24.0	26.6	22.4	7.1	5.2	100
阶段需水量/mm	20.9	43.1	104.4	115.7	97.4	30.9	22.6	435
阶段渗漏量/mm	12	12	28.5	24	19.5	16.5	12	124.5
阶段田间耗水量/mm	32.9	55.1	132.9	139.7	116.9	47.4	34.6	559.5
日平均耗水量/mm	4.1	6.9	7.0	8.7	9.0	4.3	4.3	
注：渗漏强度为 1.5 mm/d								

(2)各生育阶段适宜水层深度。根据灌区具体条件，采用浅灌深蓄方式，在分蘖末期进行落干晒田。晒田结束时复水灌溉，根据灌溉试验资料，复水定额(使晒田末土壤含水率恢复到饱和含水率的灌水定额)采用 35 mm。

为避免双季晚稻插秧前再灌泡田水，田面水层由黄熟一直维持到收割。

根据群众丰产灌水经验并参照灌溉试验资料，各生育阶段适宜水层上限、下限及允许最大蓄水深度见表 1-6。

(3)生育期降雨量，见表 1-8。

表 1-8　某灌区某年双季早稻生育期的灌溉制度　　mm

日期		生育期	设计淹灌水层	逐日耗水量	逐日降雨	淹灌水层变化	灌水量	排水量
月	日							
(1)		(2)	(3)	(4)	(5)	(6)	(7)	(8)
4 5	24 25 26 27 28 29 30 1 2	返青期	5—30—50	4.1	1.0 23.5 10.0	20 15.9 11.8 8.7 28.1 34.0 29.9 25.8 21.7		
5	3 4 5 6 7 8 9 10	分蘖前	20—50—70	6.9	3.3 5.0 4.4 2.7 7.6	44.8 37.9 34.3 32.4 29.9 23.0 48.8 49.5	30 30	
5	11 12 13 14 15 16 17 18 19 20 21	分蘖末	20—50—80	7.0	21.2 1.8 9.0 2.5	42.5 35.5 28.5 42.7 37.5 30.5 23.5 46.5 39.5 41.5 34.5 27.5 20.5 15.8	30	15.8
5	22 23 24 25 26 27 28 29	分蘖末	 晒田				35	
5	30 31	拔节	30—60—90	8.7	8.5	31.3 31.1	40	

续表

日期		生育期	设计淹灌水层	逐日耗水量	逐日降雨	淹灌水层变化	灌水量	排水量
月	日							
(1)		(2)	(3)	(4)	(5)	(6)	(7)	(8)
6	1	拔节	30—60—90	8.7		52.4	30	
	2					43.7		
	3				2.2	37.2		
	4				11.2	39.7		
	5				23.4	54.4		
	6	孕穗	30—60—90	8.7		45.7		
	7					37.0		
	8					58.3	30	
	9					49.6		
	10				9.0	49.9		
	11					41.2		
	12				0.7	33.2		
	13					54.5	30	
	14					45.8		
	15	抽穗开花	10～30～80	9.0		36.8		
	16				1.0	28.8		
	17				20.1	39.9		
	18				52.5	83.4		
	19					71.0		
	20					62.0		
	21					53.0		
	22					44.0		
	23					35.0		34
	24					26.0		
	25				26.3	43.3		
	26				2.2	36.5		
	27					27.5		
	28	乳熟	10—30—60	4.3		23.2		
	29				3.2	22.1		
	30					17.8		
7	1					13.5		
	2					29.2	20	
	3					24.9		
	4					20.6		
	5					16.3		
	6					12.0		
	7				6.1	13.8		
	8					29.5	20	

续表

日期		生育期	设计淹灌水层	逐日耗水量	逐日降雨	淹灌水层变化	灌水量	排水量
月	日							
(1)		(2)	(3)	(4)	(5)	(6)	(7)	(8)
7	9	黄熟	10—20	4.3		25.2		
	10					20.9		
	11					16.6		
	12					12.3		
	13					18.0	10	
	14					13.7		
	15					19.4	10	
	16					15.1		
Σ				558.9	258.2		31.5	19.2

(4)早稻生育期的水面蒸发量为 362.5 mm，早稻的需水系数 $\alpha=1.2$。

(5)返青前 10 d 开始泡田，泡田定额为 120 mm，泡田末期即插秧时(4 月 24 日末)田面水层深度为 20 mm。

2. 列表计算

根据上述资料，按以下步骤列表进行计算。

(1)计算各生育阶段的日平均耗水量。

全生育期作物需水量 $ET=\alpha E_0=1.2\times362.5=435(\text{mm})$；

各生育阶段的作物需水量 $ET_i=K_iET$；

各生育阶段的渗漏量 $S_i=1.5t_i$；

各生育阶段的耗水量 $E_i=ET_i+S_i$；

各生育阶段日平均耗水量 $e_i=\dfrac{E_i}{t_i}$；

田间耗水量的计算结果见表 1-7。

(2)利用水量平衡方程式，逐日计算田面水层深度。例如，返青期前有：

4 月 24 日末水层深　$h=20$ mm；

25 日末　$h=20+0+0-4.1=15.9(\text{mm})$；

26 日末　$h=15.9+0+0-4.1=11.8(\text{mm})$。

依次进行计算，若田面水层深接近或低于淹灌水层下限，则需灌溉，灌水定额以淹灌水层上限、下限之差为准。例如，5 月 3 日末水层深为

$$h=21.7+0+0-6.9=14.8(\text{mm})<20\ \text{mm}(\text{下限})$$

则需灌溉，灌水定额 $m=50-20=30(\text{mm})$，则 5 月 3 日末水层深应为

$$h=21.7+0+30-6.9=44.8(\text{mm})$$

若遇降雨，田面水层深度随之上升，当超过蓄水上限时必须排水。如 6 月 18 日末，水层深度 $h_2=39.9+52.3+0-9.0=83.4(\text{mm})$，超过蓄水上限 3.4 mm，则需排掉，6 月 18 日末的水深 $h_2=80$ mm。

(3)晒田期耗水量近似按分蘖末期的日耗水量计算。计算结果列于表 1-8 中的(6)、(7)、(8)栏。

(4)校核：

$$h_{始}+\sum P+\sum m-\sum E-\sum c=h_{末}$$

$$20+258.2+315-558.9-19.2=15.1(\mathrm{mm})$$

与 7 月 16 日淹灌水层相符，计算无误。

3. 灌溉制度成果

根据以上计算结果，设计出某灌区双季早稻生育期的灌溉制度见表 1-8。某灌区某设计年双季早稻生育期设计灌溉制度见表 1-9。

表 1-9　某灌区某设计年双季早稻生育期设计灌溉制度

灌水次数	灌水日期(月—日)	灌水定额/mm
1	05—03	30
2	05—10	30
3	05—18	30
4	05—29	35
5	05—30	40
6	06—01	30
7	06—08	30
8	06—13	30
9	07—02	20
10	07—08	20
11	07—13	10
	07—15	10
合计		315

(二)旱作物的灌溉制度

旱作物依靠其主要根系从土壤中吸取水分，以满足其正常生长的需要。

旱作物的水量平衡是分析其主要根系吸水层储水量的变化情况，旱作物的灌溉制度是以作物主要根系吸水层作为灌水时的土壤计划湿润层，并要求该土层内的储水量能保持在作物所要求的范围内，使土壤的水、气、热状态适合作物生长。

按照水量平衡原理制定旱作物灌溉制度的灌水定额、灌水时间、灌水次数、灌溉定额，是通过对土壤计划湿润层内的储水量变化过程进行分析计算得出。

1. 水量平衡方程

视频：水量平衡方程

旱作物生育期内任一时段计划湿润层中含水量的变化取决于需水量和来水量的多少。其来去水量如图 1-8 所示，它们的关系可用下列水量平衡公式表示

$$W_t-W_0=W_T+P_0+K+M-ET \tag{1-15}$$

式中　W_0，W_t——时段初、时段末土壤计划湿润层内的储水量(m^3/hm^2)；

W_T——由于计划湿润层增加而增加的水量(m^3/hm^2)，若计划湿润层在时段内无变化则无此项；

P_0——时段内保存在土壤计划湿润层内的有效雨量(m^3/hm^2)；

K——时段 t(单位时间为日，以 d 表示，下同)内的地下水补给量(m^3/hm^2)，即 $K=kt$，k 为 t 时段内平均每昼夜地下水补给量[$m^3/(hm^2\cdot d)$]；

M——时段 t 内的灌溉水量(m^3/hm^2)；

ET——时段 t 内的作物田间需水量(m^3/hm^2)，即 $ET=et$，e 为 t 时段内平均每昼夜的作物田间需水量[$m^3/(hm^2\cdot d)$]。

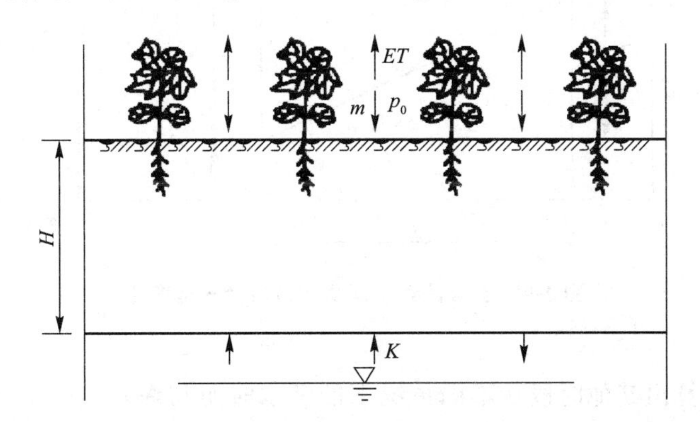

图 1-8　土壤计划湿润层水量平衡示意

为了满足农作物正常生长的需要，任一时段内土壤计划湿润层内的储水量必须经常保持在一定的适宜范围以内，即通常要求不小于作物允许的最小储水量(W_{min})和不大于作物允许的最大储水量(W_{max})。

在天然情况下，由于各时段内的需水量是一种正常的水分消耗，降雨是对作物水分间断的补给，因此当某些时段内降雨很小或没有降雨量时，往往使土壤计划湿润层内的储水量很快降低到或接近于作物允许的最小储水量，此时即需要进行灌溉，以补充土层中消耗掉的水量。

例如，某时段内没有降雨，显然这一时段的水量平衡公式可写为

$$W_{min}=W_0-ET+K=W_0-t(e-k) \tag{1-16}$$

式中　W_{min}——土壤计划湿润层内允许最小储水量；

式中其他符号意义同前。

如图 1-9 所示，设时段初土壤储水量为 W_0，则由式(1-16)可推算出开始进行灌水时的时间间距为

$$t=\frac{W_0-W_{min}}{e-k} \tag{1-17}$$

这一时段末的灌水定额 m 为

$$m=W_{max}-W_{min}=10^4H(\beta_{max}-\beta_{min})\rho_{干土}/\rho_{水} \tag{1-18}$$

式中　m——灌水定额(m^3/hm^2)；

W_{max}——最大储水量；

W_{min}——最小储水量；

H——该时段内土壤计划湿润层的深度(m)；

β_{max}，β_{min}——该时段内允许的土壤最大含水率、最小含水率[占干土质量的百分数(%)]；

$\rho_{干土}$，$\rho_{水}$——计划湿润层内土壤的干密度、水的密度(kg/m^3)。

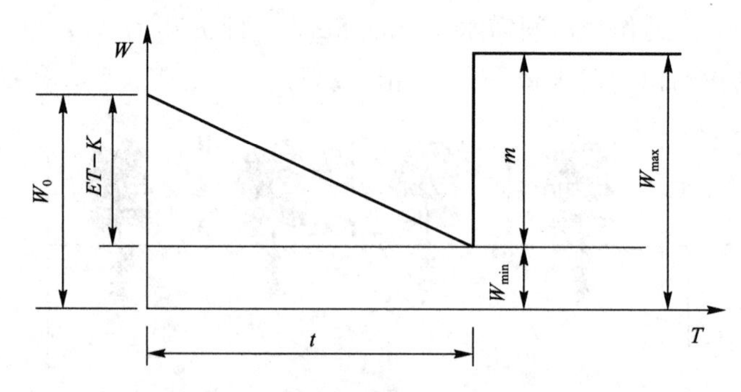

图 1-9　土壤计划湿润层(*H*)内储水量变化

同理，可以计算出其他时段在不同情况下的灌水时距与灌水定额，从而确定出作物全生育期内的灌溉制度。

2. 制定旱作物灌溉制度所需的基本资料

制定的灌溉制度是否合理，关键在于方程中各项数据，如土壤计划湿润层深度、作物允许的土壤含水量变化范围及有效降雨量等选用是否合理。

(1)土壤计划湿润层深度。土壤计划湿润层深度是指在对旱作物进行灌溉时，计划调节控制土壤水分状况的土层深度。

计划湿润层深度与旱作物主要根系活动层深度密切相关，随作物的生长发育而逐步加深。在作物生长初期，根系虽然很浅，但为了维持土壤微生物活动，并为以后根系生长创造条件，需要在一定土层深度内保持适当的含水率，一般选用 30～40 cm 深度数据。

随着作物的成长和根系的发育，需水量增多，计划湿润层也应逐渐增加，至生长末期，由于作物根系停止发育，需水量减少，计划湿润层深度不宜继续加大，一般不超过 0.8～1.0 m。

在地下水水位较高的盐碱化地区，计划湿润层深度不宜大于 0.6 m。根据各地区试验资料，列出几种作物不同生育阶段的计划湿润层深度，见表 1-10。

(2)土壤适宜含水率及允许的最大、最小含水率。土壤适宜含水率($\beta_{适}$)是指最适宜作物生长发育的土壤含水率。作物种类、生育阶段的需水特点、施肥情况和土壤性质(包括含盐状况)等因素会影响土壤含水率。一般应通过试验或调查总结群众经验而定。表 1-10 中所列数值可供参考。

表 1-10　几种作物不同生育阶段土壤计划湿润层深度和适宜含水率

作物	生育阶段	土壤计划湿润层深度/cm	土壤适宜含水率（以田间持水率的百分数计，%）
冬小麦	出苗	30～40	45～60
	三叶	30～40	45～60
	分蘖	40～50	45～60
	拔节	50～60	45～60
	抽穗	50～80	60～75
	开花	60～100	60～75
	成熟	60～100	60～75
棉花	幼苗	30～40	55～70
	现蕾	40～60	60～70
	开花	60～80	70～80
	吐絮	60～80	50～70
玉米	幼苗期	30～40	60～70
	拔节期	40～50	70～80
	抽穗期	50～60	70～80
	灌浆期	60～80	80～90
	成熟期	60～80	70～90

为保证作物正常生长，土壤含水率应控制在允许最大含水率和允许最小含水率之间。允许最大含水率(β_{max})一般以不致造成深层渗漏为原则，所以采用 $\beta_{田max}$，$\beta_{田}$ 为土壤田间持水率，见表 1-11。作物允许最小含水率(β_{min})应大于凋萎系数，一般取田间持水率的 60%～70%，即 $\beta_{田min}$。

表 1-11　各种土壤的田间持水率 $\beta_{田}$

土壤类别	孔隙率（体积%）	田间持水率	
		占土体/%	占孔隙率/%
砂土	30～40	11～20	35～50
砂壤土	40～45	16～30	40～65
壤土	45～50	23～35	50～70
黏土	50～55	33～44	65～80
重黏土	55～65	42～55	75～85

在土壤盐碱化较严重的地区，往往由于土壤溶液浓度过高而妨碍作物吸取正常生长所需的水分，因此还要依据作物不同生育阶段允许的土壤溶液浓度作为控制条件来确定允许最小含水率(β_{min})。

(3)有效降雨量(P_0)。有效降雨量是指天然降雨量扣除地面径流和深层渗漏量后，蓄存在土壤计划湿润层内可供作物利用的雨量。一般用降雨入渗系数来表示，即

$$P_0 = \alpha P \tag{1-19}$$

式中　α——降雨入渗系数，其值与一次降雨量、降雨强度、降雨延续时间、土壤性质、地面覆盖及地形等因素有关，一般认为，当一次降雨量小于 5 mm 时，α 为 0，当一次降雨量为 5～50 mm 时，α 为 1.0～0.8，当一次降雨量大于 50 mm 时，α 为 0.7～0.8。

式中，其他符号意义同前。

(4)地下水补给量(K)。地下水补给量是指地下水借土壤毛细管作用上升至作物根系吸水层而被作物利用的水量，其大小与地下水埋藏深度、土壤性质、作物种类、作物需水强度、计划湿润层含水量等有关。

当地下水埋深超过 2.5 m 时，补给量很小，可以忽略不计；当地下水埋深小于等于 2.5 m 时，补给量为作物需水量的 5%～25%。因此，在制定灌溉制度时，不能忽视这部分的补给量，必须根据当地或类似地区的试验、调查资料估算。

(5)由于计划湿润层增加而增加的水量(W_T)。在作物生育期内计划湿润层是变化的，由于计划湿润层增加，作物就可利用一部分深层土壤的原有储水量，W_T(m^3/hm^2)可按下式计算：

$$W_T = 10^4 (H_2 - H_1) \beta \rho_{干土} / \rho_{水} \tag{1-20}$$

式中　H_1——时段初计划湿润层深度(m)；

H_2——时段末计划湿润层深度(m)；

β——($H_2 - H_1$)深度土层中的平均含水率(以占干土质量的百分数计,%)，一般 $\beta < \beta_{田}$；

$\rho_{干土}$，$\rho_{水}$——土壤的干密度、水的密度(kg/m^3)。

当确定了以上各项设计依据后，即可分别计算旱作物的播前灌水定额和生育期的灌溉制度。

3. 旱作物播前的灌水定额(M_1)的确定

播前灌水是为了使土壤有足够的底墒，以保证种子发芽和出苗或储水于土壤中，供作物生育期使用。播前灌水往往只进行一次，M_1(m^3/hm^2)一般可按下式计算：

$$M_1 = 10^4 H (\beta_{max} - \beta_0) \rho_{干土} / \rho_{水} \tag{1-21}$$

式中　H——土壤计划湿润层深度(m)，应根据播前灌水要求决定；

$\rho_{干土}$，$\rho_{水}$——土壤的干密度、水的密度(kg/m^3)；

β_{max}——允许最大含水率[占干土质量的百分数(%)]；

β_0——播前 H 土层内的平均含水率[占干土质量的百分数(%)]。

4. 生育期灌溉制度的制定

根据水量平衡原理，可使用图解法或列表法制定生育期的灌溉制度。使用列表法计算时，与制定水稻灌溉制度的方法基本一样，所不同的是旱作物的计算时段以旬为单位。

下面以棉花灌溉制度为例，说明列表法制定灌溉制度的步骤。

【例 1-2】 用列表法制定陕西渭北源某灌区棉花的灌溉制度。

【解】

1. 基本资料

(1)土壤。灌区土壤为黏壤土，经测定 0～80 cm 土层内的密度 $\rho_{干土}$=1 460 kg/m^3，孔隙率 n=44.7%，田间持水率 $\beta_{田}$=24.1%[占干土质量的百分数(%)]，播种时的土壤含水率 β_0=21.7%[占干土质量的百分数(%)]。

(2)水文地质。灌区地下水埋深多为 4.5～5.3 m，地下水出流通畅，地下水补给量可略而不计。

(3)气象。早霜 10 月中旬，晚霜 4 月中旬，无霜期 177 d。灌溉设计保证率采用 P=75%，经频率计算，选定设计典型年为 1984 年，该年棉花生长期的降雨量见表 1-12，降雨有效利用系数采用 0.8。

表 1-12　设计年棉花生长期降雨量　　mm

月份	4	5	6	7	8	9	10
上旬	0	4.0	25.3	11.4	33.8	75.6	8.0
中旬	0.2	37.7	28.7	23.2	32.6	39.2	0.3
下旬	8.9	33.9	0	62.8	0.4	0.9	6.0

(4)作物。由图 1-7 可得，典型年(P=75%)棉花全生育期的总需水量为 675 mm(6 750 m^3/hm^2)，各生育阶段的需水模系数 K_i 与计划湿润层深度见表 1-13。允许最大含水率和允许最小含水率分别为 $\beta_{田}$和 0.6$\beta_{田}$。

表 1-13　棉花各生育阶段计划湿润层深度及需水模系数

生育阶段	幼苗	现蕾	花铃	吐絮
起止日期(月—日)	04—21～06—20	06—21～07—10	07—11～08—20	08—21～10—10
需水模系数 K_i/%	15	21	29	35
计划湿润层深度 H/m	0.5	0.6	0.7	0.8

(5)当地群众灌水经验。中等干旱年一般灌水 3～4 次，灌水时间一般为现蕾期、开花期、结铃初和吐絮初，灌水定额为 600～750 m^3/hm^2。播前 10 d 灌溉灌水定额为 1 200 m^3/hm^2，使播种时 0.5 m 土层内的含水率保持在 0.93$\beta_{田}$，0.5 m 以下土层中的含水率保持在 $\beta_{田}$。

2. 列表计算

根据水量平衡原理列表计算表 1-14，有关计算说明如下：

(1)$W_{max}=10^4 H\beta_{max}\rho_{干土}/\rho_{水}$，$W_{min}=10^4 H\beta_{min}\rho_{干土}/\rho_{水}$。

(2)W_0 对于第一个时段可用 $W_0=10^4 H\beta_0\rho_{干土}/\rho_{水}$ 计算，第二个时段初的 W_0 为第一个时段末的 W_t，依此类推。

(3)各生育阶段的需水量 $ET_i=K_iET$，如现蕾期 ET_i=0.21×6 750=1 417.5(m^3/hm^2)；各计算时段的需水量，如现蕾期 $ET_{时段}=ET_i$/旬数=1 417.5÷2=708.75(m^3/hm^2)。

表 1-14　棉花生育期灌溉制度计算表

生育阶段	起止日期（月－日）	H /m	W_{max} /(m^3·hm^{-2})	W_{min} /(m^3·hm^{-2})	W_0 /(m^3·hm^{-2})	$ET_{时段}$ /(m^3·hm^{-2})	$W_{来}$ /(m^3·hm^{-2})			$W_{来}-ET_{时段}$ /(m^3·hm^{-2})		m /(m^3·hm^{-2})	灌水时间（月－日）	W_t /(m^3·hm^{-2})
							P_0	W_T	小计	＋	－			
	04－21～30				1 583.4	168.7	71.2	0	71.2		97.5			1 485.9
	05－01～10				1 485.9	168.8	32.0	0	32.0		136.8			1 349.1
幼苗	05－11～20	0.5	1 759.3	1 055.6	1 349.1	168.7	301.6	0	301.6	132.9				1 482.0
	05－21～31				1 482.0	168.8	271.2	0	271.2	102.4				1 584.4
	06－01～10				1 584.4	168.7	202.4	0	202.4	33.7				1 618.1
	06－11～20				1 618.1	168.8	229.6	0	229.6	60.8				1 678.9
现蕾	06－21～30	0.6	2 111.2	1 266.7	1 678.9	708.7	0	175.9	175.9		532.8	600	06－25	1 746.1
	07－01～10				1 746.1	708.8	91.2	175.9	267.1		441.7			1 304.4
	07－11～20				1 304.4	489.4	185.6	88.0	273.6		215.8	600	07－15	1 688.6
花铃	07－21～31	0.7	2 463.0	1 477.8	1 688.6	489.4	502.4	88.0	590.4					1 789.6
	08－01～10				1 789.6	489.4	270.4	88.0	358.4	101.0	131.0	600	08－05	2 258.6
	08－11～20				2 258.6	489.3	260.8	87.9	348.7		140.6			2 118.0
	08－21～31				2 118.0	472.5	3.2	70.4	73.6		398.9	600	08－25	2 319.1
	09－01～10				2 319.1	472.5	604.8	70.4	675.2	202.7				2 521.8
吐絮	09－11～20	0.8	2 814.9	1 688.9	2 521.8	472.5	313.6	70.4	384.0		88.5			2 433.3
	09－21～31				2 433.3	472.5	7.2	70.4	77.6		394.9			2 038.4
	10－01～10				2 038.4	472.5	64	70.3	134.3		338.2			1 700.2
总计	04－21～10－10					6 750	3 411.2	1 055.6	4 466.8	−2 283.2		2 400.0		

(4)$W_{来}$为时段内来水量，包括

$$P_0=\alpha P(\text{mm})=10\alpha P(\text{m}^3/\text{hm}^2)$$

$$W_T=10^4(H_2-H_1)\beta\rho_{干土}/\rho_{水}$$

因为播前灌水使 0.5 m 以下土层的含水率为 $\beta_{田}$，即 $\beta=\beta_{田}$。

(5)$(W_{来}-ET_{时段})$为时段内来水量、用水量之差，当 $W_{来}>ET_{时段}$ 时为正值；当 $W_{来}<ET_{时段}$ 时为负值。

(6)m 为灌水定额，当 W_t 接近 W_{min} 时，应即进行灌水，在不超过 W_{max} 的范围内，结合群众灌水经验和近期雨情确定灌水定额的大小。

(7)灌水时间为各次灌水的具体日期，可根据计划湿润层含水量和近期降雨量的情况，结合当地施肥和劳力的安排等具体条件进行确定。

(8)W_t 为时段末计划湿润层内的土壤储水量，可由 $W_0+(W_{来}-ET_{时段})$ 求出。当时段内有灌水时，$W_t=W_0+(W_{来}-ET_{时段})+m$。

(9)校核。各生育阶段和全生育期的计算结果都可用式(1-15)进行校核。例如，对全生育期，$W_0+P_0+W_T+K+M-ET=1\ 583.4+3\ 411.2+1\ 055.6+0+2\ 400-6\ 750=1\ 700.2(\text{m}^3/\text{hm}^2)=W_t$。说明计算正确无误，否则应进行检查纠正。

(10)计算成果。根据表 1-15 的计算结果，再加上播前灌水，即可得到棉花的灌溉制度，见表 1-15。

表 1-15　某灌区中等干旱年棉花灌溉制度

作物	生育阶段	灌水次序	灌水定额/$(\text{m}^3\cdot\text{hm}^{-2})$	灌水时间(月一日)	灌溉定额/$(\text{m}^3\cdot\text{hm}^{-2})$
棉花	播前期	1	1 200	04—10	3 600
	现蕾期	2	600	06—25	
	花铃期	3	600	07—15	
	花铃期	4	600	08—05	
	吐絮期	5	600	08—25	

按水量平衡方法制定灌溉制度，是指某一具体年份一种作物的灌溉制度，如果需要求出多年的灌溉用水系列，还须求出每年各种作物的灌溉制度。如果作物耗水量和降雨量的资料比较精确，其计算结果比较接近实际情况。对于大型灌区，由于自然地理条件差别较大，应分区制定灌溉制度，并与前面调查和试验结果相互核对，以求切合实际。

二、非充分灌溉条件下的灌溉制度

视频：非充分灌溉条件下的灌溉制度

在缺水地区或时期，由于可供灌溉的水资源不足，不能满足充分灌溉作物各生育阶段的需水要求，从而只能实施非充分灌溉。

非充分灌溉就是为获得总体效益最佳而采取的不充分满足作物需水要求的灌溉模式。

非充分灌溉是允许作物受一定程度的缺水和减产，但仍可使单位水量获得最大的效益，有时也称为不充足灌溉或经济灌溉。在此条件下的灌溉制度称为非充分灌溉制度。

非充分灌溉的情况要比充分灌溉复杂得多，实施非充分灌溉不仅要研究作物的生理需水规律，研究什么时候缺水、缺水程度对作物产量的影响，而且要研究灌溉经济学，使投入水量最小而获得的产量最大。因此，前面所述的充分灌溉条件下的灌溉制度的设计方法和原理就不能用于非充分灌溉制度的设计。

旱作物非充分灌溉制度设计的依据是降低适宜土壤含水率的下限指标。在河南新乡，中国农业科学院农田灌溉研究所对玉米进行了试验，将适宜土壤含水率下限降低到50%～60%，产量达5 970 kg/hm^2，大大节约了灌溉用水，从而也扩大了灌溉面积。因此，可以通过合理调控土壤水分下限指标，配合农业技术措施和管理措施，达到在获得等同产量下大量减少ET或在同等ET下大幅度提高作物产量，达到节水增产的目的。采用适宜的土壤水分指标是非充分灌溉制度的核心。

大量研究表明，土壤水分虽然是作物生命活动的基本条件，作物在农田中的一切生理、生化过程都是在土壤水的介入下进行的。但是，作物对水分的要求有一定的适宜范围，超过适宜范围的供水量，只能增加作物的“奢侈”蒸腾和地面无效蒸发损失。根据我国北方各地经验，在田间良好的农业技术措施配合下，作物对土壤水分降低的适应性有相当宽的伸缩度，土壤适宜含水率下限可以从60%～70%降低到55%～60%，作物仍能正常生长，并获得理想的产量，而使田间耗水量减少30%～40%，灌水次数和灌水定额减少一半或更多。如山西临汾，小麦适宜土壤含水率下限降低到占田间持水率的50%～60%，产量仍能达到3 000～5 250 kg/hm^2。

在水源供水量不足时，应优先安排面临需水临界期的作物灌水，以充分发挥水的经济效益，将该时期的水分影响降到最低程度，这对于稳定作物产量和保证获得相当满意的产量，提高水的利用效率是非常重要的。例如，在严重缺水或相当干旱的年份，棉花可以由灌三水(现蕾期灌一次和花铃盛期灌两次)改为灌两水(现蕾期灌一次和花铃盛期灌一次)或一水(开花期)，仍能获得皮棉至少750 kg/hm^2的产量。冬小麦灌三水(拔节期、抽穗期和灌浆期各灌水一次)改为灌两水(拔节期和抽穗期各灌一次)或一水(孕穗期)，同样可以得到相当理想的产量。但是，适当限额灌水是在尽量利用降雨的条件下，考虑到作物的需水特性、主要根系活动层深度的补水要求，以及相应的灌水技术条件等实施的，绝不是灌水定额越小、灌水量越少越好。

对于水稻应采用浅水、湿润、晒田相结合的灌水方法，不是以控制淹灌水层的上限、下限来设计灌溉制度，而是以控制稻田的土壤水分为主。

三、灌溉用水量计算及用水过程

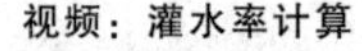
视频：灌水率计算

(一)灌水率

1. 灌水率的计算

灌水率是指灌区单位面积上所需灌溉的净流量，又称灌水模数，单位

为 $m^3/(s\cdot$万亩)。灌水率是根据全灌区各种作物的灌溉制度及其种植面积所占总种植面积的比例计算制定，利用它可以计算出各灌区、各渠道需要引用的净流量。

某种作物一次灌水的灌水率计算公式为

$$q_n = \alpha m/(0.36Tt) \tag{1-22}$$

式中 α——灌区中各种作物种植面积占总种植面积的百分数；

m——某种作物某次灌水定额(m^3/亩)；

T——每次灌水的延长时间(d)；

t——每天灌水的小时数(h)，自流灌溉区一般按照 24 h 计，杨水灌区一般按照 20～22 h 计。

不同作物允许的灌水延续时间不同。对主要作物关键期的灌水延续时间不宜过长，次要作物的可以延长一些。若灌区面积较大，则灌水时间也可较长。但延长灌水时间应在农业技术条件许可和不造成作物产量降低的条件下进行。对于我国大中型灌区，灌溉面积在万亩(1 亩$=1/15\ hm^2$)以上的各地主要作物的灌水延续时间见表 1-16。

表 1-16　万亩以上灌区主要作物的灌水延续时间　　d

作物	播前期	生育期
水稻	5～15(泡田)	3～5
冬小麦	10～20	7～10
棉花	10～20	5～10
玉米	7～15	5～10

用式(1-22)可以计算出各种作物的各次灌水的灌水率，见表 1-17。

表 1-17　灌水率计算表

作物	作物所占面积/%	灌水次序	灌水定额/($m^3\cdot hm^{-2}$)	灌水时间(月—日)			灌水延续时	灌水率/[$m^3\cdot(s\cdot 100\ hm^2)^{-1}$]
				始	终	中间日		
小麦	50	1	975	09—16	09—27	09—22	12	0.047
		2	750	03—19	03—28	03—24	10	0.043
		3	825	04—16	04—25	04—21	10	0.048
		4	825	05—06	05—15	05—11	10	0.048
棉花	25	1	825	03—27	04—03	03—30	8	0.030
		2	675	05—01	05—08	05—05	8	0.024
		3	675	06—20	06—27	06—24	8	0.024
		4	675	07—26	08—02	07—30	8	0.024
谷子	25	1	900	04—12	04—21	04—17	10	0.026
		2	825	05—03	05—12	05—08	10	0.024
		3	750	06—16	06—25	06—21	10	0.022
		4	750	07—10	07—19	07—15	10	0.022

续表

作物	作物所占面积/%	灌水次序	灌水定额/($m^3 \cdot hm^{-2}$)	灌水时间(月—日)			灌水延续时	灌水率/[$m^3 \cdot (s \cdot 100\ hm^2)^{-1}$]
				始	终	中间日		
玉米	50	1	825	06—08	06—17	06—13	10	0.048
		2	750	07—02	07—11	07—07	10	0.043
		3	675	08—01	08—10	08—06	10	0.039

2. 灌水率图的绘制与修正

根据表 1-17 的计算结果，以灌水时间为横坐标，以灌水率为纵坐标，即可绘出初步灌水率图(图 1-10)。由图 1-10 可见，各时期的灌水率大小相差悬殊，渠道输水断断续续，不利于管理。若以其中最大的灌水率计算渠道流量，势必偏大，不经济。因此，必须对初步灌水率图进行必要的修正。

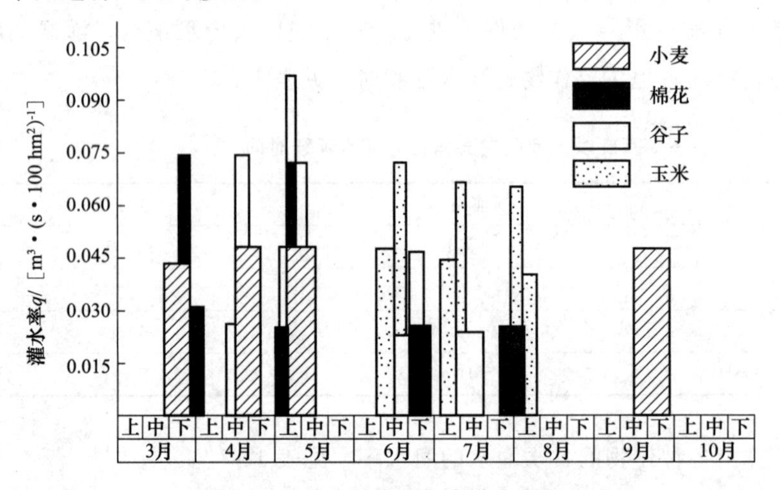

图 1-10　北方某灌区初步灌水率图

视频：灌水率图与修正

灌水率图的修正方法：一是可以提前或推后灌水时间，提前或推后灌水日期不得超过 3 d，若同一种作物连续两次灌水均需变动灌水日期，不应一次提前、一次推后；二是延长或缩短灌水时间，延长或缩短灌水时间与原定时间相差不应超过 20%；三是改变灌水定额，灌水定额的调整值不应超过原定额的 10%，同一种作物不应连续两次减小灌水定额。当上述要求不能满足时，可以适当调整作物组成。

修正后的灌水率图应与水源供水条件相适应，且全年各次灌水率大小应比较均匀。以累计 30 d 以上的最大灌水率为设计灌水率，短期的峰值不应大于设计灌水率的 120%，最小灌水率不应小于设计灌水率的 30%；应避免经常停水，特别应避免小于 5 d 的短期停水现象。

修正后的灌水率图如图 1-11 所示。

3. 设计灌水率

作为设计渠道用的设计灌水率，应从图 1-11 中选取延续时间较长，即累计 30 d 以上的最大灌水率值作为设计灌水率，如图 1-11 中所示 q 值，而不是短暂的高峰值，这样不致使

设计的渠道断面过大，增加渠道工程量。在渠道运用过程中，对短暂的大流量可由渠堤超高部分的断面去满足。

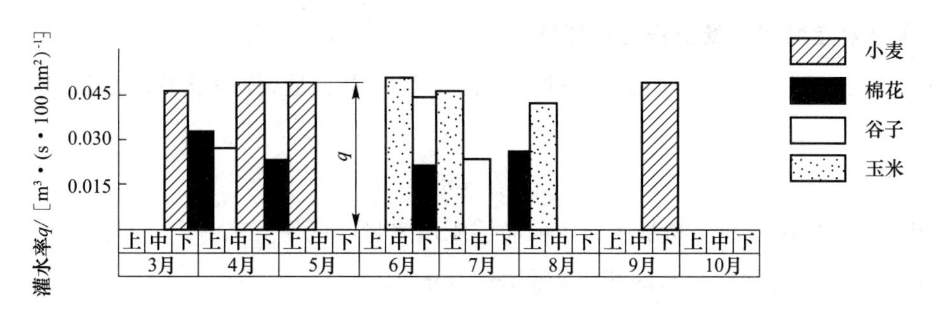

图 1-11　北方某灌区修正后的灌水率图

根据调查统计，大面积水稻灌区(100 hm^2 以上)的设计净灌水率($q_{净}$)一般为 0.067～0.09 $m^3/(s \cdot 100\ hm^2)$；大面积旱作灌区的设计净灌水率一般为 0.030～0.052 $m^3/(s \cdot 100\ hm^2)$；水、旱田均有的大中型灌区，其综合净灌水率可按水、旱面积比例加权平均求得。以上数值也可作为调整后灌水率最大值的控制数值。对管理水平较高的地区可选用小一些数值，反之取大值；否则会造成设计灌水率偏小，使渠道流量偏小，导致在现有管理水平条件下，不能按时完成灌溉任务。

(二)灌溉用水量计算

视频：灌溉用水量计算

年灌溉用水量可使用以下三种方法进行推算。

1. 利用灌水率图推算

用调整后的灌水率图可以推算灌溉用水量及灌溉用水过程。方法是把调整后的灌水率图中的各纵坐标值分别乘以灌区总灌溉面积 A，再除以灌溉水利用系数，即把灌水率图扩大$\frac{A}{\eta}$倍，便可得到灌区设计年的毛灌溉用水流量。其计算公式为

$$Q_i = \frac{q_i A}{\eta} \tag{1-23}$$

式中　Q_i——某时段的毛灌溉用水流量(m^3/s)；

q_i——相应时段的灌水率[$m^3/(s \cdot 100\ hm^2)$]；

A——灌区总的灌溉面积(100 hm^2)；

η——灌溉水利用系数，为灌入田间的水量(或流量)与渠道引入总水量(或流量)的比值，一般 可取 0.50～0.70。

灌溉用水流量与灌水时间的乘积即为灌溉用水量。

$$W_i = Q_i \Delta T_i = \frac{q_i A}{\eta} \Delta T_i \tag{1-24}$$

式中　W_i——某时段的毛灌溉用水量(m^3)；

Q_i——该时段的毛灌溉用水流量(m^3/s)；

ΔT_i——该时段的长度(s)；

式中其他符号意义同前。

2. 用灌水定额和灌溉面积直接计算

对于任何一种作物的某次灌水，须供水到田间的灌水量(称净灌溉用水量)$W_{净}$ 可用下式求得

$$W_{净}=mA_i \tag{1-25}$$

式中 $W_{净}$——任何一种作物某次灌水的净灌溉用水量(m^3)；

m——该作物某次灌水的灌水定额(m^3/hm^2)；

A_i——该作物的灌溉面积(hm^2)。

同理可以计算出各种作物各次的净灌溉用水量。然后，把同一时间各种作物的净灌溉用水量相加，就得到不同时期灌区的净灌溉用水量，按此可求得典型年全灌区净灌溉用水过程。

某时段毛灌溉用水量可用下式计算

$$W_{毛}=\frac{W_{净}}{\eta} \tag{1-26}$$

式中 $W_{毛}$——灌区某时段的毛灌溉用水量(m^3)；

$W_{净}$——灌区某时段的净灌溉用水量(m^3)；

η——灌溉水利用系数。

例如，计算某灌区××年灌溉用水过程，灌区灌溉面积为 10 万 hm^2。用灌水定额和灌溉面积直接计算各种作物的灌溉用水量见表 1-18。灌溉水利用系数 $\eta=0.7$。

表 1-18　某灌区××年灌溉用水过程推算表(直接推算法)

时间(月、旬)		各种作物各次灌水定额 /($m^3 \cdot hm^{-2}$)				各种作物各次净灌溉用水量 /万 m^3				全灌区净灌溉用水量 /万 m^3	全灌区毛灌溉用水量 /万 m^3
		冬小麦 $A_1=$ 5 万 hm^2	棉花 $A_2=$ 2.5 万 hm^2	谷子 $A_3=$ 2.5 万 hm^2	夏玉米 $A_4=$ 5 万 hm^2	冬小麦	棉花	谷子	夏玉米		
(1)		(2)	(3)	(4)	(5)	(6)	(7)	(8)	(9)	(10)	(11)
3	下	600	750			3 000	1 875			4 875	6 964
4	上 中 下	600		750		3 000		1 875		4 875	6 964
5	上	600	600	600		3 000	1 500	1 500		6 000	8 571
	中										
	下	600				3 000				3 000	4 286
6	上										
	中			600	750			1 500	3 750	5 250	7 500
	下		600				1 500			1 500	2 143

续表

时间（月、旬）		各种作物各次灌水定额 /($m^3\cdot hm^{-2}$)				各种作物各次净灌溉用水量 /万 m^3				全灌区净灌溉用水量 /万 m^3	全灌区毛灌溉用水量 /万 m^3
		冬小麦 $A_1=$ 5 万 hm^2	棉花 $A_2=$ 2.5 万 hm^2	谷子 $A_3=$ 2.5 万 hm^2	夏玉米 $A_4=$ 5 万 hm^2	冬小麦	棉花	谷子	夏玉米		
7	上										
	中			600	600			1 500	3 000	4 500	6 429
	下		600				1 500			1 500	2 143
8	上										
	中										
	下										
9	上										
	中	750				3 750				3 750	5 357
	下										
合计		3 150	2 550	2 550	1 350	15 750	6 375	6 375	6 750	35 250	50 357

3. 用综合灌水定额推算

全灌区综合灌水定额是同一时段内各种作物灌水定额的面积加权平均值，即

$$m_{综,净}=\alpha_1 m_1+\alpha_2 m_2+\alpha_3 m_3+\cdots \tag{1-27}$$

式中 $m_{综,净}$——某时段内综合净灌水定额(m^3/hm^2)；

m_1、m_2、m_3、…——第 1 种、第 2 种、第 3 种……作物在该时段内的灌水定额(m^3/hm^2)；

α_1、α_2、α_3、…——第 1 种、第 2 种、第 3 种……作物的种植比例。

全灌区某时段内的净灌溉用水量 $W_净$ 可用下式求得

$$W_净=m_{综,净}A \tag{1-28}$$

式中 A——全灌区的灌溉面积(hm^2)。

计入水量损失，则综合毛灌水定额 $m_{综,毛}$ 为

$$m_{综,毛}=\frac{m_{综,净}}{\eta} \tag{1-29}$$

式中，其他符号意义同前。

全灌区任何时段毛灌溉用水量 $W_毛$ 为

$$W_毛=m_{综,毛}A \tag{1-30}$$

式中，其他符号意义同前。

表 1-19 中，3 月下旬的综合净灌水定额为

$$m_{综,净}=50\%\times600+25\%\times750=487.5(m^3/hm^2)$$

则 3 月下旬的净灌溉用水量为

$$W_{净}=487.5\times10=4\ 875(万\ m^3)$$

同表1-18中直接计算的净灌溉用水量数值相同。而3月下旬的毛灌溉用水量$W_{毛}$，同样可用综合毛灌水定额求得，即

$$m_{综,净}=\frac{487.5}{0.7}=696.4(m^3/hm^2)$$

$$W_{毛}=696.4\times10=6\ 964(万\ m^3)$$

此值与表1-18(11)栏毛灌溉用水量相同。因此，用综合灌水定额即可求得任何时段灌区灌溉用水量及用水过程。

同样根据各种作物的灌溉定额可推求全灌区综合灌溉定额，其计算公式为

$$M_{综,净}=\alpha_1M_1+\alpha_2M_2+\alpha_3M_3+\cdots \tag{1-31}$$

式中 $M_{综,净}$——全灌区综合净灌溉定额(m^3/hm^2)；

M_1、M_2、M_3、…——第1种、第2种、第3种、……作物的灌溉定额(m^3/hm^2)；

α_1、α_2、α_3、…——第1种、第2种、第3种、……作物的种植比例。

全灌区综合毛灌溉定额$M_{综,毛}$可用式(1-29)求得。

利用综合灌溉定额，可以计算全灌区各种作物一年内的总灌溉用水量。通过综合灌水定额推算灌溉用水量，与直接推算法相比，其繁简程度类似，但求得的综合灌水定额有以下作用：

(1)衡量灌区灌溉用水是否合适，可以与自然条件及作物种植比例类似的灌区进行对比，便于发现 是否偏大或偏小，从而进行调整、修改；

(2)推算灌区局部范围内灌溉用水量；

(3)有时灌区的作物种植比例已按规划确定，但灌区总的灌溉面积还须根据水源等条件决定，此时，可利用综合毛灌溉定额推求全灌区应发展的灌溉面积，即

$$A=\frac{W_{源}}{M_{综,毛}} \tag{1-32}$$

式中 A——全灌区可发展的灌溉面积(hm^2)；

$W_{源}$——水源每年能供给的灌溉水量(m^3)；

$M_{综,毛}$——全灌区综合毛灌溉定额(m^3/hm^2)。

任务三 选择灌水方式

一、灌水方式

视频：灌水方式

按照灌溉水是否湿润整个农田、水输送到田间的方式和湿润土壤的方式，通常将灌溉分为全面灌溉与局部灌溉两大类。

(一)全面灌溉

全面灌溉是指灌溉水湿润整个农田植物根系活动层内的土壤的灌溉。其包括地面灌溉和喷灌两类。

1. 地面灌溉

地面灌溉是指灌溉水在田面流动的过程中，形成连续的薄水层或细小的水流，借重力和毛细管作用湿润土壤，或在田面建立一定深度的水层，借重力作用逐渐渗入土壤的一种灌水方法。

地面灌水技术具有田间工程简单、需要设备少、投资少、技术简单、操作方便、群众容易掌握、水头要求低、能耗少等优点；但存在易破坏土壤团粒结构、表土容易板结、水的利用率低、平整土地工作量大等缺点。

地面灌水技术是最古老的，也是目前应用最广、最主要的一种灌水技术。按其湿润土壤的方式不同，可分为畦灌、沟灌、淹灌、波涌灌、长畦(沟)分段灌、水平畦灌等。

(1)畦灌。畦灌是用田埂将灌溉土地分隔成一系列田畦。灌水时，将水引入畦田后，在畦田上形成很薄的水层，并沿畦长方向流动，在流动过程中主要借助重力作用逐渐湿润土壤。畦灌适用于小麦等窄行密播植物及牧草等的灌溉。

视频：畦灌

(2)沟灌。沟灌是在作物行间开挖灌水沟，灌溉水由输水沟或毛渠进入灌水沟后，在流动的过程中，主要借土壤毛细管作用从沟底和沟壁向周围渗透而湿润土壤。同时，在沟底也有重力作用浸润土壤。与畦灌比较，其明显的优点是不会破坏植物根部附近的土壤结构，不导致田面板结，能减少土壤蒸发损失，多雨季节还可以起排水作用。沟灌适用于宽行距的中耕植物。

(3)淹灌(格田灌溉)。淹灌是用田埂将灌溉土地划分成许多格田，灌水时，使格田内保持一定深度的水层，借重力作用湿润土壤。淹灌主要适用于水稻的灌溉。

(4)波涌灌(间歇灌溉)。波涌灌是利用间歇阀向沟(畦)间歇地供水的技术。其具有灌水均匀灌水质量高、田面水流推进速度快、省水、节能、保肥、可实现自动控制等优点。浓涌灌适用于沟(畦)长度大、地面坡度平坦、透水性较好且含有一定黏粒的土质的灌溉。

(5)长畦(沟)分段灌。长畦(沟)分段灌自下而上或自上而下依次逐段向短畦(沟内)里灌水。其优点是节约水量、容易实现小定额灌水、灌水均匀、田间水有效利用率高、灌溉设施占地少、土地利用率高。长畦(沟)分段灌适用于沟(畦)长度大、地面坡度平坦的灌溉。

(6)水平畦灌。水平畦灌是纵、横向地面坡度均为零时的畦田灌水技术。其优点是田面非常平整、入畦流量大且能迅速布满整个田块、深层渗漏水量少、灌水均匀度及水的利用率高。水平畦灌适用于所有种类植物和各种土壤条件。

2. 喷灌

喷灌是利用专门设备将有压水送到需要灌溉的地段并使水流喷射到空中散成细小的水滴，像天然降雨一样进行灌溉。其突出优点是对地形的适应性强、机械化程度高、灌水均匀灌溉水利

用系数高，尤其适用于透水性强的土壤，并可调节空气湿度和温度。但一次性基本建设投资较大，而且受风的影响大。喷灌适用于经济作物、蔬菜、果树、园林花卉植物等的灌溉。

(二)局部灌溉

视频：局部灌溉

局部灌溉是指灌溉水只湿润植物附近的土壤，其余远离植物根系的行间或棵间处的土壤仍保持干燥。

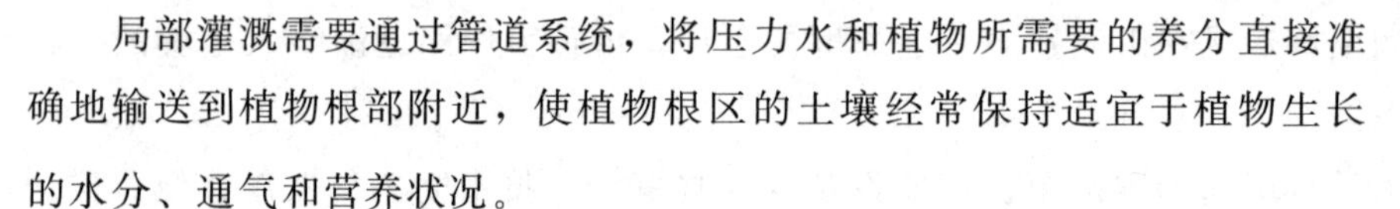

局部灌溉需要通过管道系统，将压力水和植物所需要的养分直接准确地输送到植物根部附近，使植物根区的土壤经常保持适宜于植物生长的水分、通气和营养状况。

局部灌溉的灌水技术所需灌溉流量一般都比全面灌溉小得多，因此又称为微量灌溉，简称微灌。其主要优点：灌水均匀，节约能量，灌水流量小；对土壤和地形的适应性强；能提高植物产量，增强耐盐能力；便于自动控制，明显节省劳力。

局部灌溉主要适用于灌溉宽行植物、果树、瓜类等植物。

1. 滴灌

滴灌是将具有一定压力的灌溉水，通过管道和滴头将灌溉水滴入植物根部附近土壤的一种灌水方法。

滴灌的突出优点是非常省水，自动化程度高，可以使土壤湿度始终保持在最优状态，它与地面灌溉相比，水果增产20%～40%，蔬菜增产100%～200%；其缺点主要是对水质要求高，滴头容易堵塞，需要有较多的设备和投资。

滴灌毛管布置在地膜下面，可基本上避免地面无效蒸发，称为膜下滴灌。目前这种方法主要与地膜栽培技术结合起来实施。

2. 微喷灌

微喷灌(微型喷灌)是用很小的喷头(微喷头)将水喷洒在土壤表面，微喷头的工作压力与滴头差不多，但是它是在空中消散水流的能量，流量大一些，出流流速比滴头的出流流速大得多，则堵塞减少。其主要适用于果树、蔬菜和园林花卉等的灌溉。

3. 渗灌

渗灌是利用修筑在地下的专门设施(地下管道系统)将灌溉水引入田间耕作层，借毛细管作用自下而上湿润土壤，所以又称地下灌溉。其优点主要是灌水质量好，不破坏土壤结构，蒸发损失少，少占耕地，便于机耕；但地表湿润差，不利于种子发芽及幼苗和浅根植物生长，地下管道造价高，容易堵塞，检修困难。

4. 涌泉灌溉

我国称涌泉灌溉为小管出流灌溉，是通过安装在毛管上的涌水器而形成小股水流，以涌流方式进入土壤的灌水方法。它的流量比滴灌和微喷灌大，一般都超过土壤入渗速度。为防止产生地面径流，需要在涌水器附近挖掘小的灌水坑以暂时储水。涌泉灌可避免灌水器堵塞。其适用于水源较丰富的地区或林、果灌溉。

5. 膜上灌溉

膜上灌溉(覆膜地面灌溉)是在地膜栽培的基础上，不再另外增加投资，而利用地膜防渗并输送灌溉水流，同时，又通过放苗孔、专门灌水孔或地膜幅间的窄缝等向土壤内渗水，以适时适量地供给植物所需要的水量，从而达到节水增产的目的。其优点是节水效果突出，与传统的沟畦灌比较，一般可节水30%～50%，最高可达70%；灌水质量明显提高，植物生态环境得到改善；增产效益显著等。凡是实行地膜种植的地方和植物都可以采用膜上灌技术，特别是高寒、干旱、早春缺水、蒸发量大、土壤保水差的地方，更适合推广使用膜上灌。其缺点是容易造成白色污染，因此应尽可能采用可降解塑料薄膜。

上述灌水方法各有其特点，都有一定的适用范围，在选择时主要应考虑到作物、地形、土壤和水源等条件。对于水源缺乏地区应优先采用滴灌、渗灌、微喷灌和喷灌；在地形坡度较陡、地形复杂的地区及土壤透水性大的地区，应考虑采用喷灌；对于宽行作物可采用沟灌；密植作物则宜采用畦灌；果树和瓜类等可采用滴灌；水稻主要采用淹灌；在地形平坦、土壤透水性不大的地方，为了节约投资，可考虑采用畦灌、沟灌或淹灌。各种灌水方法的适用条件见表1-19。地面灌水技术质量评价指标对灌水方法的要求是多方面的，先进而合理的灌水方法应满足以下几个方面的基本要求：

表1-19　各种灌水方法的适用条件

灌水方法		作物	地形	水源	土壤
地面灌溉	畦灌	密植作物(小麦、谷子等)、牧草、某些蔬菜	坡度均匀，坡度不超过2%	水量充足	中等透水性
	沟灌	宽行作物(棉花、玉米等)及某些蔬菜	坡度均匀，坡度不超过2%～5%	水量充足	中等透水性
	淹灌	水稻	平坦或局部平坦	水量丰富	透水性小，盐碱土
	漫灌	牧草	较平坦	水量充足	中等透水性
喷灌		经济作物、蔬菜、果树	各种坡度均可，尤其适用于复杂地形	水量较少	适用于各种透水性，尤其是透水性大的土壤
渗灌		根系较深的作物	平坦	水量缺乏	透水性较小
滴灌		果树、瓜类、宽行作物	较平坦	水量极其缺乏	适用于各种透水性
微喷灌		果树、花卉、蔬菜	较平坦	水量缺乏	适用于各种透水性

(1)灌水均匀。能保证将水按拟订的灌水定额灌到田间，而且使每棵植物都可以得到相同的水量，常以均匀度来表示。

(2)灌溉水的利用率高。应使灌溉水都保持在植物可以吸收到的土壤里，尽量减少发生地面流失和深层渗漏，提高田间水利用系数(即灌水效率)。

(3)少破坏或不破坏土壤团粒结构，灌水后能使土壤保持疏松状态，表土不形成结壳。

(4)便于和其他农业措施相结合。现代灌溉已发展到不仅应满足植物对水分的要求，而且还应满足植物对肥料及环境的要求。因此，现代灌水方法应当便于与施肥、施农药(杀虫

剂、除莠剂等)、冲洗盐碱、调节田间小气候等相结合。此外，要有利于中耕、收获等农业操作，对田间交通的影响小。

(5)应有较高的劳动生产率，使一个灌水员管理的面积最大。灌水方法应便于实现机械化和自动化，使管理所需要的人力最少。

(6)对地形的适应性强。灌水方法应能适应各种地形坡度及田间不很平坦的田块的灌溉，从而不会对土地平整提出过高的要求。

(7)基本建设投资与管理费用低，也要求能量消耗最少，便于大面积推广。

(8)田间占地少。有利于提高土地利用率，使有更多的土地用于植物的栽培。

二、传统地面灌水技术

(一)畦灌

畦灌技术要求使畦田首尾、左右的土壤湿润均匀，不冲刷田面土壤，因此，在畦灌时要根据地面坡度、土地平整程度、土壤透水性能、农业机具等因素，合理布置畦田，考虑选定适宜的畦田规格，控制入畦流量，确定放水时间等技术要素。

视频：地面灌水方式

1. 畦田布置

畦田布置应主要依据地形条件，并结合考虑耕作方向，一般认为以南北方向布置为最好，但应保证畦田沿长边方向有一定的坡度。

根据地形坡度，畦田布置有两种形式，一种是在南北方向地面坡度较平缓的情况下，通常沿地面坡度布置，也就是畦田的长边方向与地面等高线垂直，如图 1-12(b)所示；另一种是若土地平整较差，南北方向地面坡度较大，为减缓畦田内地面坡度，畦田也可以与地面等高线斜交或基本上与地面等高线方向平行，如图 1-12(c)所示。

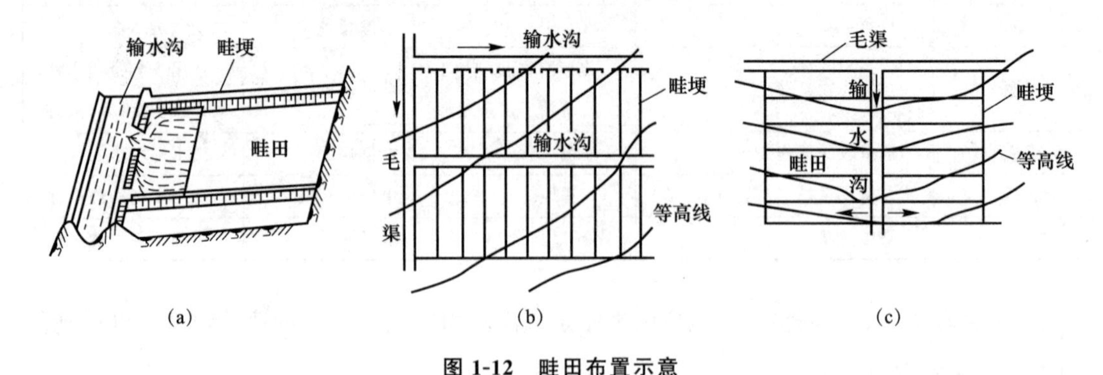

图 1-12　畦田布置示意

(a)畦田示意；(b)畦田与地面等高线垂直布置；(c)畦田与地面等高线平行布置

2. 畦灌技术要素

(1)畦田坡度。畦田通常沿地面最大坡度方向布置，适宜的畦田坡度一般为 0.002～0.005。坡度太小，水层不宜流动，灌水时间长，土壤湿润不均匀；坡度太大，水流速度过快，表土易受冲刷。当地面坡度较大时，可使畦田长边方向与地面坡向呈一定角度，以免发生冲刷。

(2)畦长。畦长由畦田纵向坡度、土壤透水性、土地平整情况和农业技术措施等确定。畦长过大，畦首受水时间过长，从而使畦首灌水量过多，湿润不均匀，且浪费水量；畦长过小，修畦和浇地用工多。地面坡度大，土壤透水性弱时畦长可长些；反之应短些。一般自流灌区的畦长以 50～100 m 为宜。

(3)畦宽。畦宽主要取决于畦田的土壤性质和农业技术要求，以及农业机具的宽度。通常，畦宽多按当地农业机具宽度整数倍确定，一般为 2～4 m。

(4)入畦流量。入畦流量以保证灌水均匀、不产生冲刷为原则，一般单宽流量控制在 3～8 L/(s·m)，地面坡度大、土壤透水性差时，入畦流量应小些；反之，可适当大些。

(5)改水成数。为使畦田内的土壤湿润均匀和节省水量，应掌握好畦口的放水时间。在生产实践中，常采用及时封口的方法，即当水流到离畦尾还有一定的距离时，就封闭入水口，使畦内的水流继续向前移动，至畦尾时恰好全部渗入土壤，通常把封住畦口、停止向畦田放水时，畦内水流长度与畦长的比值称为改水成数，如“八成”改水，即水流到畦田长的 80%时封口，以它作为控制畦口放水时间的依据。畦田的改水成数应根据畦长、畦田坡度、土壤透水性，以及入畦流量和灌水定额等因素确定。

3. 畦灌各灌水技术要素之间的关系

畦灌各灌水技术要素之间是相互联系、相互制约的。

当入畦流量一定时，畦长与灌水延续时间成正比；而当畦长一定时，则入畦流量与灌水延续时间成反比。

入畦流量与灌水延续时间之间的定量关系比较复杂，很难准确确定，一般可总结实际灌水经验或进行田间试验确定，也可根据下列关系分析研究确定：

(1)灌水时间 t 内的土壤渗吸总水量应与计划灌水定额 m 相等，即

$$m=I_t=K_0t^{1-\alpha} \tag{1-33}$$

式中 t——灌水持续时间(h)；

m——计划灌水定额(mm)；

K_0——第一个单位时间内平均入渗速度(mm/h)；

I_t——t 时间渗入土壤中的水量(mm)；

α——土壤渗入递减指数。

根据式(1-33)可以求得畦田的灌水延续时间 t 应为

$$t=\left(\frac{m}{K_0}\right)^{\frac{1}{1-\alpha}} \tag{1-34}$$

(2)进入畦田的总灌水量应与计划灌水量相等，即

$$3\,600qt=mL \tag{1-35}$$

式中 q——入畦单宽流量[L/(s·m)]；

L——畦长(m)；

式中，其他符号意义同前。

由式(1-35)可以根据选定的 q 和求出的 t 计算需要的畦长 L；也可先选定 L 计算出 q，再根据土壤性质和植物种植情况校核求出的 q 值。从式(1-35)中可知，在相同的土质、地面坡度和畦长情况下，入畦单宽流量的大小主要与灌水定额有关。一般来说，入畦单宽流量越小，灌水定额越大；入畦单宽流量越大，灌水定额越小。

畦灌技术要素可按表 1-20 选择。

表 1-20　畦灌技术要素

土壤透水性/($m \cdot h^{-1}$)	畦长/m	畦田比降	单宽流量/[$L \cdot (s \cdot m^{-1})$]
强(>0.15)	60～100	>1/200	3～6
	50～70	1/200～1/500	5～6
	40～60	<1/500	5～8
中(0.10～0.15)	80～120	>1/200	3～5
	70～100	1/200～1/500	3～6
	50～70	<1/500	5～7
弱(<0.10)	100～150	>1/200	3～4
	80～100	1/200～1/500	3～4
	70～90	<1/500	4～5

【例 1-3】 某灌区冬小麦采用畦灌，畦长为 70 m，畦宽为 2.4 m。灌水定额为 750 m^3/hm^2，土壤为中壤土，透水性中等。第一个单位时间末的土壤渗吸速度为 2.5 mm/min，土壤入渗递减指数 $\alpha=0.5$。地面平整，灌水方向与等高线垂直，畦田纵坡为 0.002。试计算畦灌的灌水时间和入畦单宽流量。

【解】(1)已知 $K_0=2.5\ mm/min=150\ mm/h$，$\alpha=0.5$，$m=750\ m^3/hm^2=75\ mm$，代入式(1-34)可得单畦灌水时间和入畦单宽流量。

$$t=\left(\frac{m}{K_0}\right)^{\frac{1}{1-\alpha}}=\left(\frac{75}{150}\right)^{\frac{1}{1-0.5}}=0.25(h)=15\ min$$

(2)将 $t=0.25$ h，$m=75$ mm，$L=70$ m，代入式(1-35)，可得入畦单宽流量为

$$q=\frac{75\times70}{3\ 600\times0.25}=5.83[L/(s\cdot m)]$$

(二)沟灌

1. 灌水沟的规格

(1)灌水沟间。灌水沟的间距视土壤性质而定，其值与土壤两侧的湿润范围有关，如图 1-13 及表 1-21 所示，一般轻质土壤灌水沟的间距比较窄，而重质土壤沟距比较宽，在确定时，应结合植物的行距一起考虑。

(2)灌水沟坡度。灌水沟坡度一般要求为 0.005～0.02。因此，灌水沟一般沿地面坡度方向布置，若地面坡度较大，可以斜交等高线布置，使灌水沟获得适宜的比降。

(3)灌水沟长度。灌水沟的长度与土壤透水性、土地平整状况、入沟流量和地面坡度有直接

关系。根据灌溉试验和生产经验，一般砂性土壤的灌水沟长度可短一些，而黏性土壤的沟长可长些，蔬菜植物的灌水沟长度一般较短，农作物的灌水沟较长。沟灌技术要素可按表 1-22 选择。

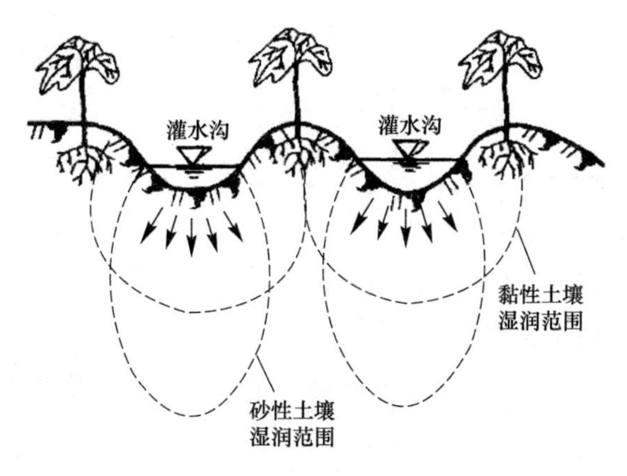

图 1-13　灌水沟土壤湿润示意

表 1-21　不同土质条件下灌水沟间距

土质	轻质土壤	中质土壤	重质土壤
间距/cm	50～60	65～75	75～80

表 1-22　沟灌技术要素

土壤透水性/(m・h^{-1})	沟长/m	沟底比降	入沟流量/(L・s^{-1})
强(＞0.15)	50～100	＞1/200	0.7～1.0
	40～60	1/200～1/500	0.7～1.0
	30～40	＜1/500	1.0～1.5
中(0.10～0.15)	70～100	＞1/200	0.4～0.6
	60～90	1/200～1/500	0.6～0.8
	40～80	＜1/500	0.6～1.0
弱(＜0.10)	90～150	＞1/200	0.2～0.4
	80～100	1/200～1/500	0.3～0.5
	60～80	＜1/500	0.4～0.6

2. 沟灌灌水要素之间的关系

为了使灌水均匀，应合理确定沟长、入沟流量和放水时间等技术要素。与畦灌一样，沟灌的各项技术要素之间也是相互制约、相互影响的，关系比较复杂。一般常用灌水沟的水量平衡原理推求各技术要素之间的关系。

(1)封闭沟灌。灌水时入沟水流一直流到沟尾，水在流动过程中部分渗入土壤，而大部分水则在封口停止进水后蓄留在沟内继续入渗。封闭沟灌适用于土壤透水性弱、坡度小于 0.002 的田地。这时各灌水技术参数之间的关系如下：

1)计划灌水定额应等于在灌水时间内的渗入水量与灌水停止后沟中存蓄水量之和。其计算公式为

$$maL=(b_0h+P_0\overline{K}_tt)L \tag{1-36}$$

$$h=\frac{ma-P_0\overline{K}_tt}{b_0}=\frac{ma-P_0I_t}{b_0} \tag{1-37}$$

式中 h——灌水沟平均蓄水深度(m)；

a——灌水沟的间距(m)；

m——计划灌水定额，以水层深度计(m)；

L——灌水沟的沟长(m)；

b_0——灌水沟中的平均水面宽度(m)，$b_0=b+\varphi h$(b、φ 分别为灌水沟的底宽和边坡系数)；

P_0——在时间 t 内灌水沟的平均有效湿润周长(m)，$P_0=b+2vh\sqrt{1+\varphi^2}$($v$ 为借毛管作用沿沟的边坡向旁侧渗水的校正系数，土壤性能越好，系数越大，一般为 1.5～2.5)；

t——灌水沟放水时间(h)；

$\overline{K}_t$——t 时间内的土壤平均入渗速度(m/h)；

I_t——在 t 时间内的入渗深度(m)。

2)沟长 L 与地面坡度 i 及沟中水深的关系，用下述计算式表示为

$$L=\frac{h_2-h_1}{i} \tag{1-38}$$

式中 h_1——灌水停止时封闭灌水沟的沟首水深(m)；

h_2——灌水停止时封闭灌水沟的沟尾水深(m)；

L——灌水沟的沟长(m)；

i——灌水沟的坡度(%)。

3)灌水沟入沟流量与沟的土壤性质和沟的坡度有关。强透水性土壤入沟流量为 0.7～1.5 L/s，中等透水性土壤为 0.4～1 L/s，弱透水性土壤为 0.2～0.6 L/s，灌水沟的坡度大时取小值。

4)当灌水沟的沟长 L 与入沟流量 q 已知时，灌水时间与其他灌水要素之间的关系为

$$qt=maL \tag{1-39}$$

$$t=\frac{maL}{q} \tag{1-40}$$

式中 q——灌水沟流量(L/s)；

式中，其他符号意义同前。

(2)流通沟灌。水流在流动过程中将全部水量渗入土壤，放水停止后，在沟中不形成积水。这时各灌水技术要素之间有以下关系：

1)在灌水时间 t 内的入渗水量等于计划的灌水定额，即

$$maL = P_0 \overline{K}_t tL = P_0 K_0 t^{1-\alpha} L \tag{1-41}$$

可求得灌水时间为

$$t = \left(\frac{ma}{K_0 P_0}\right)^{\frac{1}{1-\alpha}} \tag{1-42}$$

式中　α——土壤入渗速度递减指数；

式中，其他符号意义同前。

2)灌水沟流量 q 一般为 0.2～0.4 L/s，沟内水深不超过沟深的 1/2，为控制流量，灌水时沟口可用小管控制水流，由于流量小，沟内水流流动缓慢，湿润土壤主要靠毛细管作用，所以灌水分布均匀，节约水量。

3)当入沟流量与灌水时间已知时，灌水沟长度 L 为

$$L = \frac{qt}{ma} \tag{1-43}$$

式中，符号意义同前。

(三)淹灌

淹灌要求格田有比较均匀的水层，为此要求格田地面坡度小于 0.000 2，而且田面平整。格田的形状一般为长方形或方形，水稻区格田规格依地形、土壤、耕作条件而异。在平原地区，农渠和农沟之间的距离通常是格田的长度。当沟渠相间布置时，格田长度一般为 100～150 m；当沟渠相邻布置时，格田长度一般为 200～300 m。格田宽度则按田间管理要求而定，不要影响通风、透光，一般为 15～20 m。在山丘地区的坡地上，格田长边沿等高线方向布置，以减少土地平整工作量，其长度应根据机耕要求而定；格田的宽度随地面坡度而定，坡度越大，格田越窄。

田埂可兼作道路的作用，田埂的高度一般为 20～40 cm，顶宽为 30～40 cm，边坡的坡比约为 1∶1。

冲洗和改良盐碱地多采用长为 50～100 m、宽为 10～20 m、面积为 15～45 hm^2 的格田，其田埂高度：黏土应大于 30 cm，砂质土应大于 40 cm。

格田应有独立的进水口，避免串灌串排，防止灌水或排水时彼此互相依赖、互相干扰，达到能按植物生长要求控制灌水和排水。格田灌水和排水时，均需修建专门的进水口和排水口。

表 1-23、表 1-24 列出了陕西省泾惠渠灌区波涌畦灌实施方案，可供设计时参考。

表 1-23　陕西泾惠灌区清水波涌畦灌灌水实施方案(一)

(适宜植物头水灌溉)

畦长/m	坡降/‰	单宽流量/[L·(s·m^{-1})]	周期数	循环率
160	2	10～12	2	1/2
	3～4	8～10	2	1/2 或 1/3
	5	4～8	2	1/3

续表

畦长/m	坡降/‰	单宽流量/[L·(s·m^{-1})]	周期数	循环率
240	2	12～14	3	1/3
	3～4	10～13	3	1/2 或 1/3
	5	6～10	3	1/2
320	2	12～14	3 或 4	1/3
	3～4	10～12	3	1/2 或 1/3
	5	8～10	3	1/2

表 1-24　陕西泾惠灌区清水波涌畦灌灌水实施方案(二)

(适宜植物非头水灌溉)

畦长/m	坡降/‰	单宽流量/[L·(s·m^{-1})]	周期数	循环率
160	2	6～8	2	1/2
	3～4	4～6	2	1/2 或 1/3
	5	3～5	2	1/3
240	2	8～10	3	1/3
	3～4	6～8	3	1/2 或 1/3
	5	4～6	3	1/2
320	2	10～12	3 或 4	1/3
	3～4	8～10	3	1/2 或 1/3
	5	6～8	3	1/2

三、其他地面改良灌溉技术

(一)小畦“三改”灌水技术

小畦“三改”灌水技术，即“长畦改短畦、宽畦改窄畦、大畦改小畦”的灌水方法。其关键是使灌溉水在田间分布均匀，节约灌溉时间，减少灌溉水的流失，从而促进作物健壮生长，增产节水。

1. 小畦“三改”灌水技术要点

小畦“三改”灌水技术的要点是确定合理的畦长、畦宽和入畦单宽流量。小畦“三改”灌水技术的畦田宽度：自流灌区以 2～3 m 为宜，机井提水灌区以 1～2 m 为宜。地面坡度在 1/1 000～1/400 时，单宽流量为 3～5 L/s，灌水定额为 300～675 m^3/hm^2。畦长：自流灌区以 30～50 m 为宜，最长不超过 80 m；机井和高扬程堤水灌区以 30 m 左右为宜。畦埂高度一般为 0.2～0.3 m，底宽为 0.4 m 左右，田头埂和路边埂可适当加宽增厚。

2. 小畦“三改”灌水技术的优点

(1)节约水量，易于实现小定额灌水。大量试验证明，灌水定额随着畦长的增加而增大，因此减小畦长可以降低灌水定额，达到节水的目的。

(2)灌水均匀，灌溉质量高。由于畦田小，水流比较集中，易于控制水量；水流推进速度快，畦田不同位置持水时间接近，入渗比较均匀；能够防止畦田首部的深层渗漏，提高田间水的有效利用率。另外，由于灌水定额小，可防止灌区地下水水位上升，预防土壤沼泽化和盐碱化发生。

(3)减轻土壤冲刷和土壤板结，减少土壤养分淋失。传统的畦灌畦田大而长，要求入畦单宽流量和灌水量大，容易导致严重冲刷土壤，使土壤养分随深层渗漏而损失。因此，采用小畦“三改”灌水技术有利于保持土壤结构，保持土壤肥力，促进作物生长，增加产量。

(二)长畦分段灌水技术

长畦分段灌可将长畦分成若干个没有横向畦埂的短畦，以减少畦埂。长畦分段灌布置示意如图 1-14 所示。

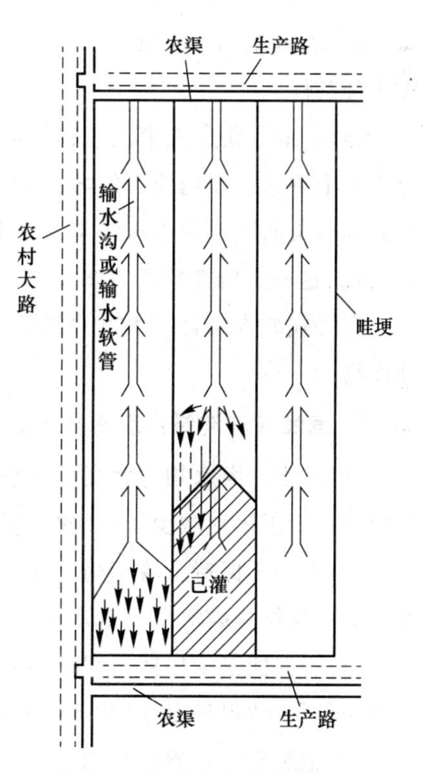

图 1-14　长畦分段灌布置示意

1. 长畦分段灌水技术要求

长畦分段灌的畦宽可以宽至 5～10 m，畦长可达 200 m 以上，一般为 100～400 m，但其单宽流量并不增大。这种灌水技术的要求是正确地确定入畦灌水流量、侧向分段开口的间距(即短畦长度与间距)和分段改水时间或改水成数。单宽流量和改水成数的确定参考畦灌有关方法确定。

2. 长畦分段灌水技术的优点

正确应用长畦分段灌水技术能达到节水、省地、灌水均匀度高、灌水有效利用率高的目的。该技术具有以下优点：

(1)节水。长畦分段灌水技术可以实现灌水定额为 450 m^3/hm^2 左右的低定额灌水，灌水均匀度、田间灌水储存率和田间灌水有效利用率均超过 80%～85%，且随畦长而增加，与畦长相等的常规畦灌方法比较，可节水 40%～60%。

(2)省地。灌溉设施占地少，可以省去 1～2 级田间输水渠沟。

(3)适应性强。与常规畦灌方法相比，长畦分段灌水技术可以灵活适应地面坡度、糙率和种植作物的变化，可以采用较小的单宽流量，减小土壤冲刷。

(4)易于推广。长畦分段灌水技术投资少，节约能源，管理费用低，技术操作简单，易于推广应用。

(5)便于田间耕作。田间无横向畦埂或渠沟，方便机耕和采用其他先进的耕作方法，有利于增产。

(三)宽浅式畦沟结合灌水技术

宽浅式畦沟结合灌水技术是一种适应间作套种或立体栽培作物“二密一稀”种植的灌水畦与灌水沟相结合的灌水技术。近年来，通过试验和推广应用，已证实这是一项高产、节水、低成本的优良节水灌溉技术。

1. 宽浅式畦沟结合灌水技术的应用

(1)畦田和灌水沟相间交替更换，畦田面宽为 0.4 m，可以种植两行小麦(二密)，行距为 0.1～0.2 m。

(2)小麦播种于畦田后可用常规畦灌或长畦分段灌水技术进行灌溉。

(3)小麦乳熟期，每隔两行小麦开挖浅沟，套种一行玉米(一稀)，套种玉米的行距为 0.9 m。在此期间，土壤水分不足，可利用浅沟灌水，为玉米播种和发芽出苗提供良好的土壤水分条件。

(4)小麦收获后玉米已近拔节期，可在小麦收割后的空白畦田田面处开挖灌水沟，并结合玉米中耕培土，把挖出的畦田田面上的土覆在玉米根部，形成垄梁及灌水沟沟埂，而原来的畦田田面则成为灌水沟沟底。灌水沟的间距正好是玉米的行距，灌水沟的上口宽则为 0.5 m。这样，既能牢固玉米根部、防止倒伏，又能多蓄水分、增强耐旱能力。

宽浅式畦沟结合灌水方法最适宜遭遇天气干旱时，采用“未割先浇”技术，以一水促两种作物。

2. 宽浅式畦沟结合灌水技术的优点

(1)节水，灌水均匀度高。一般灌水定额为 525 m^3/hm^2 左右，而且玉米全生育期灌水次数比一般玉米地减少 1～2 次，耐旱时间较长。

(2)有利于保持土壤结构。灌溉水流入浅沟后，就由浅沟沟壁向畦田土壤侧渗湿润土壤，对土壤结构破坏小，蓄水保墒效果好。

(3)能促使玉米早播，解决小麦和玉米两茬作物“争水、争时、争劳”的尖锐矛盾和随后秋夏两茬作物“迟种迟收”的恶性循环问题。

(4)施肥集中，养分利用充分，有利于两茬作物获得稳产、高产。

(5)通风透光好，培土厚，作物抗倒伏能力强。

宽浅式畦沟结合灌水技术适合在我国北方广大旱作物灌区推广。但该项技术也存在一定的缺点，即田间沟、畦多，沟和畦要轮番交替更换，劳动强度较大，比较费工。

任务四　世界灌溉工程遗产案例分析

江苏省兴化垛田灌排工程体系。兴化地势低洼，如同“锅底”。每到汛期，不少田地被冲、庄稼被毁，农民深受其害。在与自然的抗争中，兴化先民探索建起了垛田种植系统。垛田的演变最早可以追溯至唐代修建捍海堤。

隋唐以后，以京杭大运河为中心的水流调控形成，为沿线广大地区提供了清水灌溉。在明清时期水患愈烈、湖泊群逐渐淤垫的自然背景下，兴化先民开河排水、围湖造田、挖泥堆垛，随着水利的完善，河网日益细化，水系得到分级控制：湖荡—外河—(水闸)—内河—池塘—沟渠—(水闸)—农田，是古往今来低洼地治水智慧的结晶。

兴化垛田灌排工程体系灌溉总面积为52.88平方千米，分布在兴化湖荡区，工程体系包括堤防、灌排渠道、水闸等，工程遗产类型丰富多样，发挥了排水、灌溉、防洪、航运、人居、生态、水土保持等复合完备的功能。灌排工程管理(尤其是疏浚、护岸工程)具有自治、协同管理特点，是可持续运营管理的典范。在灌排工程区域内，搁种法、劚岸、戽水、罱、扒苲等传统的农田水利耕作方式一直保留并沿用至今(图1-15)。

图1-15　兴化垛田

兴化垛田的形成始于唐代，形成规模于明清。唐代先民在潟湖上以木作架，将木架浮于水上，铺上泥土及水生植物，称为“浮田”。“浮田”随水面起伏，不易被淹。明清时期，兴化地区人口快速增长，为向水要地，当地人枯水季节在沼泽湖滩上开河造田，垒土筑垛，垛上种植，大则几亩、小则几分。

历史上的垛田地势很高，远高于当地平均地势，远远望去，像从水里冒出来的一个个小岛，高的高出水面四五米，低的也有两三米。这样面对洪水时，当地人就可高“垛”无忧了。高高的垛田除顶上的平面外，四周坡面也可以栽种作物，故称为“四面环水、五面种植”。

中华人民共和国成立后，在各级政府大力整治下，洪泽湖、高邮湖、淮河日趋安宁，兴化水灾显著减少，垛田的防洪功能不断弱化。20世纪六七十年代，农户们为了扩大耕地面积对垛田“放岸”：将高垛挖低，挖的土将小沟填平，相邻两三个垛子连成一片，或者向四面水中扩展。

项目小结

本项目的重点是农田水分状况及作物需水量、灌溉制度、灌水率的确定方法，灌溉用水量和灌溉用水流量的确定。

思考与练习

一、思考题

1. 简述农田土壤水分的存在形式。
2. 土壤含水量的表示方法有哪几种？它们之间的换算关系怎样？
3. 简述土壤水的有效性。
4. 何谓凋萎系数和田间持水率？两者各有什么用途？
5. 作物需水量的含义及其因素如何？简述计算作物需水量的方法？
6. 什么叫作物的灌溉制度，有几种制定方法？影响作物灌溉制度的因素有哪些？
7. 简述用能量平衡法计算作物需水量的原理与步骤。
8. 什么叫灌水率？其用途如何？为什么要对灌水率图进行修正？修正的原则与方法是什么？
9. 什么叫非充分灌溉？试述非充分灌溉制度的含义。

二、练习题

用“水面蒸发为参数的需水系数法”求水稻的需水量。

基本资料如下：

(1)根据某地气象站观测资料，设计年4—8月80 cm口径蒸发皿的蒸发量(E_0)的观测资料见表1-25。

表1-25　某地蒸发量(E_0)的观测资料

月　份	4	5	6	7	8
蒸发量ET_0/mm	182.6	145.7	178.5	198.8	201.5

(2)水稻各生育阶段的需水系数α值及日渗漏量，见表1-26。

表1-26　水稻各生育阶段的需水系数及日渗漏量

生育阶段		返青	分蘖	拔节育穗	抽穗开花	乳熟	黄熟	全生育期
起止日期	月	4至5	5至5	5至6	6至6	7至7	7至7	4至7
	日	26　3	4　28	29　15	16　30	1　10	11　19	26　19
天　数		8	25	18	15	10	9	85
阶段α值		0.784	1.060	1.341	1.178	1.060	1.133	
日渗漏量/$(mm \cdot a^{-1})$		1.5	1.2	1.0	1.0	0.8	0.8	

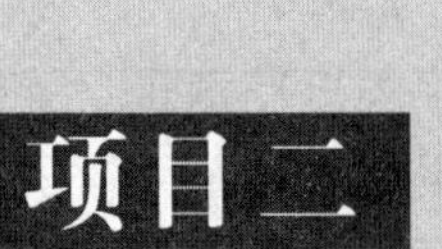

项目二 灌溉引水工程规划设计

学习目标

通过学习掌握灌溉水源的类型、灌溉对水源的要求、取水方式、引水工程水利计算等内容，能够根据灌溉水源合理地选择取水方式，并能进行灌溉引水工程的水利计算。培养科学求实的精神，养成全方位、全地域、全过程加强生态环境保护的意识。

学习任务

1. 分析灌溉水源的类型、灌溉对水源的要求，选择灌溉水源。
2. 各种灌溉取水方式的适用条件，选择灌溉取水方式及引水口位置。
3. 灌溉引水工程的水利计算方法，确定设计年并能进行引水工程的水利计算。

项目概况

某灌区范围如图 2-1 所示。灌区北面靠山，南面临河，地形北高南低，靠近河流断面 10 处的 A 点为灌区地面最高点。采用渠道灌溉的方式。根据灌溉水位控制计算，在 A 点处的干渠水位为海拔 144.0 m 时即可自流控制全灌区。

灌区用水取自河流。图 2-1 所示的河流各个断面间的距离皆为 1 km。该河流在 10 号断面以上蜿蜒于山区，河道水面比降为 1∶1 000，两岸皆为高山，渠道只能沿河岸边布置，无其他线路可行。在 10 号断面以下，进入山麓平原，河道水面比降为 1∶2 500。沿河地质条件无大差异，各处皆可选作坝址。设计年 10 号断面处河流最小流量和灌

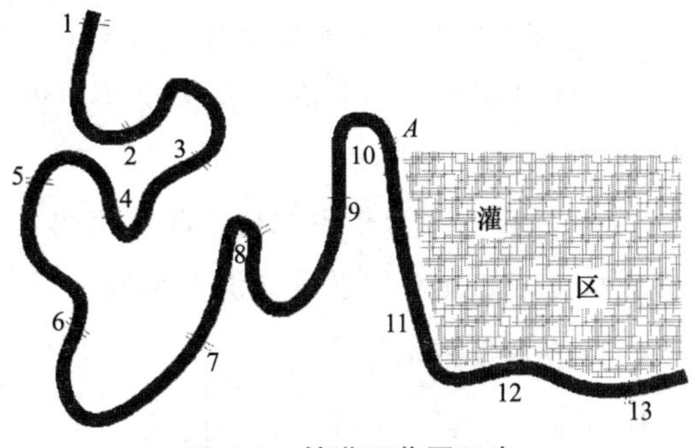

图 2-1　某灌区范围示意

区用水流量见表 2-1。

表 2-1　设计年 10 号断面处河流最小流量与灌区用水流量　　m^3/s

月份	1	2	3	4	5	6	7	8	9	10	11	12
河流最小流量	3.5	13	12	15	15	28	23	18	16	12	12	4
灌区用水流量	0	0	3.5	4.5	4.5	4.5	0	0	4.5	2.0	1.5	0

在 10 号断面处，当河流流量为 12 m^3/s 时，水位为 141.0 m。根据灌区土质及水源含沙情况，干渠比降选在 1/2 000～1/10 000 范围内渠床皆不发生冲刷和淤积现象。

要求：根据上述资料，在流量分析及水位分析的基础上，选择取水点位置及取水方式。渠首进水闸的水头损失可按 0.2 m 计算，其他位置不计集中的水位落差。此题为粗略计算，不要求考虑其他细节。

任务一　分析灌溉水源类型

灌溉水源是指天然资源中可用于灌溉的水体。其主要有河川径流、当地地面径流、地下径流，可用于灌溉的城市污水和灌溉回归水也逐步成为灌溉水源的组成部分。

一、灌溉水源的主要类型

(一)地表灌溉水源

地表水包括河川径流、湖泊及在汇流过程中由水库、塘坝等拦蓄起来的地面径流。我国水资源并不丰沛，在扩大水源的同时，必须合理调配各种灌溉水源，高效利用。地表水分布不均匀性如下：

视频：灌溉水源

(1)年内径流量有 50%～70%集中在夏秋 4 个月份，河川径流的这一特点表明调蓄径流以丰补歉是很有必要的。

(2)南方水多，北方水少，沿海地区水量较充裕，内陆地区则水量不足，表明利用灌溉水源时，实行跨地区调水具有实际意义。

地面水源分析如下：

(1)河流：主要是分析研究年径流总量、年际变化规律与年内变化规律、年径流量的分布过程及统计规律，还要进行现状及规划年可引水量分析。分析特征水位，如枯水位、洪水位等。

(2)水库：需要分析不同代表年水库可蓄水量、可供水量，进行水库径流调节计算。分析特征水位，如死水位、设计洪水位等。

(二)地下灌溉水源

地下水：埋藏在土壤、岩石的孔隙和溶隙中各种不同形式的水统称为地下水。

地下水分类：浅层地下水和深层地下水。

开发利用地下水的原则：应优先开采浅层水，严格控制开采深层水。

浅层地下水的主要补给来源是降水，其他有河渠、坑塘等地表水渗漏补给和开采区以外侧向补给等。由于其埋藏较浅、补给容易、便于开采及供水相对稳定，故是较好的灌溉水源。平原地区的深层地下水是在亿万年前地质构造作用下形成的，补给量很少，开采后不易恢复和补偿，仅能作为非常干旱年份的后备水源并须严格控制、限量开采。

地下水资源分析：主要分析地下储存量及补给来源、埋藏深度、可能出水量及开采条件。

(三)雨水集蓄

雨水集蓄是指在干旱、半干旱及其他缺水(或季节性缺水)地区，将规划区内及周围的降雨进行汇集、储存，以便作为该地区水源并加以有效利用。由此而兴建的一系列水利工程则称为雨水集蓄工程或集雨工程。雨水在转化成地表水和地下水的过程中，有70%左右的雨水流失或蒸发掉了，因此雨水集蓄潜力巨大。

雨水集蓄工程：雨水作为灌溉水源的主要目的是进行灌溉用水的时空调节，修建小规模集水工程，如修筑水平梯田、隔坡梯田、水平沟、鱼鳞坑、小塘坝、水池、水窖等。

雨水集蓄分析：应考虑当地气象条件、集流场工程、集流材料与雨水集流效率，以及雨水拦蓄后的蓄存设施。

(四)劣质水开发利用

劣质水也称非常规水资源，一般包括污废水(城镇生活污废水、工业污废水)、微咸水(矿化度在1～3 g/L)和灌溉回归水等。在常规水资源不能满足工农业与生活用水需要时，发挥微咸水、污废水在农业灌溉中的作用，是解决农业灌溉用水的方法之一。

在劣质水灌溉方面，我国研究自20世纪40年代起，1972年后进入迅速发展阶段。劣质水用于农田灌溉：一方面，可以缓解当地的农业水资源紧缺矛盾；另一方面，由于污水中含有丰富的氮、磷、钾等营养元素，为作物生长所必需。

(1)生活废水灌溉：主要包括粪便水和各种洗涤水，一般生活废水量为0.11～0.12 m^3/(人·d)。用作农田灌溉的生活废水是经过二级处理过的低浓度生活废水。工矿企业排放的废水污染物繁多，成分复杂，必须经过严格净化处理达到灌溉水质标准后，才能用于灌溉种植非直接食用作物的农田。

(2)微咸水灌溉：可根据土壤积盐状况、农作物不同生育期耐盐能力，直接利用微咸水或微咸水和淡水掺混使用。但应特别注意掌握灌水时间、灌水量、灌水次数，同时与农业耕作栽培措施密切配合，防止土壤盐碱化。

(3)灌溉回归水灌溉：灌溉回归水是指灌区渠系和田间漏水、退水、跑水产生的回归水，可收集起来重复利用或作为下游灌溉水源。但使用之前，要化验确认其水质是否符合灌溉水质标准。

劣质水灌溉分析：应制订科学的灌溉计划，结合淡水灌溉或雨季同时进行，尽量减少污水灌溉引起的环境问题。同时，进行长期的土壤质地、作物品质、地下水水质等生态环

境指标监测，防止生态恶化。

(五)不同水源的联合运用

水资源源于天然降水，降水产生地表径流，渗入地下形成土壤水和地下水。通过地表水、土壤水、地下水的合理调控，最大限度地将天然降水转化为可用的灌溉水资源，这是合理调控水资源的目标和出发点。

1. 拦蓄降雨径流及汛后河水回补地下水源

(1)汛期雨季来临前多用地下水灌溉，腾出地下水库容，等到雨季到来时，大量降雨径流可以回补地下水；

(2)汛期用井灌，汛后引河补源；

(3)非灌溉季节引水蓄存于沟、渠、坑、塘回补地下水。

2. 井渠结合，联合运用水资源

(1)稳定地下水水位的前提下，确定地表水量的条件下，开采的地下水量；

(2)稳定地下水水位的前提下，确定地下水量的条件下，引进的地表水量。

二、灌溉对水源的要求

(一)灌溉对水质的要求

灌溉水质是指水的化学、物理性状和水中含有固体物质的成分与数量。对灌溉水质的要求主要有以下几个方面。

视频：灌溉对水源的要求

1. 灌溉水的水温

水温偏低对作物的生长起抑制作用；水温过高会降低水中溶解氧的含量并提高水中有毒物质的毒性，妨碍或破坏作物、鱼类的正常生长和生活。可以通过水库分层取水、延长输水路程，实行迂回灌溉等措施，以提高灌溉水的水温。

2. 水中的含沙量

灌溉水中粒径小于 0.001～0.005 mm 的泥沙颗粒，含有较丰富的养分，可以随水入田；粒径为 0.005～0.1 mm 的泥沙颗粒，可少量输入田间；粒径大于 0.1～0.15 mm 的泥沙颗粒，一般不允许入渠。

3. 水中的盐类

鉴于作物耐盐能力有一定的限度，灌溉水的含盐量(或称矿化度)应不超过许可浓度。如果灌溉水含盐量过高，可以采取咸淡水交替灌溉，或咸淡水混合后灌溉。

4. 水中的有害物质

灌溉水中含有的某些重金属(如汞、铬、铅和非金属砷及氰和氟等)元素，是有毒性的。这些有毒物质，有的可直接使灌溉过的作物、饮用过的人畜或生活在其中的鱼类中毒，有的可在生物体摄取这种水分后经过食物链的放大作用，逐渐在较高级生物体内成千百倍地富集起来，造成慢性累积性中毒。因此，灌溉用水对有毒物质的含量需有严格的限制。

总之，对灌溉水源的水质必须进行化验分析，要求符合《农田灌溉水质标准》(GB 5084—2021)中的农田灌溉用水水质基本控制项目标准值和农田灌溉用水水质选择性控制项目标准值。不符合上述标准的，应设立沉淀池或氧化池等，经过沉淀、氧化和消毒处理后，才能用来灌溉。

(二)灌溉对水源水位及水量的要求

灌溉对水源在水位方面的要求，应该保证灌溉所需的控制高程；在水量方面，应满足灌区不同时期的用水需求。解决未经调蓄的水源与灌溉用水不协调的矛盾，常采用以下一些措施：

(1)修建必要的壅水坝、水库等，以抬高水源的水位和调蓄水量；

(2)修建抽水泵站，将所需的灌溉水量提高到灌溉要求的控制高程；

(3)调整灌溉制度，采用节水灌溉技术，使之与水源状况相适应。

任务二　灌溉水源取水方式设计

视频：灌溉取水方式

灌溉取水方式随水源类型、水位和水质的状况而定。利用地面径流灌溉，可以有各种不同的取水方式，如无坝引水、有坝引水、抽水取水和水库取水等。利用地下水灌溉，则需打井或修建其他集水工程。

任务分析：如图 2-2 所示，当灌区附近河流水位、流量均能满足灌溉要求时，即可选择适宜的位置作为取水口修建进水闸引水自流灌溉，形成无坝引水。在丘陵山区，灌区位置较高，可自河流上游水位较高的地点 A 引水(图 2-3)。借修筑较长的引水渠，取得自流灌溉的水头。这种取水方式，引水口一般距离灌区较远，引水干渠常有可能遇到难工险段。引水渠首的位置一般应选在河流的凹岸，这是因为河槽的主流总是靠近凹岸，同时，还可利用弯道横向环流的作用，防止泥沙淤积渠口和防止底沙进入渠道。

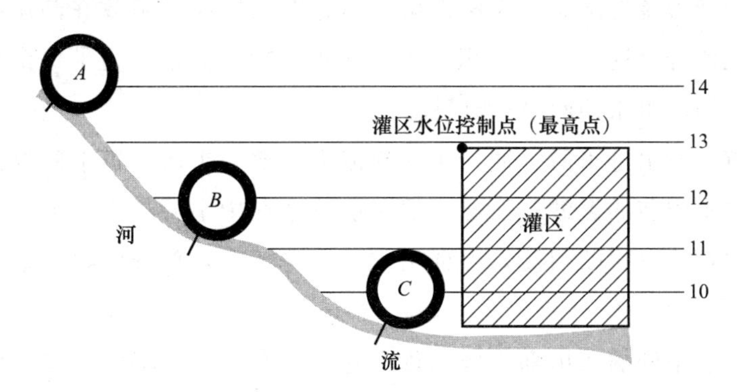

图 2-2　取水方式示意

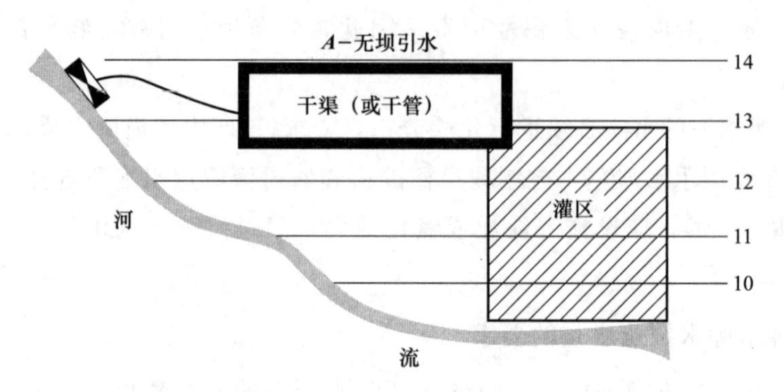

图 2-3　无坝引水方式示意

一、无坝引水

一般使渠首 A 位于凹岸中点偏下游处，这里横向环流作用发挥得最充分，同时避开了凹岸水流顶冲的部位。其距离弯道凹岸顶点的距离可按下式确定：

$$L=KB\sqrt{4\frac{R}{B}+1} \tag{2-1}$$

式中　L——引水口至弯道段凹岸顶点的距离(弧长)(m)；

K——系数，取值范围为 0.6～1.0，一般可取 0.8；

B——弯道水面宽度(m)；

R——弯道段河槽中心线曲率半径(m)。

【例 2-1】 某弯曲河段水面宽度为 50 m，河槽中心线曲率半径为 200 m，当 K 取 0.8 时，计算渠首与河岸凹岸顶点的距离。

【解】

$$L=KB\sqrt{4\frac{R}{B}+1}=0.8\times50\times\sqrt{4\times\frac{200}{50}+1}=40\times\sqrt{16+1}=164.92(\text{m})$$

此外，为减少土方量、节约工程投资，渠首位置还应选在干渠路线较短，且不经过陡坡、深谷及塌方的地段。引水渠轴线与河道水流所形成的夹角应为锐角，通常采用 30°～45°。

因灌区位置及地形条件限制，无法把渠首布置在凹岸而必须放在凸岸时，可以把渠首放在凸岸中点偏上游处，这里泥沙淤积较少。在较大的河流上，为了保证主流稳定，引水流量一般不应超过河流引水期间最小流量的 30%。

无坝引水渠首一般由进水闸、冲沙闸和导流堤三部分组成。进水闸控制入渠流量，冲沙闸冲走淤积在进水闸前的泥沙，而导流堤一般修建在中小河流中，平时发挥导流引水和防沙的作用，枯水期可以截断河流，保证引水。渠首工程各部分的位置应相互协调，以有利于防沙取水为原则。

历史悠久、闻名中外的四川都江堰工程。它的进水口位于岷江凹岸下游，整个枢纽由分水鱼嘴、金刚堤、飞沙堰和宝瓶口等建筑物组成。金刚堤起导流堤的作用，位于宝瓶口

进水口前，用以导水入渠；分水鱼嘴位于金刚堤前，将岷江分为内江和外江，洪水期间，内外江水量分配比例约为 4∶6，大部分水由外江流走，保证内江灌区安全，枯水期水量分配颠倒，大部分水量进入内江，保证灌溉用水。飞沙堰用以宣泄内江多余水量及排走泥沙，并用于保证宝瓶口的引水水位。整个工程雄伟壮观，建筑物之间配合密切，虽然没有一座水闸，仍能发挥效益 2 000 多年，是无坝引水的典范。

二、有坝引水

当河流水源较丰富，但水位较低时，可在河道上修建壅水建筑物(坝或闸)抬高水位，自流引水灌溉，形成有坝引水，如图 2-4 中的 *B* 点所示。

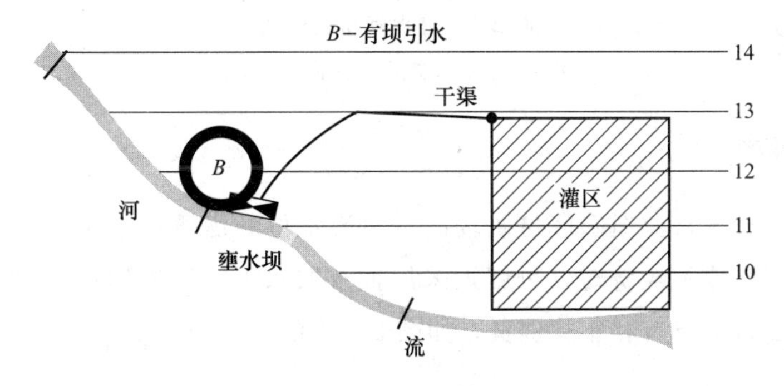

图 2-4 有坝引水方式示意

有坝引水枢纽主要由拦河坝(闸)、进水闸、冲沙闸及防洪堤等建筑物组成。

拦河坝用来拦截河道，抬高水位，以满足灌溉引水的要求，汛期则在溢流坝顶溢流，宣泄河道洪水。因此，坝顶应有足够的溢洪宽度，当宽度增长受到限制或上游不允许壅水过高时，可降低坝顶高程，改为带闸门的溢流坝或拦河闸，以增加泄洪能力。

进水闸用以引水灌溉。进水闸的平面布置主要有以下两种形式：

(1)侧面引水。进水闸过闸水流方向与河流水流方向正交，如图 2-5(a)所示。这种取水方式，由于在进水闸前不能形成有力的横向环流，因而防止泥沙入渠的效果较差，一般只用于含沙量较小的河道。

(2)正面引水。正面引水是一种较好的取水方式。进水闸过闸水流方向与河流方向一致或斜交，如图 2-5(b)所示。这种取水方式能在引水口前激起横向环流，促使水流分层，表层清水进入进水闸，底层含沙水流则涌向冲沙闸而被排掉。

冲沙闸是多泥沙河流低坝枢纽中不可缺少的组成部分，它的过水能力一般应大于进水闸的过水能力。冲沙闸底板高程应低于进水闸底板高程，以保证较好的冲沙效果。

为减少拦河坝上游的淹没损失，在洪水期保护上游城镇、交通的安全，可以在拦河坝上游沿河修筑防洪堤。此外，若有通航、过鱼、过木和发电等综合利用要求，还需要设置船闸、鱼道、筏道及电站等建筑。

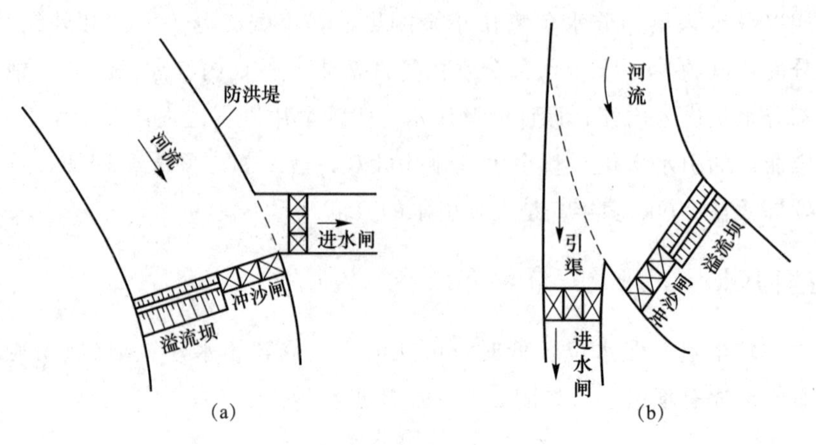

图 2-5　进水闸布置形式

(a)侧面引水示意；(b)正面引水示意

三、抽水取水

当河流水量比较丰富，但灌区位置较高，河流水位和灌溉要求水位相差较大，修建其他自流引水工程困难或不经济时，可就近采用抽水取水方式。采用这种取水方式，干渠工程量小，但增加了机电设备和年管理费，如图 2-6 中的 C 点所示。

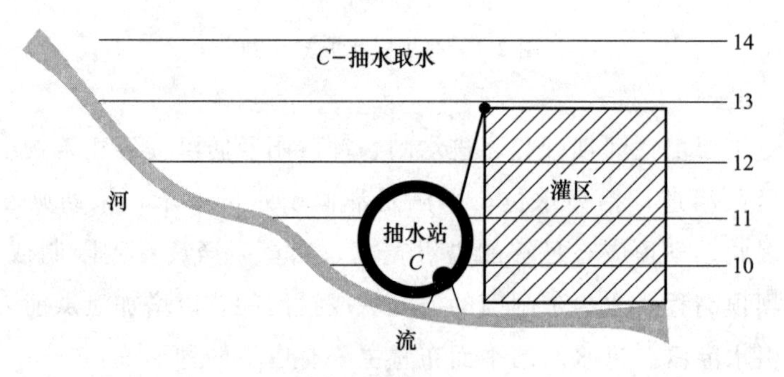

图 2-6　抽水取水方式示意

四、水库取水

当河流的流量、水位均不能满足灌溉要求时，必须在河流的适当地点修建水库进行径流调节，以解决来水和用水之间的矛盾，并综合利用河流水源。这是河流水源较常见的一种取水方式。

水库蓄水一般可兼顾防洪、发电、航运、供水和养殖等方面的要求，为综合利用河流水源创造了条件。采用水库取水必须修建大坝、溢洪道和进水闸等建筑物，工程较大，且有相应的库区淹没损失，因此，必须认真选择好建库地址。但水库能充分利用河流水资源，这是其优于其他取水方式之处。

上述几种取水方式除单独使用外，有时还能综合使用多种取水方式，引取多种水源，形成蓄、引、提相结合的灌溉系统。

任务三　灌溉引水工程的水利计算

灌溉引水工程的水利计算是灌区规划的主要组成部分。通过水利计算，可以揭示灌区来水和用水之间的矛盾，并确定协调这些矛盾的工程措施及规模。在确定灌溉引水工程的规模和尺寸之前，需要先进行灌区水量平衡计算。灌区水量平衡计算是根据水源来水过程和灌区用水过程进行的，所以必须先确定水源的来水过程和灌区的用水过程。这两个过程都是逐年变化的，年年各不相同。因此，在灌溉引水工程规划设计时，必须确定用哪个年份的来水过程和用水过程作为设计的依据。在工程实践中，中小型灌溉工程多用一个特定水文年份的来水过程和用水过程进行平衡计算，这个特定的水文年份叫作典型年，简称设计年，而设计年又是根据灌溉标准确定的。

一、设计标准与设计年的选择

(一)设计标准

进行灌溉引水工程的水利计算以前，必须首先确定该工程的设计标准——灌溉设计保证率。

灌溉设计保证率是指一个灌溉引水工程的灌溉用水量在多年期间能够得到保证的概率，以正常供水的年数占总年数的百分数表示，通常用符号 P 表示。如 $P=80\%$，表示一个灌区在长期运用中，平均 100 年里有 80 年的灌溉用水量可以得到水源供水的保证，其余 20 年则供水不足，作物生长受到影响。灌溉设计保证率可用下式计算：

$$P=\frac{m}{n+1}\times 100\% \tag{2-2}$$

式中　P——灌溉设计保证率(%)；

m——灌溉设施能保证正常供水的年数(a)；

n——灌溉设施供水的总年数(a)，一般计算系列年数不宜少于 30 a。

灌溉设计保证率的选定，不仅要考虑水源供水的可能性，还要考虑作物的需水要求。在水源一定的条件下，灌溉设计保证率定得高，灌溉用水量得到保证的年数多，灌区作物因缺水而造成的损失就小，但可发展的灌溉面积小，水资源利用程度低；定得低时则相反。在灌溉面积一定时，灌溉设计保证率越高，灌区作物因供水保证程度高而增产的可能性越大，但工程投资及年运行费用越大；反之，虽可减少工程投资及年运行费用，但作物因供水不足而减产的概率将会增加。因此，灌溉设计保证率定得过高或过低都是不经济的。

灌溉设计保证率选定时，应根据水源和灌区条件，全面考虑工程技术、经济等各种因素，拟订几种方案，计算几种保证率的工程净效益，从中选择一个经济上合理、技术上可行的灌溉设计保证率，以便充分开发利用地区水土资源，获得最大的经济效益和社会效益，具体可参照《灌溉与排水工程设计标准》(GB 50288—2018)所规定的数值(表 2-2)。

表 2-2 灌溉设计保证率

灌溉方式	地区	作物种类	灌溉设计保证率/%
地面灌溉	干旱地区或水资源紧缺地区	以旱作为主	50～75
		以水稻为主	70～80
	半干旱、半湿润地区或水资源不稳定地区	以旱作为主	70～80
		以水稻为主	75～85
	湿润地区或水资源丰富地区	以旱作为主	75～85
		以水稻为主	80～95
	各类地区	牧草和林地	50～75
喷灌、微灌	各类地区	各类作物	85～95

注：1. 作物经济效益较高或灌区规模较小的地区，宜选用表中较大值；作物经济效益较低或灌区规模较大的地区，宜选用表中较小值。

2. 引洪淤灌系统的灌溉设计保证率可取30%～50%

(二)设计年(典型年)的选择

1. 灌溉用水设计年的选择(降雨资料)

灌溉设计标准确定后，就可根据这个标准对某一水文气象要素进行分析计算来选择灌溉用水设计年。常用的选择方法有以下几种：

(1)按年降雨量选择。把灌区多年降雨量资料组成系列，进行频率计算，选择降雨频率与灌溉设计保证率相同或相近的年份，作为灌溉用水设计典型年。这种方法只考虑了年降雨量的大小，而没有考虑年降雨量的年内分配情况及其对作物灌溉用水的影响，按此年份计算出来的灌溉用水量和作物实际要求的灌溉用水量往往差别较大。

(2)按干旱年份的雨型分配选择。对历史上曾经出现的、旱情较严重的一些年份的降雨量年内分配情况进行分析研究，首先选择对作物生长最不利的雨量分配作为设计雨型；然后按第一种方法确定设计年的降雨量；最后把设计年的降雨量按设计雨型进行分配，以此作为设计年的降雨过程。这种方法采用了真实干旱年的降雨量分配和符合灌溉设计保证率的年的降雨量，是一种比较好的方法。

灌溉用水设计年确定后，即可根据该年的降雨量、蒸发量等气象资料制定作物灌溉制度，绘制灌水模数图和灌溉用水流量过程线，计算灌溉用水量。这样，设计年的灌溉用水过程就完全确定了。

2. 水源来水设计年的选择(径流资料)

与确定灌溉用水设计年的方法一样，将历年灌溉用水期的河流平均流量(或水位)从大到小排列，进行频率计算，选择与灌溉设计保证率相等或相近的年份作为河流来水设计年，以这一年的河流流量、水位过程作为设计年的来水过程。

二、无坝引水工程水利计算

无坝引水工程水利计算的主要任务有确定经济合理的灌溉面积、计算设计引水流量、

确定引水枢纽规模与尺寸等。

(一)设计灌溉面积的确定

视频：无坝引水工程

首先根据实际需要，初步拟订一个灌溉面积，用此面积分别乘以设计灌水模数图上各灌水模数值，求出设计年流量过程线。由于无坝引水灌溉流量不得大于河道枯水流量的30%，所以应将设计年的河道流量过程线乘以30%，作为设计年的河道供水流量过程线。然后进行供水平衡计算，可能出现以下三种情况：

(1)供水过程远大于用水过程，说明初定的灌溉面积小了，还可扩大灌溉面积；

(2)供水过程能够满足用水过程，且两个过程比较接近，说明初定的灌溉面积比较合适，就以它作为灌溉面积；

(3)供水过程不能满足用水过程，说明初定的灌溉面积大了，应减少灌溉面积，并按河道供水过程确定设计灌溉面积，方法是依据设计年供水流量过程线和灌水模数图，找出供水流量与灌水模数商值最小的时段，以此时段的供水 $Q_{供}$ 除以毛灌水模数 $q_{毛}$，即设计灌溉面积 $A_{设}$。这种方法也可直接用来计算设计灌溉面积。其计算公式为

$$A_{设}=[Q_{供}/q_{毛}]_{min} \tag{2-3}$$

(二)设计引水流量的确定

无坝引水渠首进水闸设计流量，应取历年灌溉期最大灌溉流量进行频率分析，选取相应于灌溉设计保证率的流量作为进水闸设计流量，也可取设计代表年的最大灌溉流量作为进水闸设计流量。

对于小型灌区，由于缺乏资料，没有绘制灌水率图时，可根据已成灌区的灌水率经验值和水源供水流量来计算设计灌溉面积与设计引水流量，也可根据作物需水高峰期的最大灌水定额和灌水延续时间来确定设计引水流量。

【例2-2】 某灌区拟建无坝引水工程进行自流灌溉，计划灌溉面积5万亩，河道设计代表年($P=80\%$)的来水过程及灌区每万亩用水量见表2-3，无坝引水最大引水系数为0.3。

要求：(1)确定无坝引水时的最大保证灌溉面积。

(2)确定干渠渠首设计引水流量及最小引水流量。

表2-3 河道来水过程及灌区用水量表($P=80\%$)

月份	旬	河道流量/($m^3\cdot s^{-1}$)	灌区用水量/(万 $m^3\cdot$万亩$^{-1}$)
5	中	15.0	108
	下	13.7	89
6	上	12.1	58
	中	13.0	54
	下	13.6	74
7	上	14.2	70
	中	18.5	78
	下	11.0	79
8	上	9.0	58

续表

月份	旬	河道流量/(m³·s⁻¹)	灌区用水量/(万 m³·万亩⁻¹)
8	中	31.0	45
	下	19.0	54
9	上	14.0	43
	中	13.1	40

【解】 本题采用典型年法来推求在设计保证率($P=80\%$)下的设计引水流量及最大保证灌溉面积。

1. 分析来水资料

根据历年的河流来水过程进行频率分析，推得灌溉水源处频率 $P=80\%$ 的设计年径流量及其年内分配，资料见表 2-3。

2. 确定用水过程

选择与频率 $P=80\%$ 的河川来水量相应的典型年，根据这一典型年的灌区用水过程计算出以旬为单位时段的用水量，见表 2-3。

3. 列表平衡计算

根据水源来水资料与灌区用水过程，进行平衡计算，即可确定设计引水流量及保证灌溉面积，计算成果见表 2-4。

4. 确定最大保证灌溉面积及最大、最小设计引水流量

(1)确定最大保证灌溉面积。从表 2-4 中可以看出，当河流可引水量大于或等于同一旬的总用水量时，灌区保证灌溉面积等于全部需要灌溉的面积。此时，灌区保证灌溉的面积与全部需要灌溉的面积 A 的比值为 100%，即

$$\beta=\frac{A_{保}}{A}=\frac{W_{引}}{W_{用}}=100\%$$

最大保证灌溉面积取表 2-4 第(10)栏的最小值，则灌溉设计保证率 $P=80\%$ 时，最大保证灌溉面积为 3.6 万亩。

表 2-4　引水灌溉工程平衡计算成果

月份	旬	河流来水量		河流可引水量/万 m³	每万亩用水量/万 m³	总用水量 $W_{用}$/万 m³	实际引水量 $W_{引}$/万 m³	$\beta=W_{引}/W_{用}$	保证灌溉面积/万亩	设计引水流量/(m³·s⁻¹)
		m³/s	万 m³					%		
(1)	(2)	(3)	(4)	(5)	(6)	(7)	(8)	(9)	(10)	(11)
5	中	15	1 296	389	108	540	389	72	3.60	4.50
	下	13.7	1 302	391	89	445	391	88	4.39	4.11
6	上	12.1	1 045	314	58	290	290	100	5	3.36
	中	13.0	1 123	337	54	270	270	100	5	3.13
	下	13.6	1 175	353	74	370	353	95	4.75	4.08

续表

月份	旬	河流来水量		河流可引水量/万 m^3	每万亩用水量/万 m^3	总用水量 $W_{用}$/万 m^3	实际引水量 $W_{引}$/万 m^3	$\beta=W_{引}/W_{用}$	保证灌溉面积/万亩	设计引水流量/($m^3 \cdot s^{-1}$)
		m^3/s	万 m^3					%		
6	上	14.2	1 227	368	70	350	350	100	5	4.05
7	中	18.5	1 598	480	78	390	390	100	5	4.51
	下	11.0	1 045	314	79	395	314	79	3.95	3.30
8	上	9.0	778	233	58	290	233	80	4	2.70
	中	31.0	2 678	804	45	225	225	100	5	2.60
	下	19.0	1 806	542	54	270	270	100	5	2.84
9	上	14.0	1 210	363	43	215	215	100	5	2.49
	中	13.1	1 132	340	40	200	200	100	5	2.31

注：第(1)栏已知数——月份，从表2-3中来。

第(2)栏已知数——旬，从表2-3中来。

第(3)栏已知数——河流来水量(m^3/s)，从表2-3中来。

第(4)栏河流来水量换算：(4)＝(10～11)(天)×24(时)×60(分)×60(秒)×(3)/10 000(万)。

第(5)栏河流可引水量等于河流来水量乘以引水系数，即(5)＝0.3×(4)。

第(6)栏已知数——每万亩用水量(万 m^3)，从表2-3中来。

第(7)栏总用水量等于每万亩用水量乘以灌区总灌溉面积，即(7)＝5(万亩)×(6)。

第(8)栏实际引水量是取(5)、(7)栏中较小值。

第(9)栏 $\beta=W_{引}/W_{用}$ 即 β＝(8)/(7)×100%。

第(10)栏保证灌溉面积等于 β 乘以灌区总灌溉面积，即(10)＝5×(9)。

第(11)栏灌区设计引水流量：(11)＝(8)×10 000/[(10～11)×24×60×60)]

(2)确定灌区最大、最小设计引水流量。灌区最大引水流量应出现在7月中旬(虽5月下旬用水量最大，但灌水延续时间为11 d，所以没有7月中旬用水流量大)，故

$$Q_{设计}=\frac{390\times 10\ 000}{10\times 24\times 60\times 60}=\frac{390}{8.64\times 10}=4.51(m^3/s)$$

灌区最小引水流量出现在9月中旬，即

$$Q_{min}=\frac{200}{8.64\times 10}=2.31(m^3/s)$$

由计算结果可知，本灌区设计保证率 $P=80\%$ 时，无坝引水不能保证灌溉5万亩，只有3.6万亩能完全保证满足灌溉。若要满足全部灌溉要求，须采取下述措施：

1)降低灌溉设计保证率；

2)减小灌水定额；

3)将无坝引水改为有坝引水，提高引水系数；

4)对河流进行流量调节。

(三)闸前设计水位的确定

无坝引水渠首进水闸闸前设计水位，应取河、湖历年灌溉期旬或月平均水位进行频率分析，选取相应于灌溉设计保证率的水位作为闸前设计水位，也可取河、湖多年灌溉期枯水位的平均值作为闸前设计水位。

(四)闸后设计水位的确定

闸后设计水位一般是根据灌区高程控制要求而确定的干渠渠首水位。干渠渠首水位推算出来以后，还应与闸前设计水位减去过闸水头损失后的水位相比较，如果推算出的干渠渠首水位偏高，则应以闸前设计水位扣除过闸水头损失作为闸后设计水位。这时灌区控制高程要降低，灌区范围应适当缩小，或者向上游重新选择新的取水地点。

(五)进水闸闸孔尺寸的拟订及校核

进水闸闸孔尺寸主要是指闸底板高程和闸孔净宽。在确定这些尺寸时，应将闸底板高程与闸孔净宽联系起来，统一考虑。因为同一个设计流量，闸底板高程定得高些，闸孔净宽就要大些；闸底板高程定得低些，闸孔净宽就可小些。设计时必须根据建闸处地形、地质条件、河流挟沙情况等综合考虑，反复比较，以求得经济合理的闸孔尺寸。

闸底板高程确定后，即可根据过闸设计流量、闸前及闸后设计水位、过闸水流流态，按相应的水力学公式计算出闸孔净宽。具体计算方法详见《水力学》。大型工程在设计计算后，还应通过模型试验予以验证。

三、有坝引水工程水利计算

视频：有坝引水工程方案

(一)拦河坝高度的确定

确定拦河坝高度应考虑以下几点：

(1)应满足灌溉引水对水源水位的要求；

(2)在满足灌溉引水的前提下，使筑坝后上游淹没损失尽可能小；

(3)适当考虑发电、航运、过鱼等综合利用的要求。

设计时常先根据灌溉引水高程初步拟订坝顶高程，然后结合河床地形、地质、坝型及坝体工程量和坝上游防洪工程量的大小等因素，进行综合比较后加以确定(图 2-7)。

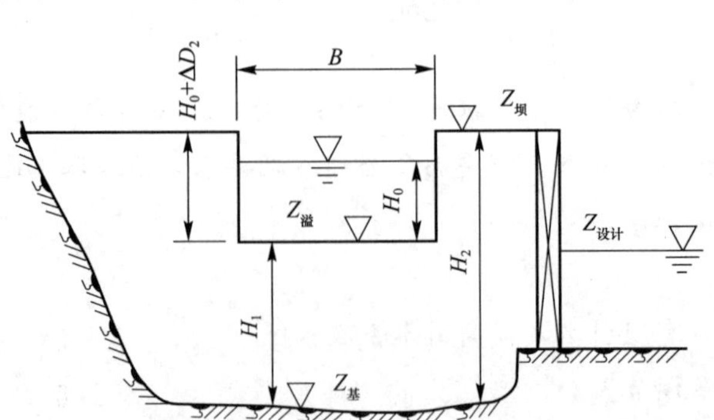

图 2-7 坝顶高程计算示意

1. 溢流坝坝顶高程的计算

溢流坝坝顶高程可按下式计算：

$$Z_{溢}=Z_{设计}+\Delta Z+\Delta D_1 \tag{2-4}$$

式中 $Z_{溢}$——拦河坝溢流段坝顶高程(m)；

$Z_{设计}$——相应于设计引水流量的干渠渠首水位(m)；

ΔZ——渠首进水闸过闸水头损失，一般为 0.1～0.3 m；

ΔD_1——安全超高，中小型工程可取 0.2～0.3 m。

推算出来的坝顶高程减去坝基高程，即得溢流坝的高度 H_1。

2. 非溢流坝坝顶高程的计算

非溢流坝坝顶高程 $Z_{坝}$ 可按下式计算：

$$Z_{坝}=Z_{溢}+H_0+\Delta D_2 \tag{2-5}$$

$$H_0=\left(\frac{Q_M}{\varepsilon mB\sqrt{2g}}\right) \tag{2-6}$$

式中 Q_M——设计洪峰流量(m^3/s)；

ΔD_2——安全超高(m)，按坝的级别、坝型及运用情况确定，一般可取 0.4～1.0 m；

H_0——宣泄设计洪峰流量时的溢流水深(m)；

B——拦河坝溢流坝段宽度(m)，可按 $B=Q_M/q_M$ 计算；

q_M——下游河床允许单宽流量，软岩基为 30～50 $m^3/(s\cdot m)$，坚硬岩基为 70～100 $m^3/(s\cdot m)$，软弱土基为 5～15 $m^3/(s\cdot m)$，坚实土基为 20～30 $m^3/(s\cdot m)$；

m——溢流坝流量系数；

ε——侧收缩系数；

g——重力加速度(m^2/s)。

式中，其他符号意义同前。

非溢流段坝高 H_2 为

$$H_2=Z_{坝}-Z_{基} \tag{2-7}$$

式中 $Z_{基}$——坝基高程(m)。

(二)拦河坝的防洪校核及上游防护设施的确定

河道中修筑拦河坝后，抬高了上游水位，扩大了淹没范围，必须采取防护措施，确保上游城镇、交通和农田的安全。为了进行防洪校核，首先要确定防洪设计标准。中小型引水工程的防洪设计标准，一般采用 10～20 年一遇洪水设计，100～200 年一遇洪水校核。根据设计标准的洪峰流量与初拟的溢流坝坝高和坝长，即可用式(2-6)计算出坝顶溢流水深 H_0。这项计算往往与溢流坝坝高的计算交叉进行。

H_0 确定后，可按稳定非均匀流推求出上游回水曲线，计算方法详见《水力学》，回水曲线确定后，根据回水曲线各点的高程就可确定淹没范围。对于重要的城镇和交通要道，应修建防洪堤进行防护。防洪堤的长度应根据防护范围确定，堤顶高程则按设计洪水回水水

位加超高来确定，超高一般采用0.5 m。如果坝上游淹没情况严重，所需防护工程投资很大，则应考虑改变拦河坝现设计方案，如增加溢流坝段的宽度，在坝顶设置泄洪闸或活动坝等，以降低壅水高度，减少上游淹没损失。

(三)进水闸尺寸的确定

进水闸的尺寸取决于过闸水流状态、设计引水流量、闸前及闸后设计水位，而闸前设计水位又与设计时段河流来水流量有关(图2-8)。

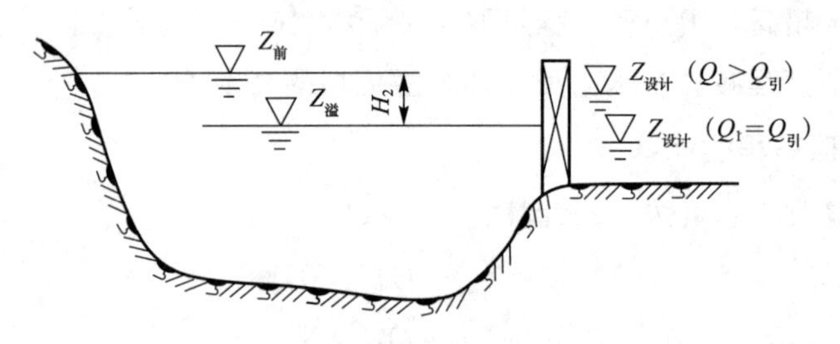

图2-8　闸前水位计算示意

当设计时段河流来水流量等于引水流量($Q_1=Q_{引}$)时，闸前设计水位为

$$Z_{前}=Z_{溢} \tag{2-8}$$

当设计时段来水流量大于引水流量($Q_1>Q_{引}$)时，闸前设计水位为

$$Z_{前}=Z_{溢}+H_2 \tag{2-9}$$

式中　H_2——设计年份灌溉临界期河道流量Q_1减去引水流量$Q_{引}$后，相应于河道流量Q_2的溢流水深，按式(2-7)计算。

若有引渠，式(2-8)和式(2-9)中还应考虑引渠中水头损失。

闸后设计水位和闸孔尺寸的计算，与无坝引水工程计算方法相同。

任务四　世界灌溉工程遗产案例分析

一、都江堰水利工程(无坝引水)

都江堰水利工程位于四川省成都市下辖的都江堰市城西岷江上，始建于秦昭王末年(公元前256—公元前251年)，是蜀郡太守李冰父子在前人鳖灵的基础上修建的。该工程科学地解决了江水自动分流、自动排沙、控制进水流量等问题，消除了水患，使川西平原成为“水旱从人”的“天府之国”，两千多年来一直发挥着防洪灌溉的作用，至今灌区已达30余县市、面积近千万亩，是无坝引水的宏大水利工程。

都江堰水利工程充分利用当地西北高、东南低的地理条件，根据江河出山口处特殊的地形、水脉、水势，乘势利导，无坝引水，自流灌溉，使堤防、分水、泄洪、排沙、控流相互依存，共为体系，保证了防洪、灌溉、水运和社会用水综合效益的充分发挥。其最伟

大之处是建堰两千多年来经久不衰，而且发挥着越来越大的效益。都江堰的创建，以不破坏自然资源、充分利用自然资源、为人类服务为前提，变害为利，使人、地、水三者高度协合统一，都江堰水利工程至今犹存。随着科学技术的发展和灌区范围的扩大，从1936年开始，我国逐步改用混凝土浆砌卵石技术对渠首工程进行维修、加固，增加了部分水利设施，但没有改变古堰的工程布局和“深淘滩、低作堰”“乘势利导、因时制宜”“遇湾截角、逢正抽心”等治水方略。都江堰水利工程成为世界最佳水资源利用的典范。都江堰渠首枢纽主要由鱼嘴、飞沙堰、宝瓶口三大主体工程构成，三者有机配合，相互制约，协调运行，引水灌田，分洪减灾，具有“分四六，平潦旱”的功效。

1. 岷江鱼嘴分水工程

鱼嘴分水堤又称“鱼嘴”，是都江堰的分水工程，因其形如鱼嘴而得名，它昂头于岷江江心，包括百丈堤、杩槎、金刚堤等一整套相互配合的设施。其主要作用是把汹涌的岷江分成内外江，西边称外江，俗称“金马河”，是岷江正流，主要用于排洪；东边沿山脚的称内江，是人工引水渠道，主要用于灌溉。

2. 飞沙堰溢洪排沙工程

飞沙堰溢洪道又称“泄洪道”，具有泄洪、排沙和调节水量的显著功能。飞沙堰是都江堰三大主体工程之一，看上去十分平凡，其实它的功用非常大，可以说是确保成都平原不受水灾的关键要害。飞沙堰的作用主要是当内江的水量超过宝瓶口流量上限时，多余的水便从飞沙堰自行溢出；如遇特大洪水的非常情况，它还会自行溃堤，让大量江水回归岷江正流。飞沙堰的另一作用是“飞沙”，岷江从万山丛中急驰而来，挟着大量泥沙、石块，如果让它们顺内江而下，就会淤塞宝瓶口和灌区。古时飞沙堰是用竹笼卵石堆砌的临时工程，如今已改用混凝土浇筑，以保一劳永逸的功效。

3. 宝瓶口引水工程

宝瓶口起“节制闸”作用，能自动控制内江进水量，是湔山(今名灌口山、玉垒山)伸向岷江的长脊上凿开的一个口子，它是人工凿成控制内江进水的咽喉，因它形似瓶口而功能奇特，故名宝瓶口。留在宝瓶口右边的山丘，因与其山体相离，故名离堆。离堆在开凿宝瓶口以前，是湔山虎头岩的一部分。由于宝瓶口自然景观瑰丽，有“离堆锁峡”之称，属历史上著名的“灌阳十景”之一。

二、灵渠水利工程(低坝引水)

灵渠水利工程位于广西壮族自治区兴安县境内，于公元前214年凿成通航，是世界上最古老的运河之一，由东向西将湘江源头海洋河与漓江源头大溶江相连，是沟通长江流域和珠江流域的跨流域水利工程，被誉为世界古代水利建筑明珠。灵渠成为北连湖广南接两粤的水运交通枢纽，同时，也起到灌溉农田的作用，为秦始皇开疆扩土、统一中国做出了贡献，也为促进岭南各族人民同中原的经济、文化交流，发挥了巨大作用。

灵渠分为大、小天平，铧嘴，南北渠，泄水天平，陡门五个部分。大、小天平呈人字

形，是建于湘江上的拦河滚水坝。大天平长为 344 m，小天平长为 130 m。坝高为 2～2.4 m，宽为 17～23 m。汛期洪水可从坝面流入湘江故道，平时可使渠水保持 1.5 m 左右的深度。因其能平衡水位，故称天平。铧嘴筑在分水塘中、大小天平之前，形如犁铧，使湘水“三七分派”，即七分水经北渠注入湘江，三分水入南渠流进漓江。铧嘴还可起缓冲水势、保护大坝的作用。南北渠是沟通湘漓二水通道，全长为 36.4 km，平均宽 10 余米，平均深 1.5 m 左右。泄水天平建于渠道上，南渠二处，北渠一处，可补大小天平之不足，在渠道内二次泄洪，以保渠堤和兴安县城安全。南北渠各建多处陡门（闸门），通过启闭，调节渠内水位，保证船只正常通航。1963 年 3 月，郭沫若视察灵渠，曾称赞道：“秦始皇三十三年史禄所凿灵渠，斩山通道，连接长江、珠江水系，两千余年前有此，诚足与长城南相呼应，同为世界之奇观。”

项目小结

本项目的重点是灌溉水源的主要类型，灌溉对水源的要求，无坝引水、有坝引水、抽水取水、水库取水等灌溉取水方式的适用条件及枢纽组成，引水工程水利计算方法。

思考与练习

1. 灌溉对水源的基本要求有哪些？
2. 灌溉取水方式有哪些？其各适用于什么条件？
3. 无坝引水工程的渠首应该布置在什么位置？
4. 都江堰水利工程和灵渠水利工程带给你哪些启发？

项目三 灌溉渠道系统规划设计

学习目标

通过学习掌握灌溉渠道系统规划的布置原则和方法，渠系建筑物类型和布置方法，田间工程规划设计方法；熟悉渠道各种特征流量的推算方法和渠道纵横断面设计方法等，能初步完成中小型灌溉渠道系统的规划设计。

学习任务

1. 灌溉渠道系统规划布置的原则和方法，并进行灌区规划布置。
2. 渠系建筑物选型原则和布置方法，合理地选择和布置建筑物。
3. 渠道各种特征流量的推算方法，推算渠道的流量。
4. 渠道纵、横断面设计原理和方法，合理设计渠道的纵、横断面。

任务一 灌溉渠道系统规划布置

灌溉渠道系统由各级灌溉渠道和退(泄)水渠道组成。按控制面积大小和水量分配层次又可将灌溉渠道分为若干等级，灌溉渠道应依干渠、支渠、斗渠、农渠顺序设置固定渠道，如图 3-1 所示。30 万亩以上或地形复杂的大型灌区，固定渠道的级数往往多于四级。干渠可分为总干渠和分干渠，支渠可不设分支渠，甚至斗渠也可下设分斗渠。灌溉渠道系统不宜越级设置渠道。在灌溉面积较小的灌区固定渠道的级数较少；若灌区为狭长的带状地形，固定渠道的级数也较少，干渠的下一级渠道很短，可称为斗渠，这种灌区的固定渠道就分为干、斗、农三级。农渠以下的小渠道一般为季节性的临时渠道。退(泄)水渠道包括渠首排沙渠、中途泄水渠和渠尾退水渠。其主要作用是定期冲刷和排放渠首段的淤沙、排泄入渠洪水，退泄渠道剩余水量及下游出现工程事故时断流排水等，达到调节渠道流量、保证

渠道及建筑物安全运行的目的。中途退水设施一般布置在重要建筑物和险工渠段的上游。干、支渠道的末端应设置退水渠道。

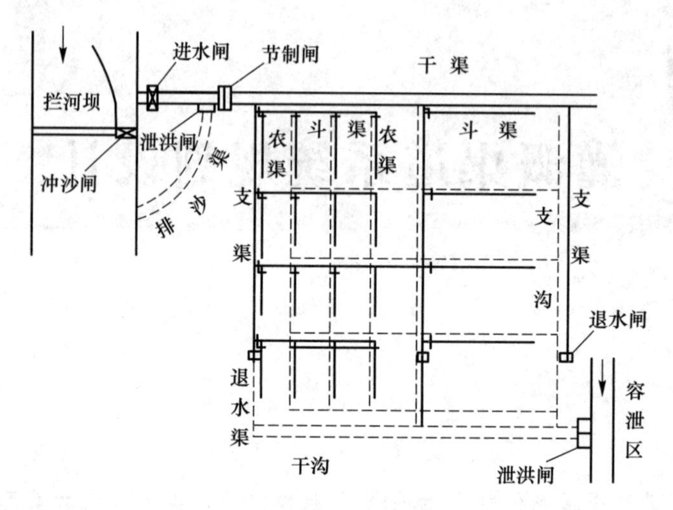

图 3-1 灌溉排水系统示意

一、灌溉渠系规划布置原则

灌溉渠道系统布置应符合灌区总体设计和灌溉标准要求，并应遵循以下原则：

视频：渠道系统布置原则

(1)各级渠道应选择在各自控制范围内地势较高的地带。干渠、支渠宜沿等高线或分水岭布置，斗渠宜与等高线交叉布置。

(2)渠线应避免通过风化破碎的岩层、可能产生滑坡和其他地质条件不良的地段。无法避免时应采取相应的工程措施。

(3)渠线宜短而平顺，并应有利于机耕，宜避免深挖、高填及穿越城镇、村庄和工矿企业。无法避免时，应采取安全防护措施。

(4)渠系布置宜兼顾行政区划和管理体制。

(5)自流灌区范围内的局部高地，经论证可实行提水灌溉。

(6)井渠结合灌区不宜在同一地块布置自流和提水两套渠道系统。

(7)“长藤结瓜”式灌溉系统的渠道布置还应符合：渠道不宜直接穿过库、塘、堰；渠道布置应便于发挥库、塘、堰的调节与反调节作用；库、塘、堰的布置宜满足自流灌溉的需要，也可设泵站或流动抽水机组向渠道补水。

(8)4 级及 4 级以上土渠的弯道曲率半径应大于该弯道段水面宽度的 5 倍；石渠或刚性衬砌渠道的曲率半径不应小于水面宽度的 2.5 倍。通航渠道的弯道曲率半径还应符合航运部门的有关规定。灌溉渠道与排水沟道级别见表 3-1。

(9)干渠上主要建筑物及重要渠段的上游应设置泄水渠、闸，干渠、支渠和位置重要的斗渠末端应有退水设施。

表 3-1　灌溉渠道与排水沟道级别

渠沟级别	1	2	3	4	5
灌溉设计流量/($m^3 \cdot s^{-1}$)	≥300	＜300 且≥100	＜20 且≥20	＜20 且≥5	＜5
排水设计流量/($m^3 \cdot s^{-1}$)	≥500	＜500 且≥200	＜200 且≥50	＜50 且≥10	＜10

二、干、支渠的规划布置形式

由于各地自然条件不同，国民经济发展对灌区开发的要求不同，灌区渠系布置的形式也各不相同。按照地形条件，一般可分为山丘区灌区、平原区灌区、圩垸区灌区等。下面讨论各类灌区的特征及渠系布置的基本形式。

(一)山丘区灌区

山区、丘陵区地形比较复杂，岗冲交错，起伏剧烈，坡度较陡，河床切割较深，比降较大，耕地分散，位置较高，一般需要从河流上游引水灌溉，输水距离较长。所以，这类灌区干、支渠道的特点是渠道高程较高，比降平缓，渠线较长，而且弯曲较多，深挖、高填渠段较多，沿渠交叉建筑物较多。渠道常与沿途的塘坝、水库相连，形成“长藤结瓜”式水利系统，以求增强水资源的调蓄利用能力和提高灌溉工程的利用率。

山区、丘陵区的干渠一般沿灌区上部边缘布置，大体上与等高线平行，支渠沿两面溪间的分水岭布置，如图 3-2 所示；在丘陵地区，若灌区内有主要岗岭横贯中部，干渠可以布置在岗脊上，大体与等高线垂直，干渠比降视地面坡度而定，支渠自干渠两侧分出，控制岗岭两侧的坡地。

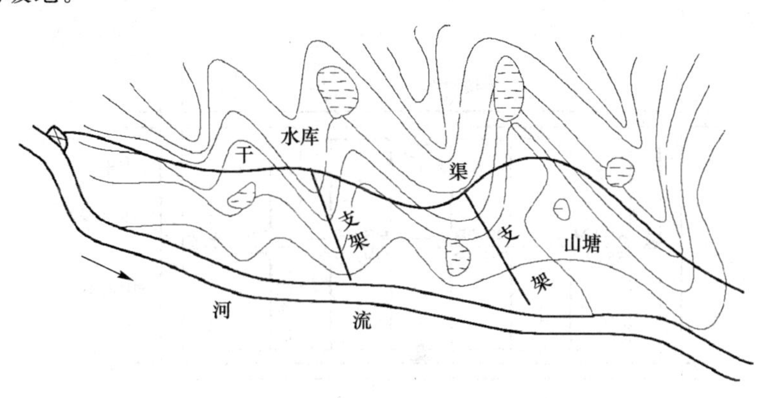

图 3-2　山丘区灌区干、支渠道布置

(二)平原区灌区

平原区灌区大多位于河流的中下游，由河流冲积而成，地形平坦开阔，耕地大片集中。

平原区灌区可分为冲积平原灌区和山前平原灌区。冲积平原灌区大多位于河流中、下游地区的冲积平原，地形平坦开阔，耕地集中连片。山前平原灌区位于洪积冲积扇上，除地面坡度较大外，也具有平原地区的其他特征。河谷阶地位于河流两侧，呈狭长地带，地面坡度倾向河流，高处地面坡度较大，河流附近坡度平缓，水文地质条件和土地利用等情

况与平原地区相似。这些地区的渠系规划具有类似的特点，可归为一类。干渠多沿等高线布置，支渠垂直等高线布置，如图 3-3 所示。

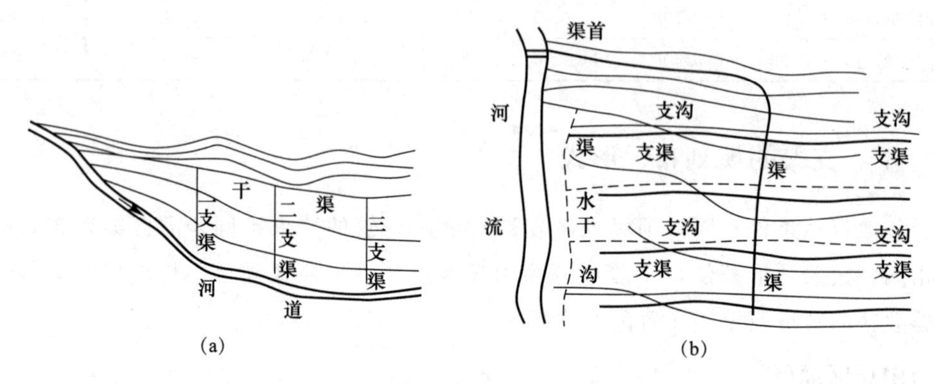

图 3-3　平原区灌区干、支渠布置示意

(三)圩垸区灌区

圩垸区灌区分布在沿江、滨湖低洼地区的圩垸区，地势平坦低洼，水源丰沛，河湖江汉密布，洪水位高于地面，人们必须依靠筑堤圈圩才能保证正常的生产和生活，一般没有常年自流排灌的条件，普遍采用机电排灌站进行提排和提灌。

面积较大的圩垸，应采取联圩并垸、修筑堤防涵闸等一系列工程措施，按照"内外水分开、高低水分排""以排为主，排蓄结合"和"灌排分开各成系统"的原则，分区灌区或排涝。圩内地形一般是周围高、中间低。灌溉干渠多沿圩堤布置，灌溉渠系通常只有干、支两级，如图 3-4 所示。

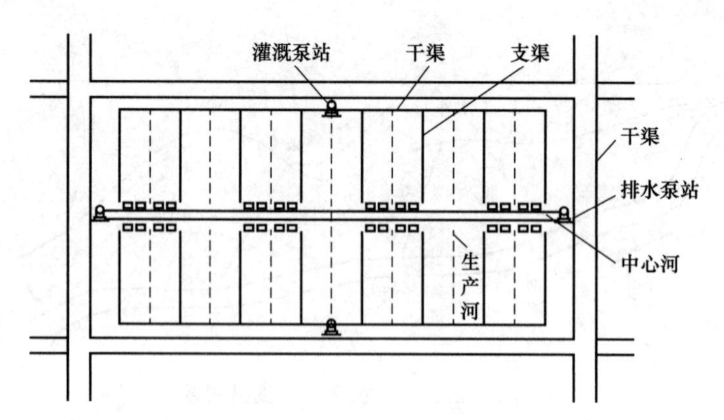

图 3-4　圩垸区灌区干、支渠布置示意

三、山区、丘陵区干、支渠道布置

(一)斗、农渠的规划要求

由于斗、农渠深入基层，与农业生产要求关系密切，并负有直接向用水单位配水的任务，所以在规划布置时除遵循前面讲过的灌溉渠道系统规划原则外，还应满足下列要求：

(1)适应农业管理和机械耕作的要求。

(2)便于配水和灌水，有利于提高灌水工作效率。

(3)有利于灌水和耕作的密切配合。

(4)土地平整，工程量较少。

(二)斗渠的规划布置

斗渠的长度和控制面积随地形变化很大。山区、丘陵区的斗渠长度较短，控制面积较小；平原地区的斗渠较长，控制面积较大。我国北方平原地区的一些大型自流灌区的斗渠长度一般为 1 000～3 000 m，间距宜为 400～800 m。斗渠的间距主要根据机耕要求确定，与农渠的长度相适应。

(三)农渠的规划布置

农渠是末级固定渠道，控制范围是一个耕作单元。农渠长度根据机耕要求确定，在平原地区通常为 400～800 m，间距为 100～200 m。丘陵区农渠的长度和控制面积较小。在有控制地下水水位要求的地区，农渠间距根据农沟间距要求确定。

四、渠线规划步骤

干、支渠道的渠线规划大致可分为查勘、纸上定线和定线测量三个步骤。

(一)查勘

先在小比例尺(一般为 1∶50 000)地形图上初步布置渠线位置，地形复杂的地段可布置几条比较线路，然后进行实际查勘，调查渠道沿线的地形、地质条件，估计建筑物的类型、数量和规模，对地形、地质条件复杂的地段要进行初勘和复勘，经反复分析比较后，初步确定一个可行的渠线布置方案。

(二)纸上定线

对经过查勘初步确定的渠线，测量带状地形图，比例尺为 1∶5 000～1∶1 000，等高距为 0.5～1.0 m，测量范围从初定的渠道中心线向两侧扩展，宽度为 100～200 m。

(1)在带状地形图上准确地布置渠道中心线的位置，包括弯道的曲率半径和弧形中心线的位置，并根据沿线地形和输水流量选择适宜的渠道比降。在确定渠线位置时，要充分考虑到渠道水位的沿程变化和地面高程。

(2)在平原地区，渠道设计水位一般应高于地面，形成半挖半填渠道，使渠道水位有足够的控制高程。

(3)在丘陵区，当渠道沿线地面横向坡度较大时，可按渠道设计水位选择渠道中心线的地面高程，还应使渠线顺直，避免过多的弯曲。

(三)定线测量

定线测量的步骤如下：

(1)通过测量，把带状地形图上的渠道中心线放到地面上，沿线打上木桩，木桩的位置

和间距视地形变化情况而定，木桩上写上桩号，并测量各木桩处的地面高程和横向地面高程线。

(2)根据设计的渠道纵、横断面确定各桩号处的挖、填深度和开挖线位置。

在平原地区和小型灌区，可用比例尺大于等于 1/10 000 的地形图进行渠线规划，先在图纸上初定渠线，再进行实际调查，修改渠线，然后进行定线测量，一般不测带状地形图。

斗、农渠的规划也可参照此步骤进行。

五、渠道防洪规划

干、支渠的防洪标准应根据其控制的灌溉面积及设计流量大小、洪水灾害情况及政治、经济影响，结合防洪的具体条件，参考表 3-2 选定。

表 3-2　灌排建筑物、灌溉渠道设计防洪标准

渠道设计流量/($m^3 \cdot s^{-1}$)	洪水重现期/a	渠道设计流量/($m^3 \cdot s^{-1}$)	洪水重现期/a
≤20	10	100～500	20～50
20～100	10～20	≥500	50～100

需要注意以下几点：

(1)灌溉渠道跨越天然河沟时均应设置立体交叉排洪建筑物，保证设计洪水顺利通过。一般排洪建筑物设计标准采用表 3-1 下限值。

(2)傍山渠道应设置排洪沟，将坡面洪水就近引入天然河沟，小面积的洪水在保证渠道安全的条件下可退入灌溉渠道。

(3)对从多泥沙河流引入的渠道，应根据地形条件，采用防沙措施，并进行专项设计。

任务二　渠系建筑物的规划布置

渠系建筑物是指在灌溉或排水渠(沟)道系统上为了控制、分配、量测水流，通过天然或人工障碍，保证渠道安全运行而修建的建筑物的总称。它是灌排系统必不可少的重要组成部分，没有或缺少渠系建筑物，灌排工作就无法正常进行。所以，必须做好渠系建筑物的规划布置。

一、渠系建筑物的布置原则

(1)渠系建筑物布置应满足水面衔接、泥沙处理、排泄洪水、环境保护、施工、运行管理的要求，适应交通和群众生活、生产的需要。有通航要求的渠系建筑物应进行专题研究。

(2)渠系建筑物宜布置在渠线顺直、水力条件良好的渠段上，在底坡为急坡的渠段上不应改变渠道过水断面形状、尺寸或设置阻水建筑物。

视频：渠系建筑物布置原则

(3)渠系建筑物宜避开不良地质渠段。不能避开时，应采取地基处理措施。

(4)顺渠向的渡槽、倒虹吸管、节制闸、陡坡与跌水等渠系建筑物的中心线应与所在渠道的中心线重合。跨渠向的渡槽、倒虹吸管、涵洞等渠系建筑物的中心线宜与所跨渠道的中心线垂直。

(5)除倒虹吸管和虹吸式溢洪堰外，渠系建筑物宜采用无压明流流态。

二、渠系建筑物的类型及布置

渠系建筑物按其作用可分为控制建筑物、交叉建筑物、泄水建筑物、衔接建筑物、量水建筑物等。

(一)控制建筑物

控制建筑物的作用是控制渠道的流量和水位，如进水闸、分水闸、节制闸等。

1. 进水闸和分水闸

进水闸是指从灌溉水源引水的控制建筑物；分水闸是指上级渠道向下级渠道配水的控制建筑物(图 3-5)。进水闸布置在干渠的首端。分水闸布置在其他各级渠道的引水口处，其结构形式有开敞式和涵洞式两种。斗、农渠上的分水闸常叫作斗门、农门。

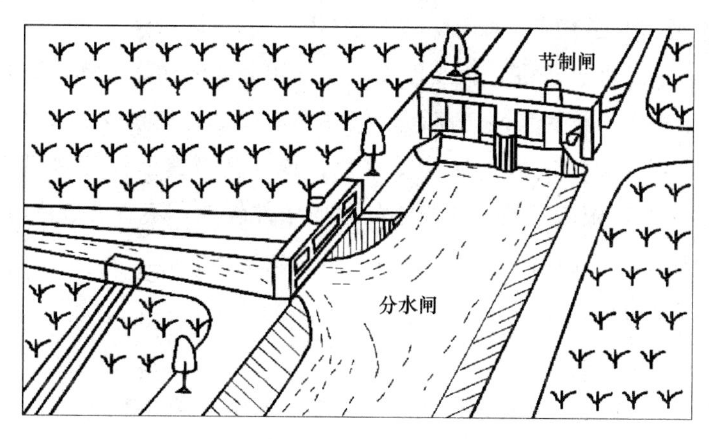

图 3-5　节制闸与分水闸示意

2. 节制闸

节制闸的主要作用：一是抬高渠中水位，便于下级渠道引水；二是截断渠道水流，保护下游建筑物和渠道的安全；三是为了实行轮灌。节制闸应垂直于渠道中心线布置在下列地点：

(1)上级渠道水位低于下级渠道引水要求水位的地方，如图 3-5 所示。

(2)下级渠道引水流量大于上级渠道的 1/3 时，常在分水闸前造成水位显著降落，也需修建节制闸。

(3)重要建筑物、大填方段和险工渠段的上游，常与泄水闸联合修建，如图 3-1 所示。

(4)轮灌组分界处。

(二)交叉建筑物

渠道穿越河流、沟谷、洼地、道路或排水沟时，需要修建交叉建筑物。常见的交叉建筑物有渡槽、倒虹吸管、涵洞和桥梁等。

1. 渡槽

渡槽又称过水桥，是用明槽代替渠道穿越障碍的一种交叉建筑物。它具有水头损失小、淤积泥沙易于清除、维修方便等优点。其适用条件如下：

(1)渠道与道路相交，渠底高于路面，且高差大于行驶车辆要求的安全净空(一般应大于4.5 m)时。

(2)渠道与河沟相交，渠底高于河沟最高洪水水位时。

(3)渠道与洼地相交，为避免填方，或洼地中有大片良田时。

2. 倒虹吸管

倒虹吸管是用敷设在地面或地下的压力管道输送渠道水流穿越障碍的一种交叉建筑物。其优点是可避免高空作业，施工比较方便，工程量较小，节省劳动力和材料，不受河沟洪水位和行车净空的限制，对地基条件要求较低，单位长度造价较低，故仍被广泛采用；其缺点是水头损失较大，输送流量受到管径的限制，管内积水不易排除，寒冷地区易受冻害，清淤困难，管理不便。其适用条件如下：

(1)渠道流量较小，水头富裕，含沙量小，穿越较大的河沟，或河流有通航要求时。

(2)渠道与道路相交，渠底虽高于路面，但高差不满足行车净空要求时。

(3)渠道与河沟相交，渠底低于河沟洪水位；或河沟宽深，修建渡槽下部支承结构复杂，而且需要高空作业，施工不便；或河沟的地质条件较差，不宜做渡槽时。

(4)渠道与洼地相交，洼地内有大片良田，不宜做填方时。

(5)田间渠道与道路相交时。

3. 涵洞

涵洞是渠道穿越障碍时常用的一种交叉建筑物。其适用条件如下：

(1)渠道与道路相交，渠水面低于路面，渠道流量较小时。

(2)渠道与河沟相交时，渠道的水面线低于河底的最大冲刷线，可在河沟底部修建输水涵洞，以输送渠水通过河沟，而河沟中的洪水仍自原河沟泄走。

(3)渠道与洼谷相交，渠水面低于洼谷底，可用涵洞代替明渠。

(4)挖方渠道通过土质极不稳定的地段，也可修建涵洞代替明渠。

上述交叉建筑物的选型，要视具体情况进行技术经济比较，同时要适当考虑社会效益。

4. 桥梁

当渠道与道路相交，渠道水位低于路面，而且流量较大、水面较宽时，应在渠道上修建桥梁，以满足交通要求。

(三)泄水建筑物

泄水建筑物的作用是排出渠道中的余水、坡面径流入渠的洪水、渠道与建筑物发生事

故时的渠水。常见的泄水建筑物有泄水闸、退水闸、溢洪堰等。

泄水闸是保证渠道和建筑物安全的水闸，必须修建在重要建筑物和大填方段的上游、渠首进水闸和大量山洪入渠处的下游。泄水闸常与节制闸联合修建，配合使用，其闸底高程一般应低于渠底高程或与之齐平，以便泄空渠水。

在较大干、支渠和位置重要的斗渠末端应设置退水闸和退水渠，以排出灌溉余水，腾空渠道。溢洪堰应设置在大量洪水汇入的渠段，其堰顶高程与渠道的加大水位相平，当洪水汇入渠道水位超过堰顶高程时即自动溢流泄走，以保证渠道安全。溢洪堰结构简单、运用可靠，但所需堰宽一般较大，常受地形条件的限制，因而使用较少，而多用泄水闸。

泄水建筑物应结合灌区排水系统统一规划，以便使泄水能就近排入沟、河。

(四)衔接建筑物

当渠道通过地势陡峻或地面坡度较大的地段时，为保持渠道的设计比降和设计流速，防止渠道冲刷，避免深挖高填，减少渠道工程量，在不影响自流灌溉控制水位的原则下，可修建跌水、陡坡等衔接建筑物，如图 3-6 所示。

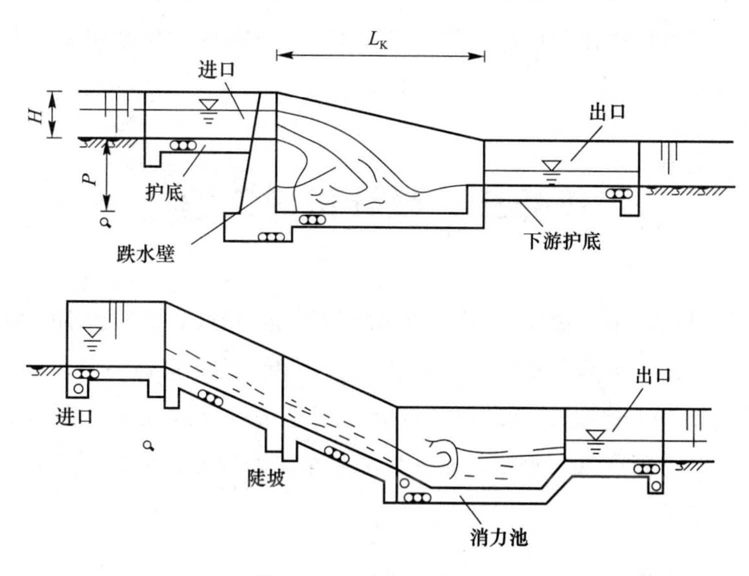

图 3-6　跌水与陡坡示意

(1)跌水：是使渠道水流呈自由抛射状下泄的一种衔接建筑物，多用于跌差较小(一般小于 3 m)的陡坎处。跌水不应布置在填方渠段，而应建在挖方地基上。在丘陵山区，跌水应布置在梯田的堰坎处，并与梯田的进水建筑物联合修建。

(2)陡坡：是使渠道水流沿坡面急流而下的倾斜渠槽，一般在下述情况下选用：

1)跌差较大，坡面较长，且坡度比较均匀时使用陡坡。

2)陡坡段系岩石，为减少石方开挖量，可顺岩石坡面修建陡坡。

3)陡坡地段土质较差，修建跌水基础处理工程量较大时，可修建陡坡。

4)由环山渠道直接引出的垂直于等高线的支、斗渠，其上游段没有灌溉任务时，可沿地面坡度修建陡坡。

一般来说，跌水的消能效果较好，有利于保护下游渠道安全输水；陡坡的开挖量小，比较经济，适用范围更广一些。具体选用时，应根据当地的地形、地质等条件，通过技术经济比较确定。

(五)量水建筑物

灌溉工程的正常运行需要控制和量测水量，以便实施科学的用水管理。在各级渠道的进水口需要量测入渠水量，在末级渠道上需要量测向田间灌溉的水量，在退水渠上需要量测渠道退泄的水量。可以利用水闸等建筑物的水位干流量关系进行量水，但建筑物的变形及流态不稳定等因素会影响量水的精度。

在现代化灌区建筑中，要求在各级渠道进水闸下游安装专用的量水建筑物或量水设备。量水堰是常用的量水建筑物，三角形薄壁堰、矩形薄壁堰和梯形薄壁堰在灌区量水中被广为使用。

巴歇尔量水槽也是被广泛使用的一种量水建筑物，虽然结构比较复杂、造价较高，但壅水较小。巴歇尔量水槽的量水精度与喉道宽度，上、下游结构尺寸密切相关。为了保证计量精度，巴歇尔量水槽制作时应该严格遵守《明渠堰槽流量计计量检定规程》[JJG(水利)004—2015]的相关规定。

任务三　设计田间工程

田间工程通常是指最末一级固定渠道(农渠)和固定沟道(农沟)之间的条田范围内的临时渠道、排水小沟、田间道路、稻田的格田和田埂、旱地的灌水畦和灌水沟、小型建筑物，以及土地平整等农田基本建设工程。做好田间工程是进行合理灌溉，提高灌水工作效率，及时排出地面径流和控制地下水水位，充分发挥灌排工程效益，实现旱涝保收，建设高产、优质、高效农业的基础。

一、田间工程的规划原则

田间工程要有利于调节农田水分状况、培育土壤肥力和实现现代化。因此，田间工程规划应满足以下基本原则：

(1)有完善的田间灌排系统，做到灌排配套，运用自如，消灭串灌串排，并能控制地下水水位，防止土壤过湿和产生土壤次生盐渍化现象，达到保水、保土、保肥。

(2)田面平整，灌水时土壤湿润均匀，排水时田面不留积水。

(3)田块的形状和大小要适应农业现代化需要，有利于农业机械作业和提高土地利用率。

(4)田间工程规划是农田基本建设规划的重要内容，必须在农业发展规划和水利建设规划的基础上进行。

(5)田间工程规划必须着眼长远、立足当前，既要充分考虑农业现代化发展的要求，又要满足当前农业生产发展的实际需要，全面规划，分期实施，当年增产。

(6)田间工程规划必须因地制宜，讲求实效，要有严格的科学态度，注重调查研究，走群众路线。

(7)田间工程规划要以治水改土为中心，实行山、水、田、林、路综合治理，创造良好的生态环境，促进农、林、牧、副、渔全面发展。

二、条田规划

末级固定灌溉渠道(农渠)和末级固定沟道(农沟)之间的田块叫作条田，有的地方称为耕作区(或方田)。它是进行机械耕作和田间工程建设的基本单元，也是组织田间灌水的基本单元。各地区的自然条件不同，田间渠系的组成和规划布置也有很大差异，必须根据具体情况因地制宜地进行。

1. 平原和圩区的田间渠系

(1)条田规划的基本要求。

1)排水要求。在平原地区，当降雨强度大于土壤渗入速度时，就要产生地面积水，积水深度和积水时间超过作物允许的淹水深度和允许的淹水时间时，就会危害作物生长。在地下水水位较高的地区，当上升毛管水到达作物根系时，就会导致土壤过湿，若地下水矿化度较高，还会引起表土层积盐。为排除地面积水和控制地下水水位，最常见的排水措施就是开挖排水沟，排水沟应有一定的深度和密度。排水沟太深时容易坍塌，管理维修困难。因此，农沟作为末级固定沟道，间距不能太大，一般为100～200 m。

2)机耕要求。机耕不仅要求条田形状方正，还要求条田具有一定的长度。若条田太短，拖拉机开行长度太小，转弯次数就多，生产效率低，机械磨损较大，消耗燃料也多；若条田太长，控制面积过大，不仅增加了平整土地的工作量，而且由于灌水时间长，灌水和中耕不能密切配合，会增加土壤蒸发损失，在有盐碱化威胁的地区还会加剧土壤返盐。根据实际测定，拖拉机开行长度小于300～400 m时，生产效率显著降低。但当开行长度大于800～1 200 mm时，用于转弯的时间损失所占比重很小，提高生产效率的作用已不明显。因此，从有利于机械耕作这一因素考虑，条田长度以400～800 m为宜。

3)田间用水管理要求。在旱作地区，特别是机械化程度较高的大型农场，为了在灌水后能及时中耕松土，减少土壤水分蒸发，防止深层土壤中的盐分向表层聚积，一般要求一块条田能在1～2 d内灌水完毕。从便于组织灌水考虑，条田长度以不超过500～600 m为宜。

综上所述，条田大小既要考虑除涝防渍和机械化耕作的要求，又要考虑田间用水管理要求，宽度一般为100～200 m，长度以400～800 m为宜。

(2)斗、农渠的规划布置。

1)斗渠的规划布置。斗渠的长度和控制面积随地形变化很大，山区、丘陵地区的斗渠长度较短，控制面积较小。平原地区的斗渠较长，控制面积较大。我国北方平原地区一些

大型自流灌区的斗渠长度一般为 3～5 km，控制面积为 200～350 hm²。斗渠的间距主要根据机耕要求确定，与农渠的长度相适应。

2)农渠的规划布置。农渠一般垂直斗渠布置。农渠长度根据机耕要求确定，在平原地区通常为 500～1 000 m，间距为 200～400 m。丘陵地区农渠的长度和控制面积较小。在有控制地下水水位要求的地区，农渠间距根据农沟间距确定。

3)灌溉渠道和排水沟道的配合。灌溉系统和排水沟道的规划要互相参照、互相配合、通盘考虑。斗、农渠和斗、农沟的关系则更为密切，它们的配合方式取决于地形条件，有以下两种基本形式：

①灌排相邻布置。在地面向一侧倾斜的地区，渠道只能向一侧灌水，水沟也只能接纳一边的径流，灌溉渠道和排水沟道只能并行，上灌下排，互相配合，这种布置形式称为灌排相邻布置，如图 3-7(a)所示。

②灌排相间布置。在地形平坦或有微地形起伏的地区，宜将灌溉渠道和排水沟道交错布置，沟、渠都是两侧控制，工程量较省，这种布置形式称为灌排相间布置，如图 3-7(b)所示。

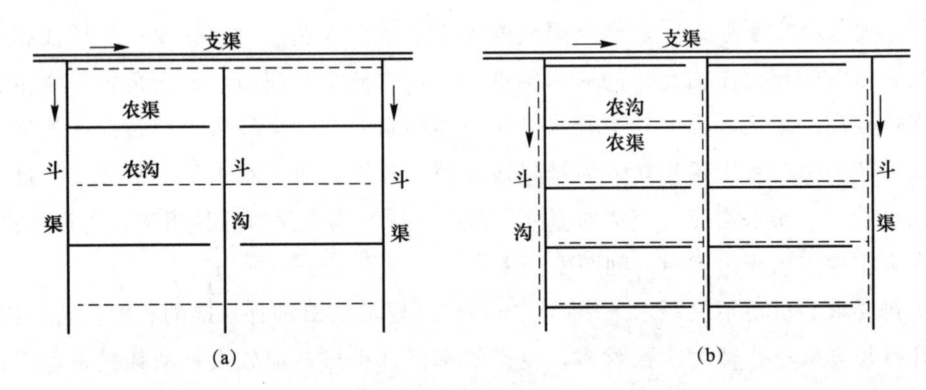

图 3-7 沟渠配合方式

(a)灌排相邻布置；(b)灌排相间布置

上述两种布置都是“灌排分开”的形式，其主要优点是有利于控制地下水水位。这不仅对北方干旱、半干旱地区十分重要，可以防止土壤盐碱化，而且对南方地区也很有必要。因为地下水水位过高，土温降低、土壤冷浸、通气和养分状况变坏，严重影响作物生长，对水稻生长也十分不利。同时，因为灌排分开布置可按各自需要分别进行控制，两者没有矛盾，故有利于及时灌排。因此，“灌排分开”的布置形式是平原、圩区条田布置的主要形式，应积极推广。

(3)田间渠系布置。田间渠系是指条田内部的灌溉网，包括毛渠、输水垄沟和灌水沟、畦等。田间渠系布置有以下两种基本形式：

1)纵向布置。毛渠布置与灌水沟、畦的方向一致，灌溉水从毛渠流经输水垄沟，然后再进入灌水沟、畦。毛渠一般沿地面最大坡度方向布置，使灌水方向和地面最大坡间一致，为灌水创造有利条件。在有微地形起伏的地区，毛渠可以双向控制，向两侧输水，以减少土地平整工程量。纵向布置适用于灌水沟底的坡度大于 1/400 的地形。地面坡度大于 1%时，为了避免田面土壤冲刷。毛渠可与等高线斜交，以减小毛渠和灌水沟、畦的长度。田间渠系的纵向布置如图 3-8 所示。

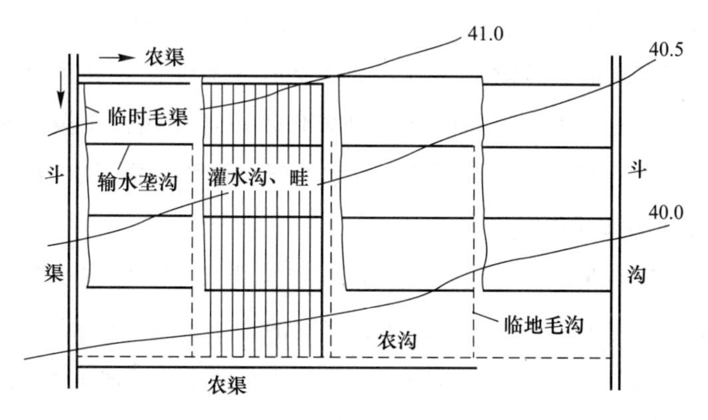

图 3-8　田间渠系的纵向布置

2)横向布置。灌水方向和农渠平行，毛渠布置和灌水沟、畦方向垂直。灌溉水从毛渠直接流入灌水沟、畦，如图 3-9 所示。这种布置方式省去了输水垄沟，减少了田间渠系长度，可节省土地和减少田间水量损失。一般当灌水沟、畦坡度小于 1/400 时，宜选用横向布置。毛渠一般沿等高线方向布置或与等高线有一个较小的夹角，使灌水沟、畦和地面坡度方向大体一致，有利于田间灌水。

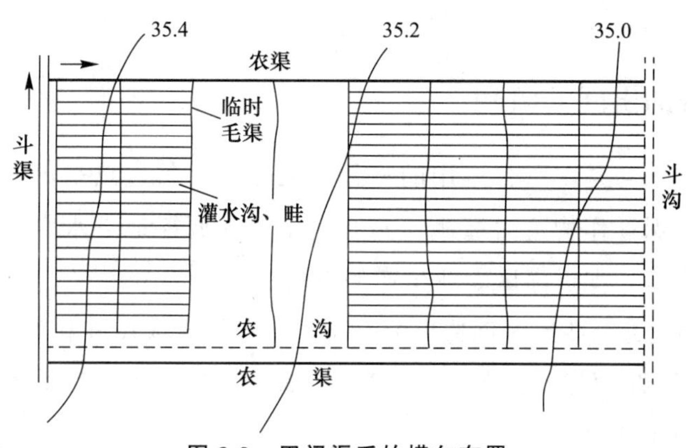

图 3-9　田间渠系的横向布置

在以上两种布置形式中，纵向布置适用于地形变化较复杂、土地平整较差的条田；横向布置适用于地面坡向一致、坡度较小的条田。总之，田间渠系布置方式的选择要综合考虑地形、灌水方向及农渠和灌水方向的相对位置等因素。

灌水沟、畦与格田规格：灌水沟、畦规格宜分区进行专门试验，也可根据当地或邻近地区的实践经验确定。

旱作灌溉畦田长度、单宽流量和畦田比降应根据土壤透水性选定。畦田不应有横坡，其宽度应为农业机具宽度的整数倍且不宜大于 4 m。选用水平畦灌、波涌灌溉或长畦分段

灌溉时，沟畦规格应通过试验与理论计算相结合的方法确定。

水稻区的格田规格：长度宜取 60～120 m，宽度为 20～40 m，山区、丘陵区水稻灌区可根据地形、耕作条件及土地平整投入能力等做适宜调整；水稻区的格田长边宜沿等高线布置，每块格田均应在渠沟上设置独立的进水口及排水口。

3)土地平整，在实施地面灌溉的地区，为了保证灌溉质量，必须进行土地平整。通过平整土地，削高填低，连片成方，除改善灌排条件外，还可改良土壤，扩大耕地面积，适应机械耕作需要。所以，平整土地是治水、改土及建设高产、稳产农田的一项重要措施。

2. 山区、丘陵区的田间渠系

山区、丘陵区坡陡谷深，岗冲交错，地形起伏变化大，一般情况下排水条件好，而干旱往往是影响农业生产的主要问题。但在山丘之间的冲田，地势较低，多雨季节山洪汇集，容易造成洪涝灾害。另外，冲、谷处的地下水水位一般较高，常常形成冷浸田和烂泥田，因此，田间渠系的布置必须全面解决旱、涝、渍的危害。

山丘区的农田按其地形部位不同，可分为岗、坡、冲、畈四种类型。岗田位置高；坡田位于山冲两侧的坡地上；冲田在两岗之间地势最低处；冲沟下游和河流两岸地形逐渐平坦的农田称为畈田。

山丘区的支斗渠一般沿岗岭脊线布置。农渠垂直于等高线，沿坡田短边布置。由于坡田是层层梯田，两田之间有一定高差，农渠上修筑跌水衔接，农渠多为双向控制。坡田地势较高，排水条件好，所以农渠多是灌排两用，每个格田都设有单独的进水口与出水口，以消灭串灌串排。

三、井渠结合的田间灌溉网

井渠结合是指渠水与井水联合运用的一种灌溉方式。其优点是可充分利用水资源，提高灌溉用水保证率，保证作物适时灌溉，并有利于灌区调控地下水水位，防止灌区土壤盐碱化，消除渍涝等灾害，促进灌区农业生产的发展。

井渠结合是我国北方一些灌区创造出的经验，如河南省人民胜利渠灌区，河北省石津灌区，山东省位山灌区，陕西省泾、洛、渭各灌区，都由原来的纯渠灌区发展为井渠结合灌区。

1. 井渠结合的规划原则

(1)要合理开采地下水，应在正确评价地下水可开采资源的基础上，进行合理的井灌规划，并合理确定年开采量和井渠结合的灌溉面积。

(2)做到地面水与地下水资源统筹安排，全面规划，总的原则应是充分利用地面水，合理开采地下水。

(3)地下水的开发利用，必须坚持浅、中、深结合，合理布局，分层取水，应优先开发浅层水，且必须与旱、涝、碱的治理统一规划，兼顾兴利与除害。

(4)注意保护地下水源，布设地下水观测网，随时监测区域地下水动态。对地下水的利用和回补措施要同时考虑，做到采补结合，以维持地下水量的动态平衡。

(5)井渠结合灌区，井灌与渠灌应结合为一套系统，井水入渠后应统一调配，集中使用。

2. 井渠结合灌溉网的布置形式

(1)以渠为主，以井补渠。渠井双灌区，井网的规划布置，应以地面田间固定灌溉渠道(斗、农渠)为骨架，井网走向应与潜水流向垂直或斜交，沿渠道布置：采用梅花形或方格形布井。井位应靠近沟、渠、路、林布置，设在田边地角上，以有利于机耕，便于管理，少占用耕地。为了方便输水，一般应将井位选定在较高处，以便于控制较大的灌溉面积。在井渠结合的灌区，要将井位排列成直线，最好与渠道相间布置。这样，井灌抽水可以有效地降低地下水水位，有利于防治土壤盐碱化。

(2)以井为主、以渠补井。即以开采利用地下水进行井灌为主，以地面水补充地下水的不足。这类灌区根据地形条件，井灌田间渠系一般有以下两种布置形式：

1)将井位设置在灌溉土地的中心，向四周供水，适用于平坦地形或中间高两边低的地形。

2)将井位设置在灌溉土地的一侧，向一个方向灌水，适用于地面坡度较大并向一侧倾斜的地区。

为了减少渠道渗漏损失，井灌区的田间渠系应做好衬砌防渗工作，或采用地下暗管系统。引用地面水的渠道布置，应服从井网布置的要求，并沿井灌区较高处或靠近有储水构造的贫水地段，以及可补给地下水的坑塘、沟槽等处布置，以加强对地下水的补给。

总之，应当根据灌区水文地质条件分区规划、分区布置。对地下水储量丰富、地下水水位较高，并易于补给和开采的富水区，采用以井为主的渠井结合方式；而对于建井条件差、地表以下没有良好的储水构造或地下水质不良的区域，则采用以渠为主的渠井结合方式。这种分区分片、因地制宜、渠井结合的方式是充分利用地面水，合理利用地下水及调控地下水资源的有效方式。

四、农村道路及林带的规划布置

田间工程规划，除合理规划布置田间灌排渠系外，还需要考虑农村道路及林带的规划布置。

农村道路是农田基本建设的重要组成部分，它关系到农业生产、交通运输、群众生活和实现农业机械化等各方面的需要。所以，必须在灌区田间工程规划中，对道路做出全面规划。在乡镇范围内的农村道路一般可分为干道、支道、田间道和生产路 4 级，即三道(通行拖拉机)一路(人行路或通行非机动车)。其规格可参考表 3-3。

表 3-3　农村道路规格标准

道路分级	主要联系范围	行车情况	路面宽/m	路面高于地面
干道	县乡、乡乡之间	双车道	6～8	
支道	乡与村之间		3～5	
田间道	村与村间		3～4	
生产路	村之间		1～2	

确定路面宽度要因地制宜，在人少地多的地方，各级道路的宽度可比表 3-2 中数值适当加大；有特殊运输任务的农村干道可按一般公路标准确定。

灌区内的农村机耕道路(包括支道、田间道路等)一般沿支、斗、农级灌排集沟布置，沟渠路林的配合形式应有利于排灌，有利于机耕、运输，有利于田间管理，不影响田间作物光照条件，从沟、渠、路三者的相对位置来说，一般有沟—渠—路、沟—路—渠、路—沟—渠 3 种配置形式。

1. 沟—渠—路

道路布置在灌水田块的上端，位于斗渠一侧。这种布置形式对于农业机械入田耕作比较便利，而且目前可修较窄的道路，今后随着农业机械化程度提高，道路拓宽比较容易，但机耕道要跨过所有的农渠，必须修建较多的小桥或涵管。

2. 沟—路—渠

道路布置在灌水田块的下端，界于灌、排渠沟之间。这种布置形式的道路与末级固定沟渠(农渠、农沟)均不相交；但农业机械进入田间必须跨越沟渠，需要修建较多的交叉建筑物，且今后机耕道路拓宽也比较困难。

3. 路—沟—渠

道路布置在灌水田块的下端，位于排水沟的上侧，有利于农业机械入地面且今后道路拓宽也比较容易。但道路要与农排相交，需要修建桥涵等交叉建筑物，影响排水，而且若雨季排水不足，田块和道路容易积水或受淹。

以上 3 种机耕道路布置形式应因地制宜，一般宜选用沟—渠—路或路—沟—渠的布置形式。

斗、农渠的外坡空地应栽种树木，田间道路的两侧宜植树绿化。

任务四　计算渠道流量

一、渠道流量的基本概念

渠道流量是渠道和渠系建筑物设计的基本依据。在灌溉实践中，渠道的流量是在一定范围内变化的，设计渠道的纵、横断面时，要考虑流量变化对渠道的影响。通常用渠道设计流量(最大流量)、最小流量、加大流量三种特征流量涵盖渠道运用中流量变化范围，以代表在不同运行条件下的工作流量。

(一)渠道设计流量

渠道设计流量是指在设计标准条件下，为满足灌溉用水要求，需要渠道输送的最大流量，也称正常流量。它是设计渠道纵、横断面和渠系建筑物的主要依据。其与渠道控制的灌溉面积、作物组成、灌溉制度、渠道的工作制度及渠道的输水损失等因素有关。

(二)渠道最小流量

视频：渠道设计流量计算

渠道最小流量是指在设计标准条件下，渠道在正常工作中输送的最小灌溉流量。用修正灌水率图上的最小灌水率值和设计灌溉面积为依据进行计算。计算的方法步骤与设计流量的计算方法相同，此处不再赘述。应用渠道最小流量可以校核对下一级渠道的水位控制条件和不淤流速，并确定节制闸的位置。

对于同一条渠道，其设计流量(Q_d)与最小流量(Q_{min})相差不要过大，否则在用水过程中，有可能因水位不够而造成引水困难。为了保证对下级渠道正常供水，根据《灌溉与排水工程设计标准》(GB 50288—2018)，续灌渠道最小流量不宜低于渠道设计流量的40%，相应的最小水深不宜小于60%的设计水深。在实际灌水中，若某次灌水定额过小，可适当缩短供水时间，集中供水，使流量大于最小流量。

(三)渠道加大流量

考虑到在灌溉工程运行过程中，可能会出现规划设计时未能预料到的情况，如作物种植比例变更、灌溉面积扩大、气候特别干旱、渠道发生事故后需要短时间加大输水等，都要求渠道通过比设计流量更大的流量。通常把在短时增加输水的情况下，渠道需要通过的最大灌溉流量称为渠道加大流量，它是设计渠道堤顶高程的依据，并依此校核渠道输水能力和不冲流速。

(四)渠道流量的有关术语

灌溉水从渠首引入并经各级渠道送到田间，各处的流量都不相同。因此，在渠道流量计算中就会遇到不同的流量术语和概念，为以后叙述方便，现介绍如下：

(1)渠道田间净流量($Q_{田净}$)。该流量是指渠道应该送到田间的流量，或者田间实际需要的渠道流量，用$Q_{田净}$表示。

(2)渠道净流量(Q_{dj})和毛流量(Q_d)。对一个渠段而言，段首处的流量为毛流量(设计流量)，段末处的流量为净流量；对一条渠道来说，该渠道引水口处的流量为毛流量，同时，自该渠道引水的所有下一级渠道分水口的流量之和为净流量。毛流量和净流量分别用Q_d和Q_{dj}表示。渠道的设计流量应该是毛流量。

(3)渠道损失流量(Q_L)。渠道损失流量是指渠道在输水过程中损失的流量，用Q_L表示。

很显然，渠道的毛流量、净流量和损失流量之间有如下的关系：

$$Q_d = Q_{dj} + Q_L \tag{3-1}$$

二、渠道流量计算

(一)渠道输水损失的过程及计算

1. 渠道输水损失过程

渠道输水损失包括水面蒸发损失、漏水损失和渗水损失三部分。

(1)水面蒸发损失：是指由渠道水面蒸发掉的水量。其数量很小，一般只占输水损失的1.5%左右，可以忽略不计。

(2)漏水损失：是指由于地质条件不良、施工质量较差、管理维修不善及生物作用等因素而形成的漏洞、裂隙或渠堤决口和建筑物漏水等所损失的水量，一般占输水损失的15%左右。而这些损失应该是可以通过提高施工质量、加强管理养护等方式大大减少。漏水损失的具体数值可根据渠道的实际情况估算确定，在渠道流量计算时，一般不予计入。

(3)渗水损失：是经渠床土壤孔隙渗漏掉的水量，是渠道输水损失的主要部分，是经常存在的、不能完全避免的水量损失，一般占输水损失的80%以上。渠道的输水损失估算主要是渗水损失的估算，并把它近似地作为渠道的总输水损失。影响渗水损失的主要因素有渠床土壤物理性质、渠床断面形式和渠中水深、沿渠地下水埋深和出流情况、渠道工作制度、渠道施工质量和撒积情况，以及渠道的防渗措施等。另外，渠道的渗水损失还随着渠道的渗流过程而变化。

渠道渗流过程一般可分为自由渗流(土渠不受顶托)和顶托渗流(土渠受顶托)两个阶段。

1)自由渗流阶段。渠道的渗流不受地下水的顶托，在渗流过程中渠道内的水流(地面水)与地下水不形成连续的水流。这种渗流情况发生在渠道开始放水的初期，或地下水水位距离地面较深及具有良好的地下水出流条件的地区。自由渗流又可分为以下两个阶段：

①湿润渠道下部土层的阶段。在这一阶段内，渗流水借重力和毛细管作用湿润自渠底至地下水面之间的土层。在这种情况下，渠道渗流呈不稳定状态，渗流量随湿润土层的深度和时间而变化。在地下水水位不深且地下水出流条件不好的情况下，这一阶段的持续时间很短，往往发生于进行轮灌的渠道，或在灌溉放水初期。

②渠道下形成地下水峰阶段。一般在渗流的初期，由于地下水出流坡度很小，渠道的渗流量 Q_v 大于地下水向两侧的出流量 Q_c 时，就发生地下水峰，逐渐向上扩展，这个阶段往往发生在连续工作的渠道。

2)顶托渗流阶段。当地下水峰继续上升至渠底时，地下水与地面水即连成一片，在这种情况下，渠道的渗流将受到地下水的顶托影响。连续工作的大型渠道，在地下水水位不深、地下水出流很小的情况下，自由渗流阶段往往持续不久，随即发生顶托渗流。

视频：渠道输水损失

2. 渠道输水损失的计算

渠道输水损失，在已成灌区的管理中，应通过实测确定；在拟建灌区的规划设计中，可用经验公式或经验系数估算。

(1)用经验公式估算输水损失流量。

$$Q_L=\sigma LQ_{dj} \tag{3-2}$$

式中 Q_L——渠道输水损失流量(m^3/s)；

σ——渠道单位长度水量损失率(%/km)，应根据渠道渗流条件和渠道衬砌防渗措施分别确定；

L——渠道长度(km)；

Q_{dj}——渠道净流量(m^3/s)。

土渠不受地下水顶托的条件下，可采用下式估算：

$$\sigma=\frac{K}{Q_{dj}^m} \tag{3-3}$$

式中 K——渠床土壤透水性系数；

m——渠床土壤透水性指数。

式中，其他符号意义同前。

土壤透水性参数 K、m 应根据实测资料分析确定，在缺乏实测资料的情况下，可采用表 3-4 中规定的数值。

表 3-4 土壤透水性参数

渠床土质	透水性	K	m
黏土	弱	0.70	0.30
重壤土	中弱	1.30	0.35
中壤土	中	1.90	0.40
轻壤土	中强	2.65	0.45
砂壤土	强	3.40	0.50

土渠渗水受地下水顶托的条件下，可用式(3-4)修正，即

$$\sigma'=\varepsilon'\sigma \tag{3-4}$$

式中 σ'——土渠渗水受地下水顶托的单位长度水量损失率(%/km)；

ε'——土渠渗水受地下水顶托的损失修正系数，可从表 3-5 查得。

式中，其他符号意义同前。

表 3-5 土渠渗水损失修正系数 ε'

渠道净流量	地下水埋深/m							
/($m^3 \cdot s^{-1}$)	<3	3	5	7.5	10	15	20	25
1	0.63	0.79	—	—	—	—	—	—
3	0.50	0.63	0.82	0.82	—	—	—	—
10	0.41	0.50	0.65	0.65	0.91	—	—	—
20	0.36	0.45	0.57	0.57	0.82	—	—	—
30	0.35	0.42	0.54	0.54	0.77	0.94	—	—
50	0.32	0.37	0.49	0.49	0.69	0.84	0.97	—
100	0.28	0.33	0.42	0.42	0.58	0.73	0.84	0.94

衬砌渠道可用式(3-5)修正，即

$$\sigma_0=\varepsilon_0\sigma \tag{3-5}$$

式中 σ_0——衬砌渠道单位长度水量损失率(%/km)；

ε_0——衬砌渠道渗水损失修正系数，可从表 3-6 中查得。

表 3-6　衬砌渠道渗水损失修正系数

防渗措施	衬砌渠道渗水损失修正系数
渠槽翻松夯实(厚度大于 0.5 m)	0.20～0.30
渠槽原土夯实(影响深度不小于 0.4 m)	0.50～0.70
灰土夯实(或三合土夯实)	0.10～0.15
混凝土护面	0.05～0.15
黏土护面	0.20～0.40
浆砌石护面	0.10～0.20
沥青材料护面	0.05～0.10
塑料薄膜	0.05～0.10

(2)用水的有效利用系数估算输水损失。总结已成灌区的水量测量资料，可以得到各条渠道的毛流量和净流量及灌入农田的有效水量，经分析计算，可以得出以下几个反映水量损失情况的经验系数：

1)渠道水利用系数 η_o。某渠道的净流量与毛流量的比值称为该渠道的渠(段)道水利用系数，用符号 η_o 表示，即

$$\eta_o=\frac{Q_{dj}}{Q_d} \tag{3-6}$$

渠道水利用系数反映一条渠道的水量损失情况，或反映同一级渠道水量损失的平均情况。全灌区同级渠道的渠道水利用系数代表值可取用该级若干条代表性渠道的渠道水利用系数平均值。代表性渠道应根据过水流量、渠长、土质与地下水埋深等条件分类选出。

2)渠系水利用系数 η_s。末级固定渠道输出流量(水量)之和与干渠渠首引入流量(水量)的比值称为渠系水利用系数，用符号 η_s 表示。渠系水利用系数的数值等于各级渠道水利用系数的乘积，即

$$\eta_s=\eta_{干}\eta_{支}\eta_{斗}\eta_{农} \tag{3-7}$$

式中　$\eta_{干}$、$\eta_{支}$、$\eta_{斗}$、$\eta_{农}$——干渠、支渠、斗渠、农渠的水利用系数。

渠系水利用系数反映整个渠系的水量损失情况。它不仅反映出灌区的自然条件和工程技术状况，还反映出灌区的管理工作水平。《灌溉与排水工程设计标准》(GB 50288—2018)规定，全灌区渠系水利用系数设计值不应低于规范的要求，否则应采取措施予以提高。

3)田间水利用系数 η_f。田间水利用系数是实际灌入田间的有效水量(对于旱作农田，是指蓄存在计划湿润层中的灌溉水量；对于水稻田，是指蓄存在格田内的灌溉水量)和末级固定渠道(农渠)放出水量的比值，用符号 η_f 表示，即

$$\eta_f=\frac{m_n A_{农}}{W_{农净}}=\frac{W_{农田净}}{W_{农净}} \tag{3-8}$$

式中　η_f——田间水利用系数；

$A_{农}$——农渠的灌溉面积(m^2)；

m_n——净灌水定额(m^3/hm^2)；

$W_{农净}$——农渠供给田间的水量（m^3）；

$W_{农田净}$——农渠的田间水量（m^3）。

田间水利用系数是衡量田间工程状况和灌水技术水平的重要指标。根据相关要求，旱作农田的田间水利用系数设计值不应低于 0.90，水稻田的田间水利用系数设计值不应低于 0.95。

4)灌溉水利用系数 η。灌溉水利用系数是实际灌入农田的有效水量和渠首引入水量的比值，用符号 η 表示。它是评价渠系工作状况、灌水技术水平和灌区管理水平的综合指标，可按下式计算：

$$\eta=\eta_s\eta_f \tag{3-9}$$

$$\eta=\frac{Am_j}{W} \tag{3-10}$$

式中 η——灌溉水利用系数；

η_s——渠系水利用系数；

η_f——田间水利用系数；

A——某次灌水全灌区的灌溉面积（hm^2）；

m_j——净灌水定额（m^3/hm^2）；

W——某次灌水渠首引入的总水量（m^3）；

W 农田净——农渠的田间水量（m^3）。

灌溉水利用系数应根据灌区面积和灌溉方式确定，并应符合规定：大于 20 000 hm^2 的灌区不应低于 0.5；667～20 000 hm^2 的灌区不应低于 0.6；小于 667 hm^2 的灌区不应低于 0.7；井灌区、喷灌区不应低于 0.8；微喷灌区不应低于 0.85；滴灌区不应低于 0.9。

以上这些经验系数的数值高低，与灌区的大小、渠道土质和防渗措施、渠道长度、田间工程状况、灌水技术水平及管理工作水平等因素有关，在引用其他灌区的经验数据时，应注意条件要相近。选定适当的经验系数之后就可根据净流量计算相应的毛流量。

(二)渠道工作制度

渠道的工作制度就是渠道的供水秩序，又称为渠道的配水方式。其可分为轮灌和续灌两种。

视频：渠道工作制度

1. 轮灌

上级渠道向下级渠道轮流供水的工作方式叫作轮灌，实行轮灌的渠道称为轮灌渠道。轮灌主要有分组集中轮灌和分组插花轮灌两种方式。分组集中轮灌时，上级渠道的工作长度短，输水损失小，但可能引起劳力紧张和用水单位受益不均衡，分组插花轮灌的优点、缺点与分组集中轮灌的相反。

轮灌的优点：渠道流量集中，同时工作的渠道长度短，输水时间短，输水损失小，有利于与农业措施结合和提高灌水工作效率。

轮灌的缺点：渠道流量大，渠道和建筑物工程量大；流量过于集中，会造成灌水和耕作时劳力紧张；在干旱季节还会影响各用水单位受益均衡。

划分轮灌组的原则：应使各轮灌组的灌溉面积基本相等，供水量宜协调一致，以利于

配水；应使轮灌组内的渠道相对集中，以缩短渠道工作长度，减少输水损失，提高水的利用系数；尽量使各用水单位受益均衡；不致使渠道流量过大，以减少工程量和降低工程造价；要照顾农业生产条件和群众用水习惯，尽量把一个生产单位的渠道划分在一个轮灌组内，以利于与农业措施和灌水工作配合，便于调配劳力和组织灌水；对已成灌区，还应与渠道的输水能力相适应。轮灌组的数目不宜过多或过少，一般以 2～3 组为宜。

2. 续灌

上级渠道向下级渠道连续供水的工作方式叫作续灌，实行续灌的渠道称为续灌渠道。为了各用水单位受益均衡，避免因水量过分集中而造成灌水组织和生产安排的困难，一般灌溉面积较大的灌区，干、支渠多采用续灌。续灌的优点、缺点与轮灌相反。

3. 配水方式的选择

配水方式的选择应根据灌区实际情况，因地制宜地确定。在规划设计阶段，为了减少输水损失、节省工程量、便于管理和满足各用水单位的用水要求，一般万亩以上灌区应采用干、支渠续灌，斗、农渠轮灌。在管理运用阶段，若遇天气干旱，水源供水不足，干、支渠也可实行轮灌，一般当渠首引水流量低于正常流量的 40%～50%时，干、支渠即应进行轮灌。

(三)渠道设计流量推算

渠道的工作制度不同，设计流量的推算方法也不同，下面分别予以介绍。

视频：渠道设计流量推求

1. 轮灌渠道设计流量的推算

由于轮灌渠道不是在整个作物灌水延续时间内连续输水，而是集中过水，所以它的设计流量大小不仅取决于它本身灌溉面积的大小，而且还取决于上一级渠道供水流量的大小和轮灌组内的渠道数目多少。因此，轮灌渠道的设计流量采用自上而下逐级(计算)分配田间净流量，再自下而上逐级加损失流量(计算)求毛流量的方法进行推算。现以干、支渠续灌，斗、农渠轮灌，斗渠轮灌组内有 n 条斗渠，农渠轮灌组内有 k 条农渠的情况，说明轮灌渠道设计流量的推算方法。

(1)自上而下计算末级续灌渠道的田间净流量。

1)计算支渠田间净流量 $Q_{支田净}$。其计算公式为

$$Q_{支田净}=A_{支}q_{设} \tag{3-11}$$

式中 $Q_{支田净}$——支渠田间净流量(m^3/s)；

$A_{支}$——支渠的控制面积(万亩)；

$q_{设}$——设计灌水率[$m^3/(s\cdot 万亩)$]。

2)计算斗渠田间净流量。

①斗渠轮灌组内 n 条斗渠的灌溉面积相等时，计算公式为

$$Q_{斗田净}=\frac{Q_{支田净}}{n} \tag{3-12}$$

式中 $Q_{斗田净}$——斗渠田间净流量(m^3/s)；

n——斗渠条数。

②斗渠轮灌组内各斗渠的灌溉面积不相等时，为使各斗渠的灌水时间相等，应按各斗渠的灌溉面积大小分配支渠田间净流量，即

$$Q_{斗田净}=\frac{Q_{支田净}}{A_{斗组}}A_{斗i} \tag{3-13}$$

式中　$A_{斗组}$——斗渠轮灌组的灌溉面积；

$A_{斗i}$——某条斗渠的灌溉面积。

3)计算农渠田间净流量 $Q_{农田净}$。该流量和计算斗渠田间净流量的道理相同，分别为

$$Q_{农田净}=\frac{Q_{支田净}}{nk} \tag{3-14}$$

$$Q_{农田净}=\frac{Q_{斗田净}}{A_{农组}}A_{农i}=\frac{Q_{支田净}}{A_{斗组}}\frac{A_{斗i}A_{农i}}{A_{农组}} \tag{3-15}$$

式中　$A_{斗组}$、$A_{斗i}$、$A_{农组}$、$A_{农i}$——斗渠轮灌组、某条斗渠、农渠轮灌组、某条农渠的灌溉面积；

n、k——轮灌组内斗渠和农渠的条数。

(2)自下而上推算各级渠道的设计流量。

1)计算农渠的净流量。先由农渠的田间净流量计入田间损失水量，求得田间毛流量，即农渠的净流量。按式(3-16)计算：

$$Q_{农净}=\frac{Q_{农田净}}{\eta_f} \tag{3-16}$$

式中　$Q_{农净}$——农渠的净流量(m^3/s)。

2)推算各级渠道的设计流量(毛流量)。根据农渠的净流量自下而上逐级计入渠道输水损失，得到各级渠道的毛流量，即设计流量。根据渠道净流量、渠床土质和渠道长度用式(3-17)计算：

$$Q_d=Q_{dj}(1+\sigma L) \tag{3-17}$$

式中　L——最下游一轮灌组灌水时渠道的平均工作长度(km)，计算农渠毛流量时，可取农渠长度的 1/2 进行估算。

式中，其他符号意义同前。

L 的确定方法如下：

①计算农渠毛流量时，$L=l/2$；平均长度可取农渠长度的 1/2 进行估算，l 为农渠长度。

②计算斗渠毛流量时，$L=l_1+l_2/2$；平均工作长度为斗渠内最下游一轮灌组前至斗口的渠长加该轮灌组所占 1/2 斗渠长度。

③计算支渠毛流量时，$L=l_1+\alpha l_2$；支渠工作长度为 l_1 与 αl_2 之和，l_1 为支渠引水口至第一个斗口的长度，l_2 为第一个斗口至最末一个斗口的长度，α 为长度折算系数，可视支渠灌溉面积的平面形状而定(面积重心在上游时，$\alpha=0.60$；在中游时，$\alpha=0.80$；在下游时，$\alpha=0.85$)。

④分段推算干渠设计流量时，$L=$段长；干渠工作长度为分段长度。

(3)大中型灌区的设计流量。在大中型灌区，支渠数量较多，支渠以下的各级渠道实行轮灌。为了简化计算，通常选择一条有代表性的典型支渠(作物种植、土壤性质、灌溉面积等影响渠道流量的主要因素具有代表性)按上述方法推算支、斗、农渠的设计流量，计算支

渠范围内的灌溉水利用系数 η_s，以此作为扩大指标，用下式计算其余支渠的设计流量：

$$Q_s = \frac{q_s A_{支}}{\eta_s} \tag{3-18}$$

式中 Q_s——支渠的设计流量(m^3/s)；

q_s——设计灌水率[$m^3/(s \cdot hm^2)$]；

$A_{支}$——该支渠的灌溉面积(hm^2)；

η_s——支渠至田间的灌溉水利用系数。

一般干渠流量较大，上下游流量相差较大，这就要求分段推算设计流量，以便各渠段设计不同断面尺寸以节省工程量。

$$Q_{段设} = Q_{段净}(1+\sigma_{L段}) \tag{3-19}$$

式中 $Q_{段设}$——某渠段首端的设计流量(m^3/s)；

$Q_{段净}$——某渠段末端的净流量(m^3/s)；

$\sigma_{L段}$——单位公里渠长损失流量($m^3/s \cdot km$)。

(四)渠道设计流量计算实例

马清河灌区渠系规划布置如图 3-10 所示。

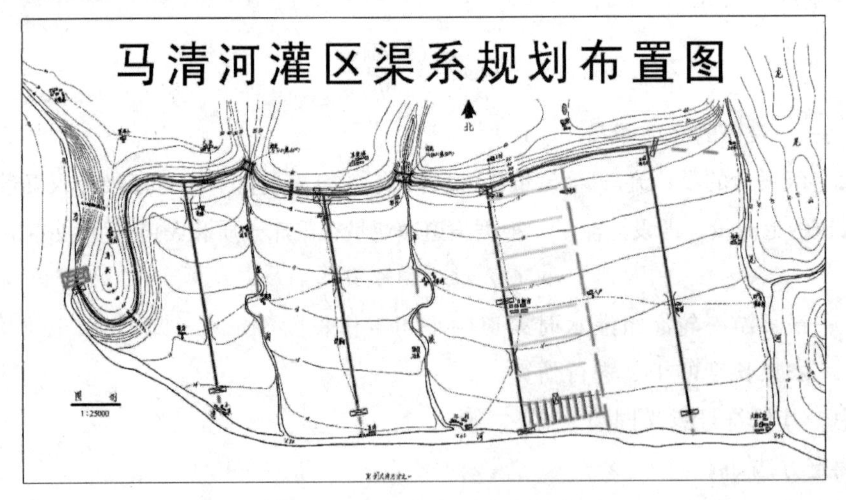

图 3-10 马清河灌区渠系规划布置图

根据灌区作物和灌溉制度，确定设计灌水率 $q_{设}=0.40\ m^3/(s \cdot 万亩)$。

灌区干、支渠续灌，斗、农渠轮灌。各支渠控制面积见表 3-7。

表 3-7 各支渠控制面积计算表

支渠	一支渠	二支渠	三支渠	四支渠	总计
量取的控制面积/万亩	1.89	2.75	3.33	3.52	11.49
量取的灌溉面积/万亩	1.51	2.20	2.66	2.82	9.19
实际灌溉面积/万亩	9.60		转换系数	1.04	
实际灌溉面积/万亩	1.58	2.30	2.78	2.94	9.60

选择四支渠作为典型支渠，进行设计流量的推求。

轮灌分组采用集中编组。四支渠共有 12 条斗渠，每条斗渠有 6 条农渠，则每个轮灌组有 6 条斗渠，每个斗渠有 3 条农渠。农渠长度为 990 m，间距为 330 m；斗渠长度为 1 980 m，斗渠间距为 990 m。

1. 典型支渠流量推求

(1)农渠的设计流量。四支渠田间净流量为

$$Q_{四支田净}=A_{四支}\,q_{设}=2.82\times0.40=1.128(\mathrm{m^3/s})$$

同时工作的斗渠有 6 条，同时工作的农渠有 3 条，所以，农渠的田间净流量为

$$Q_{农田净}=Q_{支田净}/(n\times k)=1.128/(6\times3)=0.063(\mathrm{m^3/s})$$

取田间水利用系数 $\eta_f=0.95$，则农渠净流量为

$$Q_{农净}=Q_{农田净}/\eta_f=0.063/0.95=0.066(\mathrm{m^3/s})$$

灌区的土质为轻砂壤土(偏保守)，查出相应的土壤透水性参数为 $A=3.4$，$m=0.5$，得农渠每千米输水损失系数为

$$\sigma_{农}=\frac{A}{100Q_{农净}^{m}}=\frac{3.4}{100\times0.066^{0.5}}=0.132\ 3$$

农渠的设计流量为

$$Q_{农毛}=Q_{农净}(1+\sigma_{农}L_{农})=0.066\times(1+0.132\ 3\times0.495)=0.070(\mathrm{m^3/s})$$

(2)斗渠的设计流量。每条斗渠内同时工作的农渠有 3 条，所以斗渠净流量为 3 条农渠毛流量之和：

$$Q_{斗净}=3\times Q_{农毛}=3\times0.070=0.210(\mathrm{m^3/s})$$

农渠分两组轮灌，各组要求斗渠供给的净流量相等。第二轮灌组距斗渠进水口较远，输水损失水量较多，据此求得毛流量较大，因此以第二轮灌组灌水时需要的斗渠毛流量作为斗渠的设计毛流量。斗渠的平均工作长度 $L_{斗}=1.485$ km。

斗渠每千米输水损失系数为

$$\sigma_{斗}=\frac{A}{100Q_{斗净}^{m}}=\frac{3.4}{100\times0.210^{0.5}}=0.074\ 2$$

斗渠的设计流量为

$$Q_{斗毛}=Q_{斗净}(1+\sigma_{斗}L_{斗})=0.210\times(1+0.074\ 2\times1.485)=0.233(\mathrm{m^3/s})$$

(3)四支渠的设计流量及灌溉水利用系数。斗渠也是分两组灌溉，以第二组要求的支渠毛流量作为支渠的设计毛流量。支渠的平均工作长度 $L_{支}=4.455$ km。

支渠的净流量为

$$Q_{支净}=6\times Q_{斗毛}=6\times0.233=1.398(\mathrm{m^3/s})$$

支渠的每千米输水损失系数为

$$\sigma_{农}=\frac{A}{100Q_{农净}^{m}}=\frac{3.4}{100\times1.398^{0.5}}=0.028\ 76$$

支渠的设计毛流量为

$$Q_{支毛}=Q_{支净}(1+\sigma_{支}\,L_{支})=1.398\times(1+0.028\ 76\times4.455)=1.577(\mathrm{m^3/s})$$

四支渠的灌溉水利用系数为

$$\eta_{支}=\frac{Q_{支田净}}{Q_{支毛}}=\frac{1.128}{1.577}=0.715$$

2. 其他支渠流量推求

由于灌区内各支渠控制范围地形、土壤等基本资料基本相同，各个支渠的灌溉面积接近，渠系布置相似，灌溉制度一致，灌溉水利用系数均相差不多，因此以典型支渠(四支渠)的灌溉水利用系数作为扩大指标，计算其他支渠设计流量。各支渠控制范围内灌水率相同，可直接使用灌溉面积比值作为各支渠设计毛流量的比值。各支渠设计流量表见表 3-8。

表 3-8　各支渠设计流量表

支渠	一支渠	二支渠	三支渠	四支渠
灌溉面积/万亩	1.58	2.30	2.78	2.94
设计流量/($m^3 \cdot s^{-1}$)	0.848	1.234	1.491	1.577

3. 干渠各段流量推求

将干渠分成 $OABCD$ 段，其中 O 为渠首，A、B、C、D 分别为一支渠、二支渠、三支渠、四支渠的分水点。在地图上量测各段距离。干渠各段长度见表 3-9。

表 3-9　干渠各段长度

渠段	OA	AB	BC	CD
渠段长/km	6.6	3.1	4.1	4.0

(1)CD 段的设计流量。

$$Q_{CD净}=Q_{四支毛}=1.577\ m^3/s$$

$$\sigma_{CD}=\frac{A}{100Q_{CD}^m}=\frac{3.4}{100\times1.577^{0.5}}=0.027\ 1$$

$$Q_{CD毛}=Q_{CD净}(1+\sigma_{CD}L_{CD})=1.577\times(1+0.027\ 1\times4.0)=1.748(m^3/s)$$

(2)BC 段的设计流量。

$$Q_{BC净}=Q_{CD毛}+Q_{3支毛}=1.748+1.491=3.239(m^3/s)$$

$$\sigma_{BC}=\frac{A}{100Q_{BC}^m}=\frac{3.4}{100\times3.239^{0.5}}=0.018\ 9$$

$$Q_{BC毛}=Q_{BC净}(1+\sigma_{BC}L_{BC})=3.239\times(1+0.018\ 9\times4.1)=3.490(m^3/s)$$

(3)AB 段的设计流量。

$$Q_{AB净}=Q_{BC毛}+Q_{2支毛}=3.490+1.234=4.724(m^3/s)$$

$$\sigma_{AB}=\frac{A}{100Q_{AB}^m}=\frac{3.4}{100\times4.724^{0.5}}=0.015\ 6$$

$$Q_{AB毛}=Q_{AB净}(1+\sigma_{AB}L_{AB})=4.724\times(1+0.015\ 6\times3.1)=4.952(m^3/s)$$

(4)OA 段的设计流量。

$$Q_{OA净}=Q_{AB毛}+Q_{一支毛}=4.952+0.848=5.800(m^3/s)$$

$$\sigma_{OA}=\frac{A}{100Q_{OA}^{m}}=\frac{3.4}{100\times5.800^{0.5}}=0.0141$$

$$Q_{OA毛}=Q_{OA净}(1+\sigma_{OA}L_{OA})=5.800\times(1+0.0141\times6.6)=6.340(m^3/s)$$

(5)灌区灌溉水利用系数。

$$\eta_o=\frac{Q_{净}}{Q_{OA毛}}=\frac{9.6\times0.40}{6.340}=0.606$$

三、渠道加大流量计算

通常把在短时增加输水的情况下，渠道需要通过的最大灌溉流量称为渠道的加大流量，它是设计渠道堤顶高程的依据，并依此校核渠道输水能力和不冲流速。

渠道加大流量的计算是以设计流量为基础，给设计流量乘以加大系数即得。按式(3-20)计算：

$$Q_{max}=JQ_d \tag{3-20}$$

式中　Q_{max}——渠道加大流量(m^3/s)；

J——渠道流量加大系数，见表3-10；

Q_d——渠道设计流量(m^3/s)。

轮灌渠道控制面积较小，轮灌组内各条渠道的输水时间和输水流量可以适当调剂，因此轮灌渠道不考虑加大流量。渠道流量加大系数见表3-10。

表3-10　渠道流量加大系数

设计流量/($m^3\cdot s^{-1}$)	<1	1～5	5～20	20～50	50～100	100～300	>300
加大系数J	1.30～1.35	1.25～1.30	1.20～1.25	1.15～1.20	1.10～1.15	1.05～1.10	<1.05

注：1. 表中加大系数在湿润地区可取小值，在干旱地区可取大值。

2. 泵站供水的续灌渠道加大流量应为包括备用机组在内的全部装机流量

任务五　渠道纵、横断面设计

灌溉渠道的设计流量、最小流量和加大流量确定以后，就可据此设计渠道的断面设计。在实际设计中，纵、横断面设计应交替，并且反复进行，最后经过分析比较确定。合理的渠道断面设计应满足以下几个方面的具体要求：

视频：渠道断面设计

(1)有足够的输水能力，以满足灌区用水需要；

(2)有足够的水位，以满足自流灌溉的要求；

(3)有适宜的流速，以满足渠道不冲、不淤或周期性冲淤平衡，以满足纵向稳定要求；

(4)有稳定边坡，以保证渠道不坍塌、不滑坡；

(5)有合理的断面结构形式，以减少渗透损失，提高灌溉水利用系数；

(6)施工容易，管理方便。

一、渠道横断面设计

(一)横断面形状

常见的横断面形状有梯形、矩形、U形等。一般采用梯形，它便于施工，并能保持渠道边坡的稳定；在坚固的岩石中开挖渠道时，宜采用矩形断面；当渠道通过城镇工矿区或斜坡地段，渠宽受到限制时，可采用混凝土等材料砌护。

为了提高渠道的稳定性、提高水的利用率、减少渗漏损失、缩小渠道断面，一般采取各种防渗措施。

(二)横断面结构形式

渠道横断面结构有挖方断面、填方断面和半挖半填断面三种形式。其主要是由渠道过水断面和渠道沿线地面的相对位置不同造成的。

1. 挖方渠道断面结构

对于挖方渠道，为了防止坡面径流的侵蚀、渠坡坍塌及便于施工和管理，除正确选择边坡系数外，当渠道挖深大于5 m时，应每隔3～5 m设置一道平台。第一级平台的高程和渠岸(顶)高程相同，平台宽度为1～2 m。如平台兼作道路，则按道路标准确定平台宽度。在平台内侧应设置集水沟，汇集坡面径流，并使之经过沉沙井和陡槽集中进入渠道，如图3-11所示。挖深大于10 m时，不仅施工困难，边坡也不易稳定，应改用隧洞等。第一级平台以上的渠坡根据干土的抗剪强度而定，可以尽量陡一些。

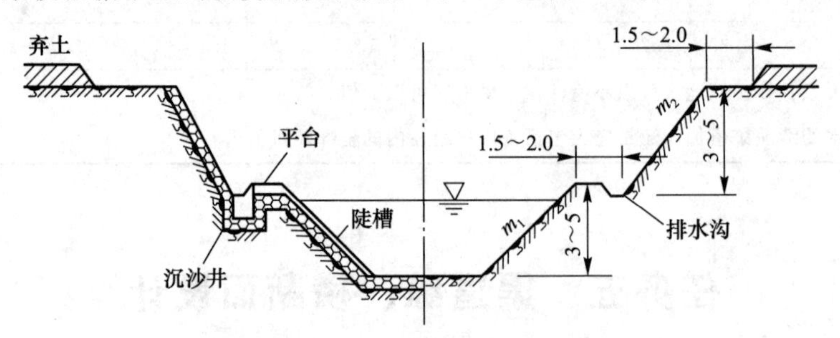

图3-11 挖方渠道横断面结构示意

2. 填方渠道断面结构

填方渠道易于溃决和滑坡，要认真选择内、外边坡系数。当填方高度大于3 m时，应通过稳定分析确定边坡系数，有时需要在外坡脚处设置排水反滤体。当填方高度很大时，需要在外坡设置平台。位于不透水层上的填方渠道，当填方高度大于5 m或高于2倍设计水深时，一般应在渠堤内加设纵横排水槽。

填方渠道会发生沉陷，施工时应预留沉陷高度，一般增加设计填高的10%。在渠底高程处，堤宽应等于5～10h(h为渠道水深)，根据土壤的透水性能而定。填方渠道断面结构

如图 3-12 所示。

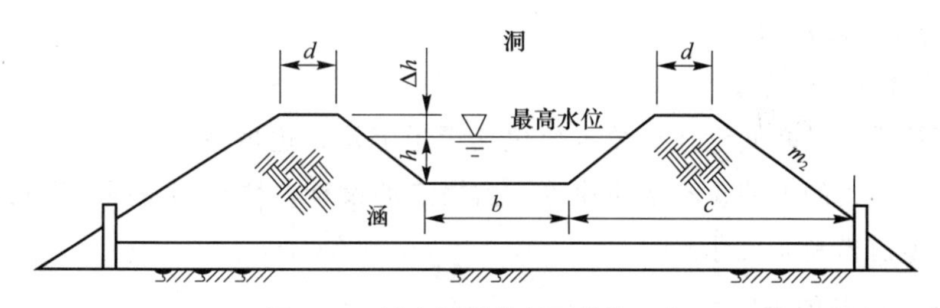

图 3-12　填方渠道横断面结构示意

3. 半挖半填渠道

半挖半填渠道的挖方部分可为筑堤提供土料，而填方部分则为挖方弃土提供场所。当挖方量等于填方量(考虑沉陷影响，外加 10%～30%的土方量)时，工程费用最少。半挖半填渠道横断面结构如图 3-13 所示。挖填土方相等时的挖方深度可按下式计算：

$$(b+mx)x=(1.1\sim1.3)2a\left(d+\frac{m_1+m_2}{2}a\right) \tag{3-21}$$

系数 1.1～1.3 是考虑土体沉陷而增加的填方量，砂质土取 1.1，壤土取 1.15，黏土取 1.2，黄土取 1.3。

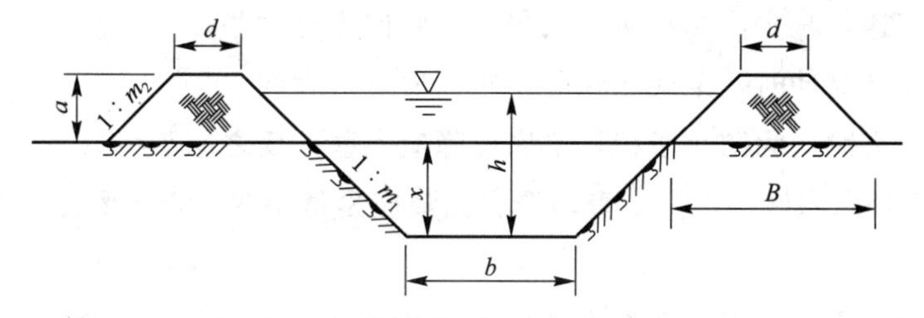

图 3-13　半挖半填渠道横断面结构示意

农渠及其以下的田间渠道，为使灌水方便，应尽量采用半挖半填断面或填方断面。

(三)横断面设计

渠道横断面设计的主要内容是确定渠道设计参数，通过水力计算确定横断面尺寸。灌溉渠道一般都是正坡明渠。在渠首进水口和第一个分水口之间或在相邻两个分水口之间，为了水流平顺和施工方便，在一个渠段内要采用同一个过水断面和同一个比降，渠床表面要具有相同的糙率。因此，灌溉渠道可以按明渠均匀流公式设计。

视频：渠道横断面设计

明渠均匀流流量的基本公式为

$$Q=AC\sqrt{Ri} \tag{3-22}$$

式中　Q——渠道设计流量(m^3/s)；

A——渠道过水断面面积(m^2)；

C——谢才系数($m^{0.5}/s$)，常用曼宁公式计算，即 $C=\frac{1}{n}R^{\frac{1}{6}}$；

R——水力半径(m)；

i——渠底比降；

n——渠床糙率系数。

对于梯形渠道，横断面设计参数主要包括渠道流量、边坡系数、糙率、渠底比降、断面宽深比，以及渠道的不冲、不淤流速等。当渠道的设计参数已确定时，即可根据明渠均匀流公式确定渠道横断面尺寸。

1. 渠道设计参数的确定

渠道设计的依据除输水流量外，还有渠底比降、渠床糙率、渠道边坡系数、渠道断面的宽深比及渠道的不冲、不淤流速等。

(1)渠底比降 i。渠底比降是指单位渠长的渠底降落值。当渠道流量一定时，渠底比降大，过水断面面积小，工程量小。但渠底比降大，渠道水位降落大，控制灌溉面积减小，而且流速大，还可能引起渠道冲刷；反之，情况相反。可见，渠底比降不仅决定着渠道输水能力的大小、控制灌溉面积和工程量的大小，而且还关系着渠道的冲淤、稳定和安全。因此，必须慎重选择确定。选择渠底比降的一般原则如下：

1)渠底比降应尽量接近地面比降，以避免深挖高填。

2)流量大的渠道，为控制较多的自流灌溉面积和防止冲刷，渠底比降应小些；流量小的渠道，为加大流速，减少渗漏和防止淤积，渠底比降可大些。

3)渠床土质松散易冲时，渠底比降应小些；反之可大些。

4)渠水含沙量大时，为防止淤积，渠底比降应大些；反之应小些。

5)水库灌区和扬水灌区，水头宝贵，渠底比降应尽量小些；自流灌区，水头富裕时，可大些。

在设计工作中，渠底比降应根据渠道沿线地面坡度、下级渠道分水口要求水位、渠床土质、渠道流量、渠水含沙量等情况，参照相似灌区的经验数值初选一个渠底比降，进行水力计算和流速校核，若满足水位和不冲不淤要求，便可采用，否则应重新选择比降，再进行计算校核，直至满足要求。

干渠及较大支渠、上下游渠段流量变化较大时，可分段选择渠底比降，而且下游段的渠底比降应大些。支渠以下的渠道一般一条渠道只采用一个渠底比降。在满足渠道不冲不淤的条件下，宜采用较缓的渠底比降。

(2)渠床糙率 n。渠床糙率是反映渠床粗糙程度的指标。n 值小，C 值大，渠道过水能力大；反之，则过水能力小。设计时如果选用的 n 值大，而渠道建成后的实际 n 值小，则渠道的实际过水能力大于需要的渠道过水能力，这不仅浪费了渠道断面，而且还会因流速增大引起冲刷，因水位降低而影响下级渠道引水和减少自流灌溉面积。相反，如果选用的 n 值小于实际的 n 值，则渠道的实际过水能力小于需要的渠道过水能力，将会造成渠道的过水能力满足不了灌溉用水流量，会因流速减小引起淤积。因此，必须合理选定 n 值，尽量使选用的 n 值和实际的 n 值大致相近。

影响 n 值的主要因素有渠床状况、渠道流量、渠水含沙量、渠道弯曲情况、施工质量、

养护情况。一般情况下，渠床糙率可根据渠道特性、渠道流量等参考规范建议值选用。设计时，大型渠道的糙率最好通过试验确定。

(3)渠道的边坡系数 m。渠道的边坡系数是表示渠道边坡倾斜程度的指标。它的大小关系到渠道的工程量、占地、输水损失和稳定。m 太大，渠道工程量大，占地多，输水损失大；m 太小，边坡不稳定，容易坍塌，不仅管理维修困难，而且影响渠道正常输水。一般梯形断面水深小于或等于 3 m 的挖方渠道，或填方渠道的渠堤填方高度小于或等于 3 m 时，可根据沿渠土质、挖填方深度、渠道流量、渠中水深等因素按规范选定。对水深大于 3 m 或地下水水位较高的挖方渠道，或填方高度大于 3 m 时的填方渠道的内外边坡系数都应通过土工试验和稳定分析确定。

(4)渠道断面的宽深比 β。渠道断面的宽深比是指底宽 b 和水深 h 的比值，即 $\beta=b/h$，宽深比对渠道工程量和渠床稳定等有较大影响，在设计时应慎重选择。

渠道断面宽深比的选择要考虑以下要求：

1)工程量最小。在渠道比降和渠床糙率一定的条件下，通过设计流量所需要的最小过水断面称为水力最优断面，采用水力最优断面的宽深比可使渠道工程量最小。梯形渠道水力最优断面的宽深比按下式计算：

$$\beta=2(\sqrt{1+m^2}-m) \tag{3-23}$$

式中 β——梯形渠道水力最优断面的宽深比；

m——梯形渠道的边坡系数。

根据式(3-23)可计算出不同边坡系数相应水力最优断面的宽深比，见表 3-11。

表 3-11　m 与 β 关系

边坡系数 m	0	0.25	0.50	0.75	1.00	1.25	1.50	1.75	2.00	3.00
宽深比 β	2.0	1.56	1.24	1.00	0.83	0.70	0.61	0.53	0.47	0.32

水力最优断面具有工程量最小的优点，小型渠道和石方渠道可以采用。对大型渠道来说，因为水力最优断面比较窄深，开挖深度大，可能受地下水影响，施工困难，劳动效率较低，而且渠道流速可能超过允许不冲流速，影响渠床稳定。可见，水力最优断面仅仅指输水能力最大的断面，不一定是最经济的断面，渠道设计断面的最佳形式还要根据渠床稳定要求、施工难易等因素确定。《灌溉与排水工程设计标准》(GB 50288—2018)推荐采用实用经济断面。

2)断面稳定。渠道断面过于窄深，容易产生冲刷；过于宽浅，又容易淤积，都会使渠床变形。稳定断面的宽深比应满足渠道不冲不淤要求，它与渠道流量、水流含沙情况、渠道比降等因素有关，应在总结当地已成渠道运行经验的基础上研究确定。比降小的渠道应选较小的宽深比，以增大水力半径，加快水流速度；比降大的渠道应选较大的宽深比，以减小流速，防止渠床冲刷。

对于中小型渠道，为使渠道断面稳定，表 3-12 数值可供选用。

表 3-12　渠道稳定断面宽深比

设计流量/($m^3 \cdot s^{-1}$)	<1	1	3～5	5～10
宽深比 β	1～2	1～3	2～4	3～5

3)有利通航。有通航要求的渠道应根据船舶吃水深度、错船所需的水面宽度及通航的流速要求等确定渠道的断面尺寸。渠道水面宽度应大于船舶宽度的 2.6 倍，船底以下水深应不小于 15～30 cm。

在实际工作中，要按照具体情况初选择一个 β 值，作为计算断面尺寸的参数，再结合有关要求进行校核而确定。

(5)渠道的不冲、不淤流速。在稳定渠道中，允许的最大平均流速称为临界不冲流速，简称不冲流速，用 V_{cs} 表示；允许的最小平均流速称为临界不淤流速，简称不淤流速，用 V_{cd} 表示。为了维持渠床稳定，渠道通过设计流量时的平均流速(设计流速)V_d 应满足以下条件：

$$V_{cd} < V_d < V_{cs} \tag{3-24}$$

1)渠道不冲流速。水在渠道中流动时，具有一定的能量，这种能量随水流速度的增加而增加，当流速增加到一定程度时，渠床上的土粒就会随水流移动，土粒将要移动而尚未移动时的水流速度就是临界不冲流速，简称不冲流速。

重要的干、支渠允许不冲流速应根据渠床土壤性质、水流含沙情况、渠道断面水力要素等因素通过试验研究或总结已成渠道的运用经验而定。一般渠道可按表 3-13 中的数值选用。

表 3-13　土质渠道允许不冲流速

土质	允许不冲流速/($m \cdot s^{-1}$)	土质	允许不冲流速/($m \cdot s^{-1}$)
轻壤土	0.60～0.80	重壤土	0.70～0.95
中壤土	0.65～0.85	黏土	0.75～1.00

注：表中所列允许不冲流速值为水力半径 $R=1.0$ m 时的情况；当 $R \neq 1.0$ m 时，表中所列数值应乘以 R^a。指数 a 值可按下列情况采用：①疏松的壤土、黏土，$a=1/4$～$1/3$；②中等密实和密实的壤土、黏土，$a=1/5$～$1/4$

2)渠道不淤流速。渠道水流的挟沙能力随流速减小而减小，当流速小到一定程度时，部分泥沙就开始在渠道内淤积。泥沙将要沉积而尚未沉积时的流速就是临界不淤流速。渠道不淤流速主要取决于渠道含沙情况和断面水力要素，也应通过试验研究或总结实践经验而定。在缺乏实际研究成果时，可选用有关经验公式进行计算。

含沙量很小的清水渠道虽无泥沙淤积威胁，但为了防止渠道长草，影响输水能力，对渠道的最小流速仍有一定限制，通常要求大型渠道的平均流速不小于 0.5 m/s，小型渠道的平均流速不小于 0.3～0.4 m/s。寒冷地区冬春季灌溉用的渠道，为了防止水面结冰，设计平均流速控制不小于 1.5 m/s。

2. 渠道水力计算

渠道水力计算的任务是根据上述设计依据，通过计算确定渠道过水断面的水深 h 和底宽 b。下面主要介绍梯形渠道实用经济断面的水力计算方法。

(1)水力最优梯形断面的水力计算。计算渠道的设计水深，由梯形渠道水力最优断面的宽深比公式(3-23)和明渠均匀流流量计算公式(3-22)推得水力最优断面的渠道水力要素计算公式，即

$$h_0 = 1.189\left[\frac{nQ}{(2\sqrt{1+m^2}-m)\sqrt{i}}\right]^{3/8} \tag{3-25}$$

$$b_0 = \beta h_0 \tag{3-26}$$

$$A_0 = (b_0 + mh_0)h_0 \tag{3-27}$$

$$\chi_0 = b_0 + 2h_0\sqrt{1+m^2} \tag{3-28}$$

$$R_0 = A_0/\chi_0 \tag{3-29}$$

$$v_0 = Q/A_0 \tag{3-30}$$

式中 n——渠床糙率；

Q——渠道设计流量(m^3/s)；

m——渠道内边坡系数；

i——渠底比降；

h_0——水力最优断面水深(m)；

b_0——最优断面底宽(m)；

A_0——水力最优断面的过水断面面积；

χ_0——水力最优断面湿周(m)；

R_0——水力最优断面的水力半径(m)；

v_0——水力最优断面流速(m/s)。

在渠道流速校核中，若设计流速不满足校核条件，说明在已确定的渠床糙率和边坡系数条件下，不宜采用水力最优断面形式。

(2)梯形实用经济断面的水力计算。水力最优断面工程量最小是其优点，小型渠道和石方渠道可以采用。但是对于大型渠道来说，水力最优断面并不一定是最经济的断面。因此，提出了一种比较宽浅的断面，一方面使过水断面面积不会增加太多，仍保持水力最优断面工程量最小的优点；另一方面使水深和底宽具有较大的选择范围，使渠道宽浅些，以克服水力最优断面的缺点，满足各种不同的要求，这种断面叫作梯形实用经济断面。

3. 渠道过水断面以上部分的有关尺寸

(1)渠道加大水深。渠道通过加大流量 Q_b 时的水深称为加大水深 h_b。如果采用水力最优断面，可近似地用式(3-25)直接求解，只需将公式中的 h_0 和 Q 换成 h_b 和 Q_b。

(2)安全超高。为了防止风浪引起渠水漫溢，保证渠道安全运行，挖方渠道的渠岸和填方渠道的堤顶应高于渠道的加大水位，要求高出的数值称为渠道的安全超高。

《灌溉与排水工程设计标准》(GB 50288—2018)中，渠道岸顶超高应符合下列规定：1 级～3 级渠道岸顶超高应按土石坝设计要求经论证确定；4 级、5 级渠道岸顶超高可按下式计算确定：

$$F_b=\frac{1}{4}h_b+0.2 \tag{3-31}$$

式中　F_b——渠道岸顶超高(m)；

h_b——渠道通过加大流量时的水深(m)。

注意：渠堤填方高度大于 3 m 时，其岸顶超高应预加沉降高。

(3)堤顶宽度。为了便于管理和保证渠道安全运行，挖方渠道的渠岸和填方渠道的堤顶应有一定的宽度，以满足交通和渠道稳定的需要。

《灌溉与排水工程设计标准》(GB 50288—2018)中要求：堤顶宽度应根据稳定分析、管理及交通要求确定，667 hm^2 及以上灌区干、支渠堤顶宽度不应小于 2 m，斗渠、农渠不宜小于 1 m；667 hm^2 以下灌区可减小。如果渠道岸顶兼作交通道路，其宽度应满足车辆通行要求。

渠岸和堤顶的宽度 D 也可按下式计算：

$$D=h_b+0.3 \tag{3-32}$$

式中　D——渠岸和堤顶的宽度；

h_b——渠道通过加大流量时的水深。

二、渠道纵断面设计

灌溉渠道不仅要满足输送设计流量的要求，而且要满足水位控制的要求。渠道纵断面设计的任务是根据灌溉水位要求确定渠道的空间位置。一般纵断面设计主要内容包括确定渠道纵坡比降、设计水位线、最低水位线、最高水位线、渠底高程线、渠道沿程地面高程线和堤顶高程线，绘制渠道纵断面图。

(一)灌溉渠道的水位推算

为了满足自流灌溉的要求，各级渠道入口处都应具有足够的水位。这个水位是根据灌溉面积上控制点的高程加上各种水头损失，自下而上逐级推算出来的(图 3-14)。水位公式为

$$H_{进}=A_0+\Delta h+\sum Li+\sum \psi \tag{3-33}$$

式中　$H_{进}$——渠道进水口处的设计水位(m)；

A_0——渠道灌溉范围内控制点的地面高程(m)，控制点是指较难灌到水的地面，在地形均匀变化的地区，控制点选择的原则：若沿渠地面坡度大于渠道比降，渠道进水口附近的地面最难控制；反之，渠尾地面最难控制；

Δh——控制点地面与附近末级固定渠道设计水位的高差，一般取 0.1～0.2 m；

L——渠道的长度(m)；

i——渠道的比降；

ψ——水流通过渠系建筑物的水头损失(m)。

式(3-33)可用来推算任意一条渠道进水口处的设计水位，推算不同渠道进水口设计水位时所用的控制点不一定相同，要在各条渠道控制的灌溉面积范围内选择相应的控制点。

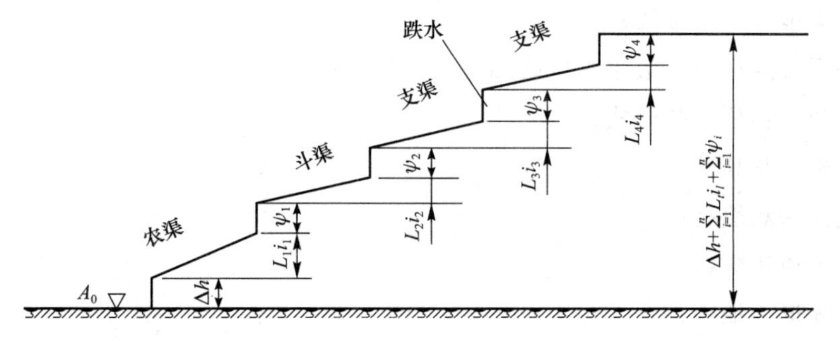

图 3-14　分水位推算示意

(二)干渠水位的确定

干渠水位应满足各支渠自流引水对水位的要求，它受渠道水位、渠道比降、渠线布置、灌区地形、面积、工程量等多种因素影响，应采取多方案比较慎重确定。

若一条干渠上有 4 条支渠，当各支渠口要求的水位 H_1、H_2、H_3 和 H_4 确定以后，便可结合水源水位、干渠沿线地形和土壤条件等分析确定干渠的比降与水位线，如图 3-15 所示。

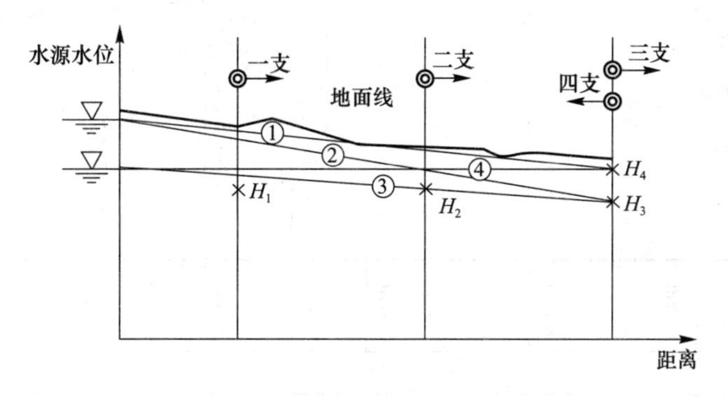

图 3-15　干渠设计水位线分析确定示意

为满足各支渠分水口的水位要求，当水源水位足够高时，可采用①线方案。若①线工程量太大，地形和土壤条件又允许加大干渠比降，四支渠的局部高地也允许不自流灌溉时，可改用②线。若水源水位不足，有两个方案：一是把干渠流水位线降至③，四支渠的局部高地采用修建节制闸抬高水位或提灌解决；二是当四支渠要求的水位必须满足时，可采用④线方案，这时干渠比降变缓，工程量增加。

(三)渠道纵断面图的绘制

渠道纵断面图包括沿渠地面高程线、渠道设计水位线、渠道最低水位线、渠底高程线、堤顶高程线、分水口位置、渠道建筑物位置及其水头损失等，如图 3-16 所示。

渠道断面图按以下步骤绘制：

(1)选择比例尺，建立坐标系；

(2)绘制地面高程线；

(3)绘制渠道设计水位线；

(4)绘制渠底高程线、最小水位线和堤顶高程线；

(5)标出建筑物位置和形式；

(6)标注桩号和高程；

(7)标注挖深和填高；

(8)标注渠道比降；

(9)标注地形、地物；

(10)备注。

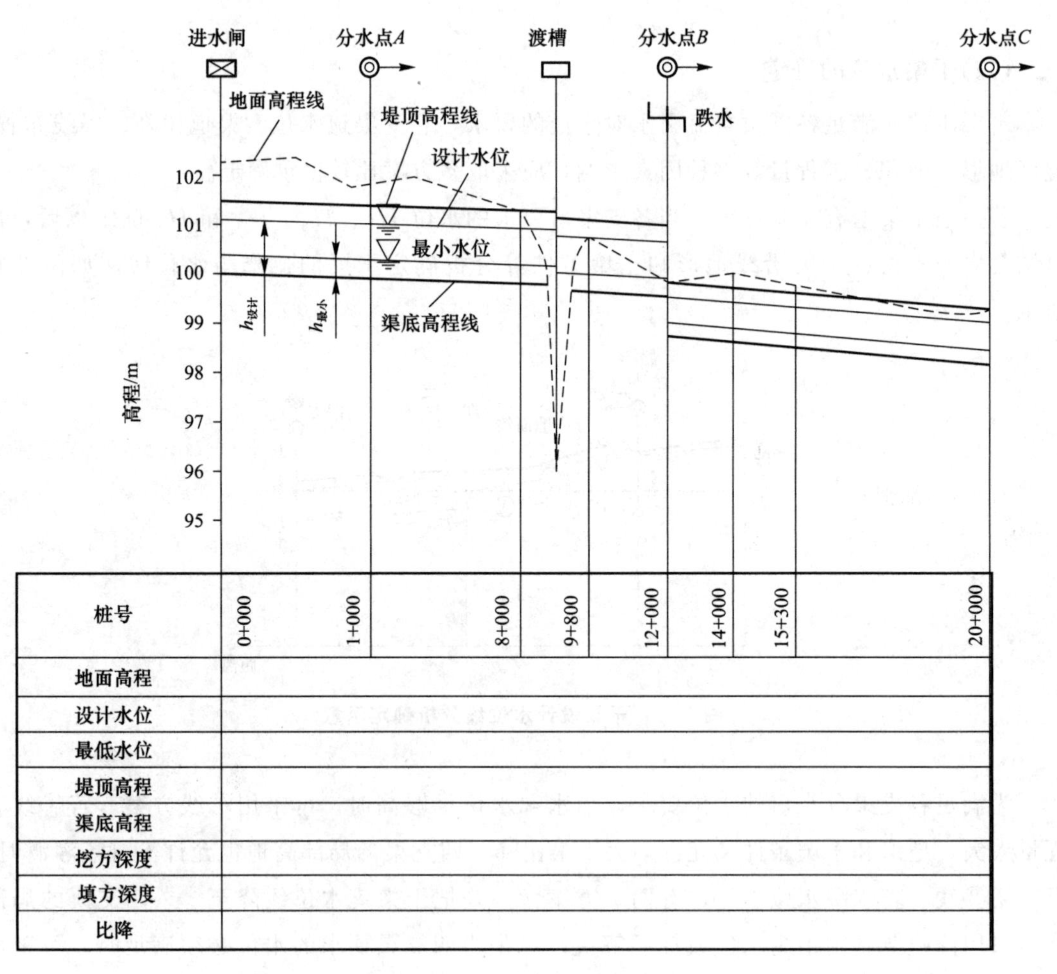

图 3-16　渠道纵断面设计图

任务六　世界灌溉工程遗产案例分析

一、背景

红旗渠位于河南省林州市，一个历史上严重干旱缺水的地方。从明朝到中华人民共和

国成立，林县发生自然灾害100多次，大旱绝收30多次。为了从根本上改变林县缺水的状况，林县人民决定修建红旗渠，把浊漳河的水引到林县。从1960年2月开始，到1969年完成干、支、斗渠配套建设，以红旗渠为主体的灌溉体系有效灌溉面积达到54万亩，彻底改善了林县人民靠天等雨的恶劣生存环境，结束了林县十年九旱、水贵如油的苦难历史。

二、工程介绍

红旗渠以浊漳河为源。渠首位于山西省平顺县石城镇侯壁断下。总干渠长为70.6 km，渠底宽为8 m，渠墙高为4.3 m，纵坡为1/8 000，设计最大流量为23 m^3/s，全部开凿在峰峦叠嶂的太行山腰，工程艰险。

红旗渠灌区共有干渠、分干渠10条，总长为304.1 km；支渠51条，总长为524.1 km；斗渠290条，总长为697.3 km；农渠4 281条，总长为2 488 km。沿渠兴建小型一、二类水库48座，塘堰346座，共有兴利库容2 381万 m^3，各种建筑物12 408座。其中，凿通隧洞211个，总长为53.7 km；架渡槽151个，总长为12.5 km，还修建了水电站和提水站。已成为“引、蓄、提、灌、排、电、景”成龙配套的大型体系。

红旗渠总干渠从分水岭分为三条干渠，第一干渠向西南，经姚村镇、城郊乡到合涧镇与英雄渠汇合，长为39.7 km，渠底宽为6.5 m，渠墙高为3.5 m，纵坡为1/5 000，设计加大流量为14 m^3/s灌溉面积为35.2万亩；第二干渠向东南，经姚村镇、河顺镇到横水镇马店村，全长为47.6 km，渠底宽为3.5 m，渠墙高为2.5 m，纵坡为1/2 000，设计加大流量为7.7 m^3/s，灌溉面积为11.6万亩；第三干渠向东到东岗乡东芦寨村，全长为10.9 km，渠底宽为2.5 m，渠墙高为2.2 m，纵坡为1/3 000，设计加大流量为3.3 m^3/s，灌溉面积为4.6万亩。

红旗渠解决了56.7万人和37万头家畜吃水问题，54万亩耕地得到灌溉，粮食亩产由红旗渠未修建初期的100 kg增加到1991年的476.3 kg。被林州人民称为“生命渠”“幸福渠”。全长为1 500 km的红旗渠，结束了林州十年九旱、水贵如油的苦难历史。

图3-17 红旗渠

三、重大意义

红旗渠被誉为“世界第八大奇迹”，它的建成结束了林县十年九旱、水贵如油的苦难历史，孕育了“自力更生，艰苦创业，团结协作，无私奉献”的红旗渠精神。直到今天仍然有着积极的社会意义(图3-17)。

红旗渠精神对培育大学生不畏艰难的锐意进取精神、无私奉献的集体主义精神和敢想敢做、实事求是的办事作风，以及对培育与践行社会主义核心价值做出巨大贡献。

项目小结

本项目的重点是灌溉渠道系统规划布置原则和方法、渠系建筑物类型和布置方法、田间工程规划设计方法、渠道各种特征流量的推算方法、渠道纵横断面设计方法。

思考与练习

一、思考题

1. 灌溉渠道系统规划布置原则有哪些？不同类型灌区干、支渠如何布置？

2. 灌溉渠道设计主要任务是什么？包括哪些内容？

3. 什么叫作渠道的设计流量、加大流量和最小流量？它们各有何用途？

4. 什么叫作渠道水利用系数、渠系水利用系数、田间水利用系数和灌溉水利用系数？它们之间的关系是什么？

5. 详述渠道输水损失水量的估算方法。

6. 详述渠道设计流量推算的步骤。

7. 续灌渠道与轮灌渠道设计流量的推算方法有什么区别？

8. 详述渠道纵横断面设计的原理和步骤。

二、练习题

1. 某渠系仅由两级渠道组成。上级渠道长 3 km，自渠尾分出两条下级渠道，两条下级渠道长度皆是 1.5 km，下级渠道净流量 $Q_{下净}=0.3\ m^3/s$。渠道沿线土壤透水性较强($K=2.65$，$m=0.45$)，地下水埋深为 4.5 m。

要求：(1)计算上级渠道的毛流量及渠系水利用系数。

(2)计算下级渠道的毛流量及渠道水利用系数。

2. 某干渠下有 3 条支渠全部实行续灌，如图 3-18 所示，干渠 OA 段长 2.5 km，AB 段长 2.0 km，BC 段长 1.5 km，支一毛流量为 $2.5\ m^3/s$，支二毛流量为 $2.0\ m^3/s$，支三毛流量为 $1.5\ m^3/s$，干渠沿线土壤透水性中等($K=1.9$，$m=0.4$)，地下水埋深介于 2.0～2.5 m。

要求：计算干渠各段的设计(毛)流量。

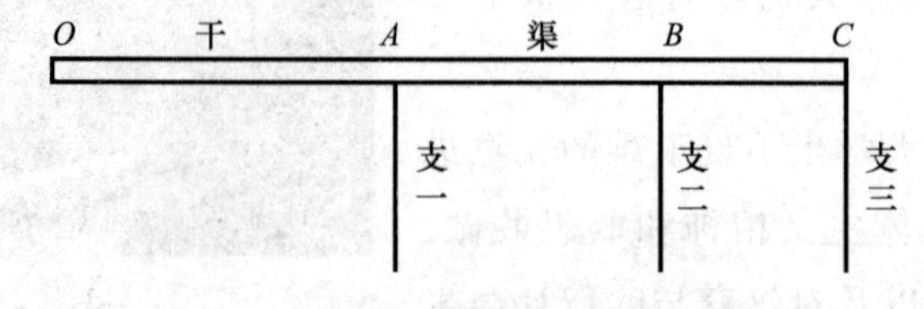

图 3-18 某干渠示意图

项目四

灌区排水工程规划设计

学习目标

通过学习掌握农田对排水的要求、农田排水沟深度和宽度的确定方法、农田排水沟的布置方法，能够进行排水沟道系统设计。深刻理解“节水优先、空间均衡、系统治理、两手发力”的治水思路。

学习任务

1. 分析农田对排水的要求及除涝、防渍和治碱标准。
2. 农田排水沟深度和宽度的确定方法，确定田间排水沟的深度和宽度。
3. 明沟排水系统和暗管排水系统的布置原则与布置形式，进行排水沟道系统的设计。
4. 拓展学习生态优先、节约集约、绿色低碳发展的理念。

任务一　认识农田排水系统

一、农田排水

农田排水系统是指排除农田中多余的地表水、地下水和土壤水的各级排水沟、管和泵站等建筑物的总称。农田排水是一种技术措施，旨在改善农业生产条件，提高农作物产量。在我国，农田排水具有悠久的历史，据《考工记·匠人》记载，大约 3 000 年前已采用井田沟洫制，即农田排水系统中的一种。

适宜的土壤水分是农作物正常生长的必要条件之一，无论是农田水分长期不足或长期淹水或地面长期积水，都会使土壤中的空气、养分、湿热状况变差，影响农作物的正常生长，甚至造成农作物萎蔫或窒息而死亡。因此，要使农作物具有良好的生长环境，获得较

高的农作物收成，不仅要重视解决灌溉防旱问题，而且要重视解决排水除涝、防渍的问题，做到灌排并重。

土壤水分过多或地面积水不仅对农作物带来较大危害，同时土壤水分过多，地下水水位及地下水矿化度过高，排水不良，也会引起土壤沼泽化和盐碱化。因此，排水问题也逐渐被人们所重视。我国华北地区尽管水资源非常短缺，需要采用节水灌溉的方法与技术，以提高水的利用效率，但同时也应该注意到，由于自然降雨在年际和年内分布极不均匀，丰水季节、丰水年份降雨次数较多，降雨强度较大，往往也会造成一定程度的涝、渍灾害。因此，在重视灌溉的同时，还必须使农田具有良好的排水条件。

二、农田排水的影响

土壤水分是土壤物理学的一个重要组成部分，而农田排水则是土壤水分管理的重要环节。农田排水会引起土壤性质的变化，使农作物的生长及地下水动态等方面受到影响。

(一)农田排水对土壤性质的影响

1. 改善土壤结构，排除有毒物质

首先，农田排水有助于改善土壤结构，提高通气性和保湿性，增加孔隙度，促进农作物根系生长和养分吸收；其次，排水还能减少土壤表面的积水，防止土壤压实和硬化，提高土壤疏松度和根系扩展能力，增强土壤的透水性和保水能力。此外，农田排水还有助于清除土壤中的盐分和有害物质，减少盐碱化程度，提高土地肥力。在我国的南方山区和丘陵区，因受冷水浸渍的水田导致农田土壤结构严重破坏，土粒高度分散，透气性差，大量还原物质难以排除，形成亚铁、锰离子和硫化氢等有害物质，这对农作物生长产生了极为不利的影响。这些物质对农作物的根系也具有一定的毒害作用。通过实施排水措施，可以将土壤中无机的和有机的还原性有毒物质随着水分一起排出，从而降低土壤的毒性。

2. 调整土壤温度，改善土壤微生物活性

农田排水使土壤含水率降低，土壤的温度得到改善，可有效提高地面温度，使土壤微生物的活性增强、种类和数量增多，达到改良土壤的作用。

3. 降低土壤含盐量，改善土壤盐碱化

实施排水措施，排除表层潜水，会增加潜水位的下降速度，加速耕作层土壤的脱盐过程，起到调节土壤水盐状况的作用。

(二)农田排水对农作物生长的影响

在易渍、易涝和易碱地区，农田排水是农作物生长发育的重要措施之一。通过排水调控农作物生长的水、土、气、热、肥等主要环境要素，并由此影响农作物各器官的生长发育状况，最终影响农作物的产量。

1. 农田排水对农作物根系生长的影响

农作物根系生长层要求具有适宜的土壤含水率。土壤含水率过高，土壤通透状况不良，根区有毒的酸碱物质难以得到排除，极易造成农作物根系生长发育迟缓，甚至出现烂根、

黑根的现象。农田排水可以改善农作物根系的生长环境，提高农作物的抗逆性和抗病能力，促进农作物的生长发育。

2. 农田排水对农作物植株生长及产量的影响

由于农田排水改善了农作物根区的通气状况，促进了根系生长发育，增加了农作物根系对土壤养分、水分的吸收，因此也促进了农作物植株的生长发育，进而促进其生殖器官的生长发育，提高农作物产量。此外，在相同的排水方式和排水规格条件下，排水对农作物产量的影响随农作物种类、水文气候条件而变。据广东省水利科学研究所试验资料，稻田实施排水后，增产幅度为2%～10%，且表现为早季稻比晚季稻增产幅度大，多雨年份比少雨年份增产显著，增产率达15%～20%。

(三)农田排水对地下水动态的影响

农田排水是控制和降低地下水水位的主要方法。在灌水量和降雨量较大的情况下，一部分水将透过土层补给地下水，引起地下水水位上升。在有排水措施的条件下，降雨或灌水入渗量的一部分将随排水沟排走，因而，地下水水位上升速度和上升高度将较无排水工程时为小，尤其是靠近排水沟附近，地下水水位上升高度最小。在降雨和灌水停止后，无排水措施农田的地下水水位主要依靠地下水的蒸发而缓慢回落，而有排水措施的农田，在蒸发和排水的双重作用下，地下水水位以较快的速度回落，相同时间内地下水的降深较无排水的降深大。

农作物的生长需有适宜的地下水埋深，以保证农作物生长必需的水、气、热等条件。旱作区与水稻种植区所要求的地下水埋深是不同的，相应的农田排水标准、排水方式各不相同。

三、农田排水系统的排水标准

农田排水系统排除的多余水分主要有地面水、土壤水、地下水三种，这三种水过量分别会引起涝灾、渍害、盐碱灾害等。

涝灾是由于降雨超渗部分在田间形成径流水层和低洼地汇集的地面积水引起的，排除涝水是农田排水的首要任务，这种排水称为除涝排水，又称排地面水。

渍害则由于雨后平原坡度较小的地区和低洼地，在排除地面积水以后，地下水水位过高，根系活动层土壤含水率太高，通气不良，有机质不能充分分解，农作物能够吸收的矿物质养分不足，而导致根系呼吸困难，甚至在缺氧情况下产生甲醇、硫化氢等有毒物质，甚至死亡，造成农作物减产，这种排水称为防渍排水。

降低地下水水位，使地下水蒸发强度变小，水分蒸发减少，使盐分更少地累积在土壤表层，减少土壤的盐渍化，这种情况的排水称为防止土壤盐碱化的排水。它与防渍排水是排除地下水的两种主要形式。

农田排水系统的排涝、排渍、防治土壤次生盐碱化排水标准如下。

1. 排除地面水的排涝标准

排涝标准的设计暴雨重现期应根据排水区的自然条件、涝灾的严重程度及影响大小等

因素，经技术经济论证确定，一般可采用 5～10 a。经济条件较好或有特殊要求的地区，可适当提高标准；经济条件目前尚差的地区，可分期达到标准。

设计暴雨历时和排除时间应根据排涝面积、地面坡度、植被条件、暴雨特性和暴雨量、河网和湖泊的调蓄情况，以及农作物耐淹水深和耐淹历时等条件。经论证确定，旱作区一般可采用 1～3 d 暴雨从农作物受淹起 1～3 d 排至田面无积水；水稻区一般可采用 1～3 d 暴雨 3～5 d 排至耐淹水深。具有调蓄容积的农田排水系统，可根据调蓄容积的大小采用较长历时的设计暴雨或一定间歇期的前后两次暴雨作为设计标准；排空调蓄容积的时间，可根据当地暴雨特性，统计分析两次暴雨的间歇天数确定，一般可采用 7～15 d。各地区设计的排涝标准见表 4-1。

表 4-1　各地区设计的排涝标准

地区	设计暴雨重现期/a	设计暴雨历时和排除时间
上海郊县(区)	10～20	1 d 暴雨(200 mm)1～2 d 排出(蔬菜：当日暴雨当日排出)
江苏水网圩区	10 以上	1 d 暴雨(200～250 mm)，雨后 2 d 排出
天津郊县(区)	10	1 d 暴雨(130～150 mm)，2 d 排出
浙江杭嘉湖地区	10	1 d 暴雨，2 d 排出，3 d 暴雨(270 mm)，4 d 排至农作物耐淹深度
湖北平原地区	10	1 d 暴雨(190～210 mm)，3 d 排至农作物耐淹深度
湖南洞庭湖区	10	3 d 暴雨(200～280 mm)，3 d 排至农作物耐淹深度
广东珠江三角洲	10	1 d 暴雨，4 d 排至农作物耐淹深度
广西平原区	10	1 d 暴雨，3 d 排至农作物耐淹深度
陕西东方红抽水灌区	10	1 d 暴雨，1 d 排出
辽宁中部平原区	5～10	3 d 暴雨(150～220 mm)3 d 排至农作物耐淹深度
吉林丰满以下第二松花江流域	5～10	1 d 暴雨(118 mm)，1～2 d 排出
黑龙江三江平原	5～10	1 d 暴雨，2 d 排出
安徽巢湖、芜湖、安庆地区	5～10	3 d 暴雨(190～260 mm)，3 d 排至农作物耐淹深度
福建闽江、九龙江下游地区	5～10	3 d 暴雨，3 d 排至农作物耐淹深度
江西鄱阳湖区	5～10	3 d 暴雨，3～5 d 排至农作物耐淹深度
河北白洋淀地区	5	1 d 暴雨(114 mm)，3 d 排出
河南安阳、信阳地区	3～5	3 d 暴雨(140～175 mm)，旱作区雨后 1～2 d 排出

农作物的耐淹水深和耐淹历时应根据当地或邻近地区有关试验或调查资料分析确定。当无试验或调查资料时，可按表 4-2 选取。

表 4-2　几种主要农作物的耐淹水深和耐淹历时

农作物	生育阶段	耐淹水深/cm	耐淹历时/d
小麦	拔节—成熟	5～10	1～2
棉花	开花、结铃	5～10	1～2

续表

农作物	生育阶段	耐淹水深/cm	耐淹历时/d
玉米	抽穗	8～12	1～1.5
	灌浆	8～12	1.5～2
	成熟	10～15	2～3
甘薯	—	7～10	2～3
春谷	孕穗	10～15	1～2
	成熟	10～15	2～3
大豆	开花	7～10	2～3
高粱	孕穗	10～15	5～7
	灌浆	15～20	6～10
	成熟	15～20	10～20
水稻	返青	3～5	1～2
	分蘖	6～10	2～3
	拔节	15～25	4～6
	孕穗	20～25	4～6
	成熟	30～35	4～6

2. 降低地下水水位的排渍标准

设计排渍深度、耐渍深度、耐渍时间和水稻田适宜日渗漏量，应根据当地邻近地区农作物试验或种植经验调查资料分析确定。当无试验资料或调查资料时，旱田设计排渍深度可取0.8～1.3 m，水稻田设计排渍深度可取0.4～0.6 m；旱作物耐渍深度可取0.3～0.6 m，耐渍时间为3～4 d。水稻田适宜日渗漏量可取2～8 mm/d(黏土取较小值，砂壤土取较大值)。

有渍害的旱作区，农作物生长期地下水水位应以设计排渍深度作为控制标准，但在设计暴雨形成的地面水排除后，应在旱作物耐渍时间内将地下水水位降至耐渍深度。水稻区应能在晒田期内3～5 d将地下水水位降至设计排渍深度。土壤渗漏量过小的水稻田，应采取地下水排水措施使其淹水期的渗漏量达到适宜标准。

适用于使用农业机械作业的设计排渍深度，应根据各地区农业机械耕作的具体要求确定，一般可采用0.6～0.8 m。

设计排渍模数应采用当地或邻近地区的实测资料确定。无实测资料时，可采用下式计算：

$$q_h = \frac{10^3 \mu H}{86.4T} \tag{4-1}$$

式中　q_h——设计排渍模数[$m^3/(s \cdot km^2)$]；

μ——土壤给水度(释放水量与土壤体积的比值)；

H——地下水水位设计降低深度(m)；

T——排渍历时(d)。

3. 改良盐碱土或防治土壤次生盐碱化的排水标准

在改良盐碱土和防治土壤次生盐碱化的排水标准中，除执行以上的排涝、排渍标准外，

还必须要求在返盐季节前将地下水水位控制在临界深度以下，从而达到改良和防治土壤次生盐碱化的目的。地下水水位临界深度是指为了保证不致引起耕作层土壤盐碱化所要求保持的地下水最小埋藏深度。控制地下水水位的临界深度主要与当地土壤性质、地下水矿化度及农作物根系活动层深度等因素有关。在返盐季节前将地下水水位控制在临界深度以下，地下水水位临界深度应根据各地区试验或调查资料确定。当无试验或调查资料时，可按表 4-3 所列数值选用。

表 4-3　地下水水位临界深度值　　m

地下水矿化度/(g・L^{-1})	<2	2～5	5～10	>10
砂壤土、轻壤土	1.8～2.1	2.1～2.3	2.3～2.6	2.6～2.8
中壤土	1.5～1.7	1.7～1.9	1.8～2.0	2.0～2.2
重壤土、黏土	1.0～1.2	1.1～1.3	1.2～1.4	1.3～1.5

四、农田排水系统

(一)认识农田排水系统

农田排水系统主要由各级排水沟道和附属建筑物组成，用来完成农田的排涝、排渍、防治土壤盐碱化等各种排水任务。农田排水系统通常可分为干、支、斗、农四级，视治理区面积的大小也可增减级数。其中，起输水作用的干级、支级宜选用明沟，斗级以下的田间排水系统应视涝、渍、盐碱的灾害成因和排水任务，因地制宜地选取排水沟、暗管、排水建筑物、鼠道、竖井等单项排水措施或不同排水措施结合的组合排水措施。

(二)农田排水系统组成

农田排水系统包括骨干排水系统和田间排水系统。田间排水系统是基础部分，是末级固定沟渠控制范围内的田间沟网或暗管系统，其包括农沟、毛沟及输水垄沟或田间排水管、临时排水沟洫组成的排水配套工程。部分田间排水系统只含有其中一项或几项排水配套工程，如图 4-1 所示。

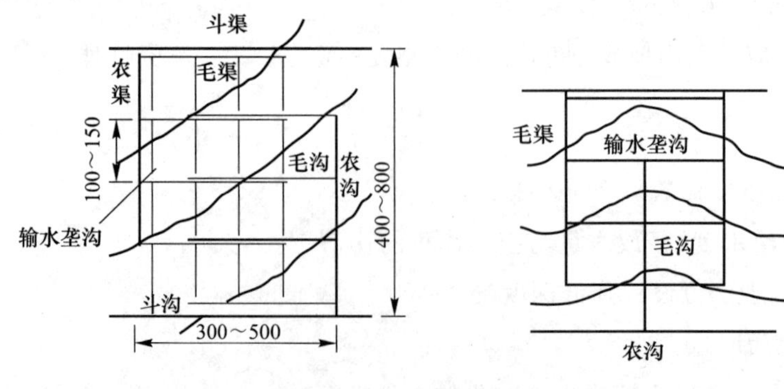

图 4-1　田间排水系统

农田排水沟是农田水利工程中的重要组成部分，它的布置合理与否直接影响到农田的排水效果和农作物的生长发育。下面将从农田排水沟的布置原则、布置方法和布置注意事项三个方面进行介绍。

1. 布置原则

(1)布置合理：农田排水沟的布置应根据农田地势、土壤类型、降雨情况等因素进行合理布置，以确保农田排水沟的通畅和排水效果的最大化。

(2)疏导畅通：农田排水沟的布置应遵循疏导畅通的原则，即农田排水沟的走向应与农田地势相适应，保证排水沟的水流畅通，避免积水和淤塞。

(3)分层分区：根据农田的不同需求，可以将农田划分为不同的排水区域，每个区域设置相应的排水沟，以便根据需要进行独立排水。

(4)综合利用：农田排水沟的布置应充分考虑综合利用的原则，可以将排水沟与灌溉渠道、鱼塘等结合起来，实现水资源的综合利用。

2. 布置方法

(1)主排水沟布置：主排水沟是农田排水系统的主要组成部分，它负责将农田内的积水引导到主排水渠或排水河流中。主排水沟的布置应遵循地势高低的原则，即主排水沟的走向应与农田地势相适应，保证水流畅通。

(2)支排水沟布置：支排水沟是农田排水系统的辅助组成部分，它负责将农田内的积水引导到主排水沟中。支排水沟的布置应根据农田的大小和形状进行合理布置，以确保排水效果的最大化。

(3)横向、斜坡排水沟布置：横向、斜坡排水沟是农田排水系统的重要组成部分，它负责将农田内的积水引导到主排水沟或支排水沟中。横向、斜坡排水沟的布置应根据农田的大小和形状进行合理布置，以确保排水效果的最大化。

3. 布置注意事项

(1)农田排水沟的宽度和深度应根据农田的大小和排水需求进行合理确定，一般来说，排水沟的宽度应在 0.5 m 以上，深度应在 0.3 m 以上。

(2)农田排水沟的坡度应根据农田的地势和排水需求进行合理确定，一般来说，排水沟的坡度应为 0.2%～0.5%。

(3)农田排水沟的底部应保持平整，以确保水流畅通，避免积水和淤塞。

(4)农田排水沟的两侧应保持坡度，以防止土壤侵蚀和排水沟的坍塌。

(5)农田排水沟的出口应设置过滤设施，以防止杂物和泥沙进入排水沟，影响排水效果。

(6)农田排水沟应定期进行维护和清理，以保证其通畅和排水效果的最大化。

综上所述，农田排水沟的布置应根据农田的地势、土壤类型、降雨情况等因素进行合理布置，并应遵循疏导畅通、分层分区、综合利用的原则。在布置过程中，还应注意农田排水沟的宽度、深度、坡度、底部平整度、两侧坡度、出口过滤设施等方面的要求，定期

进行维护和清理，以保证其的正常运行。地形复杂地区可因地制宜布设。农田排水工程规格标准：一般按照大、中、小3级排水沟设置，大沟控制面积为10～50 km^2，中沟控制面积为1～10 km^2，小沟控制面积为0.1～1 km^2；大沟间距为2.0～3.0 km，中沟间距为500～800 m，小沟间距为150～250 m。对于砂姜黑土地区可以取偏下限，对于低洼排水不畅地区或再增加一级排水农沟。

任务二　选取农田排水方式

一、农田排水系统的排水种类与标准

按照多余水分存在的位置不同，可以将农田排水系统分为地上排水系统和地下排水系统。按照排水方式的不同，农田排水方式一般可分为水平排水、垂直排水两种。水平排水主要是指明沟排水和暗管排水；垂直排水也称竖井排水，若将灌溉与排水结合起来，又称为井灌井排。

(一)水平排水

1. 明沟排水

明沟排水是指利用明沟或沟槽将多余的灌溉水、雨水或地下水排除的排水方式。通过开挖成一定深度的沟槽，将水引入沟槽中，再通过排水沟将水排出。明沟排水系统的设置应与灌溉渠道系统相对应，可依干沟、支沟、斗沟、农沟顺序设置固定沟道。根据排水区的形状和面积大小及负担的任务，沟道的级数也可适当增减。在灌溉区域，由于灌溉水过多或雨水过量，可能会导致地面积水，影响农作物的生长和产量。因此，设置明沟排水系统可以将多余的水排除，保持地面干燥，有利于农作物的生长。

明沟排水系统在灌溉排水系统中具有重要的作用，它不仅可以排除多余的水，还可以控制地下水水位，防止土壤盐碱化和沼泽化。同时，明沟排水还可以防止水患的发生，保障农业生产和农民生活的安全。

在设计明沟排水系统时，需要根据农田排水沟的排水任务、农作物的品种与种类、土壤结构与质地等实际情况选择排水沟间距、深度的尺寸，并应注意防止污染和堵塞的发生。同时，在使用过程中需要定期清理和维护明沟，保持其畅通和卫生。

排水明沟的布置形式和线路选择应符合下列要求：

(1)排水明沟应结合灌溉渠系和田间道路进行布置，在地形平坦的地区宜采用与灌溉渠道相同的双向排水形式；在倾斜平原地区宜采用与灌溉渠道相邻的单向排水形式。在轻质土地区，相邻的渠、沟之间宜布置道路或林带；有机械清淤要求时，宜采用路、沟相邻的布置形式。

(2)各级排水明沟应根据治理区的地形条件，按照高水高排、低水低排、就近排泄、力争自流的原则和以下规定选择线路：

1)各级排水明沟原则上应沿低洼积水线布设，并尽量利用天然河沟。

2)支沟与干沟，干沟与天然河流之间宜呈锐角相连接，支沟、斗沟、农沟宜相互垂直连接。

3)各级排水明沟的线路应选取在有利沟坡稳定的土质地带，若必须通过不稳定土质地带时，应提出沟坡防塌措施。其中，斗沟、农沟宜采用简易防塌处理或改用其他排水措施。

4)当地形坡度大于0.5%时，末级固定沟宜大体上沿地形等高线布设。

明沟排水的特点：排水速度快(尤其是排地面水)、排水效果好，但排水工程量大、地面建筑物多、占地面积大、沟坡易坍塌且不易保持稳定，同时，不利于交通和机械化耕作等。

总之，灌溉排水系统中的明沟排水系统是一种实用的排水方式，适用于多种灌溉场合和条件。在使用过程中需要注意其特点及适用范围，合理设计和施工以保证其效果与安全性。

2. 暗管排水

暗管排水是一种利用地下管道进行排水的方式，也称为地下排水或隐蔽工程排水，如图4-2所示。它与明沟排水不同，暗管排水将管道埋设在地下一定深度，通过管道内部的孔隙或缝隙将多余的水分排出。田间暗管排水工程一般由吸水管、集水管(沟)、附属建筑物和排水出路组成，应符合下列要求：

(1)吸水管应具有良好的吸聚地下水流和输水能力；集水管(沟)应能及时汇集并排泄吸水管的来水。

(2)田间暗管排水工程应视其具体情况，设置检查井、暗管口门和集水井等附属建筑物。

(3)田间暗管排水工程的排水出路通常为明沟系统，应保证其排水通畅和沟道稳定。构成暗管排水系统时的排水出路应符合《农田排水工程技术规范》(SL/T 4—2020)的规定。

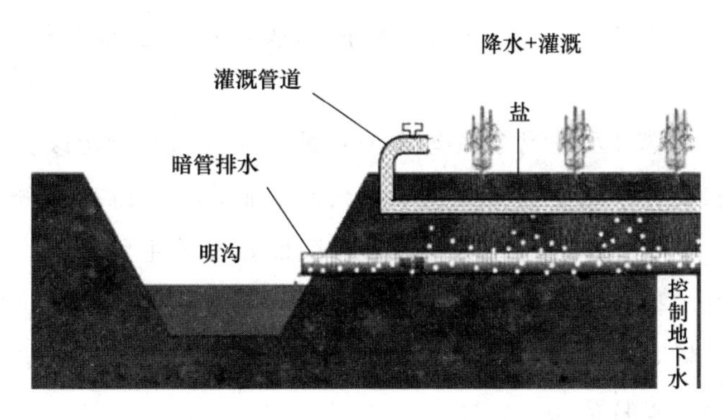

图4-2 明沟、暗管排水示意

暗管排水系统的组成、分级与管道的类型、规格等，应根据排水规模、排水要求、地形、土质、管材、滤料和施工条件等因素，经技术经济比较确定。暗管排水系统的管道一般采用塑料或混凝土等材料制成。这些管道被埋设在地下一定深度，通常在灌溉渠道或农田边缘。暗管排水系统的入口通常与灌溉渠道相连，以收集多余的水分。近几十年来，暗管排水系统施工、材料、装备等方面的方法理论、技术都有发展，推动了暗管排水事业的进步。暗管系统施工方法有 3 种，即人工施工法、人工结合机械施工法和全机械化施工法。人工施工法虽劳动强度大、工具简陋、作业环境恶劣且效率低下，但仍应用在暗管埋深浅、面积小和机器难以施展的条件下。如果施工面积小、大型专用装备难以进入、购买装备不划算或无法就近租赁装备，则宜采用人工结合机械施工法。而暗管系统大面积施工必须依靠专业团队，采用机械化施工设备，提高生产效率和降低施工成本。农田暗管专用铺管机将波纹塑料管道高效铺入管沟，质量控制几近完美。尤其是 20 世纪 70 年代后开发的无沟铺管机，无须挖沟就能机械化铺设好管道，简化作业工序，降低施工难度和成本，提高质量和速度，特别适合铺设埋深较浅的预包滤料暗管。

暗管排水系统的实施分项目论证、项目技术组织管理与施工、项目移交及运行与维护为 4 个阶段。其中，开沟铺管施工方法分为 8 个基本步骤，即开工前准备材料和设备，施工人员就位和土地平整；依据施工要求和现场条件进行开沟作业；开沟直线度和坡降控制；若使用砂砾滤料，首先覆盖底砂；铺设暗管(陶管、水泥管、波纹塑料管等)；若使用砂砾滤料，铺管后裹砂；回填与压实；现场清理。

在设计和施工暗管排水系统时，需要考虑土壤类型、地形、气候和水文条件等因素。通常需要精确的测量和计算，以确保管道的位置和深度能够达到预期的效果。同时，还需要采取必要的防渗和防淤措施，以保证管道的长期使用和维护。

暗管排水的优点在于它能够有效地排除多余的水分，同时不会影响地面的正常活动。由于管道埋设在地下，也不会影响农田的耕作和机械作业。此外，暗管排水还能够控制地下水水位，防止土壤盐碱化和沼泽化，有利于改善土壤理化性质和作物生长。暗管排水的缺点是安装成本较高、维护难、堵塞风险高。在大多数情况下，暗管和明沟是配合布设的，有的将农沟修成明沟，末级沟道修成暗管；也有的部分修成明沟，部分修成暗管。

在诸多方法中，暗管排水是当今最有效的大面积排水和盐渍土改良方案，其应用成本适中，对耕作方法和现有基础设施影响较小，只要实施合理，维护十分简便。我国盐渍土地数量大、分布广、类型多，既是当前宜农未利用地开发的主要来源，也是中低产田的主要类型之一，其开发、利用与治理集水、土、生态问题于一体。因此，科学治理和利用盐渍土地，尤其对于新疆等干旱区、半干旱区是一项重要的民生工程、水土资源保障工程和生态工程，具有重要的战略意义。

(二)垂直排水

垂直排水是指利用地面向下垂直开挖的排水管道将地下水水位降低的排水方式。它通常采用管井或井筒等结构形式，通过水泵或其他抽水设备将地下水抽出，使其低于地下水水位，从而降低地下水水位。垂直排水主要是指竖井排水，也称立井排水，如图 4-3 所示。

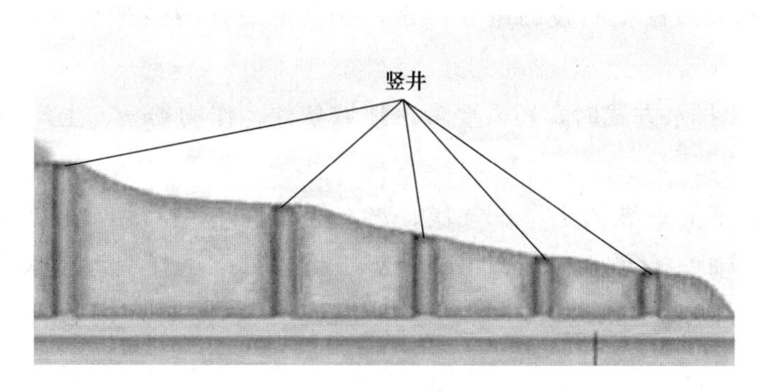

图 4-3　竖井排水示意

竖井排水系统主要由井筒、水泵、水管等组成。井筒是竖井排水系统的核心部件，它通常采用钢筋混凝土或塑料等材料制成，具有较高的强度和耐久性。水泵是用来抽出地下水的设备，它可以根据需要选择不同的型号和功率。水管则是用来连接水泵和井筒的管道，通常采用塑料或金属材料制成。

竖井排水系统的优点在于它能够有效地降低地下水水位，从而防止土壤盐碱化和沼泽化。同时，还能够防止地下水过多而引起的地面沉降和塌陷等问题；竖井排水的缺点是通常需要较大的初期投资，建设和维护成本较高，运行管理需要一定的专业技能和经验，如果管理不当，容易导致系统失效或排水效果不佳，在地质条件复杂或地下水水位较高的地区设计和施工可能会面临一些挑战。

在设计和施工竖井排水系统时，需要考虑地质条件、地下水水位、灌溉需求等因素。通常需要精确的测量和计算，以确保井筒的位置和深度能够达到预期的效果。同时，还需要采取必要的防淤措施，以保证井筒的长期使用和维护。

总之，竖井排水能够有效地降低地下水水位，提高灌溉效率和质量，同时，还可以为农田灌溉提供稳定的水源。在使用过程中需要注意其优点缺点及适用范围，合理设计和施工以保证其效果和安全性。

二、农田排水方式的选取

在选取农田排水方式时，需要考虑以下因素：

(1)组合排水应根据治理要求和具体条件选用，并应符合下列要求：

1)在涝、渍、盐碱兼治的地区，可根据土质、地形、治理要求及技术经济等条件，选用明沟与暗管相结合的排水系统，其布设应有利于综合治理。

2)在旱、涝、盐碱兼治且利用浅层淡水灌溉的地区，可采用井灌井排与明沟相结合的排水系统进行综合治理。当有地面灌水或降雨入渗补给条件的浅层微咸水和半咸水地区，

也可采用明沟与竖井结合，利用竖井抽水灌溉，或经淡化后灌溉，或将不宜利用的咸水排出区外。

3)在黏质土地区采用暗管排水治理渍害时，可在田间增设临时性的浅明沟、鼠道或线缝沟，构成深浅相同或相交布设的组合排水，并宜辅助以增强排水效果的松土、改土等措施。

(2)在选取农田排水方式时，还需要考虑地域条件、作物类型、生产条件、经济投入、维护难度等因素。

1)地域条件：不同地域的土壤、气候、水文等条件不同，需要根据实际情况选择适合的排水方式。例如，在平原地区，由于地势平坦，可以选择明沟排水或暗管排水等方式进行排水；在山区或丘陵地区，由于地势起伏较大，需要采用暗管排水等方式进行排水。

2)作物类型：不同作物的耐水性、生长习性等不同，需要根据作物类型选择适合的排水方式。例如，对于小麦等需要排水较快的作物，可以选择明沟排水等方式进行排水；对于水稻等需要长期淹水的作物，需要采用暗管排水等方式进行排水。

3)生产条件：不同的生产条件对排水方式的要求也不同。例如，在现代化农业中，由于需要保护作物根系和提高土地利用率，通常采用暗管排水等方式进行排水。

4)经济投入：不同的排水方式需要的投入也不同，需要根据经济条件选择适合的排水方式。例如，对于一些经济条件较差的地区或种植户，可以选择明沟排水等方式进行排水，以节省投入成本。

5)维护难度：需要考虑排水设施的维护难度和成本。明沟排水系统容易观察和维护，但可能会受到杂物堵塞；暗管排水系统则难以观察和维护，需要专业人员进行处理。

选取农田排水方式时需要综合考虑以上因素，选取最适合的排水方式。同时，需要注意排水设施的规划和管理，确保其能够满足农田排水的需求并达到经济、实用和美观的效果。

任务三　排水沟道系统规划设计

一、排水沟道系统组成

排水沟道系统一般包括三个部分：排水区内的田间排水沟系和蓄水设施(如湖泊、河沟、坑塘等)；排水区外的承泄区；排水枢纽工程(如排水闸、抽水站等)，如图 4-4 所示。

排水沟道系统可分为干、支、斗、农 4 级沟道。某一地区或灌区的排水沟道系统采用哪级合适，主要由灌区面积、灌区地形、流域防洪除涝规划所决定。干、支、斗 3 级排水沟属于输水系统(称固定沟道)。农沟及其以下的沟道属于田间排水系统(称临时沟道)。承泄区多为天然湖泊、河网、洼地，也有人工兴建的承泄区。

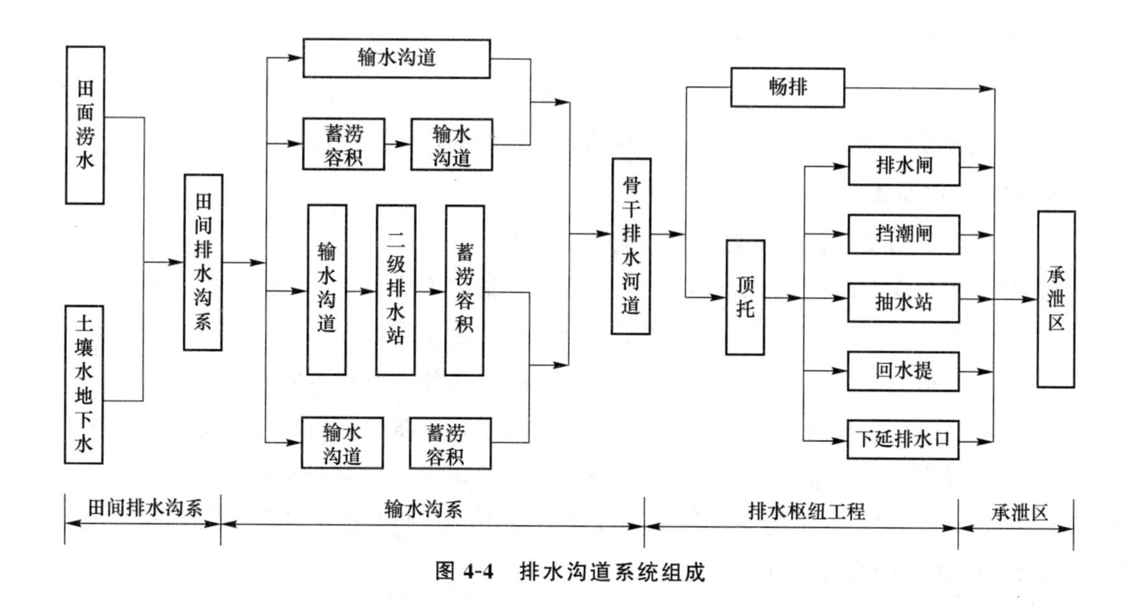

图 4-4　排水沟道系统组成

(一)排水地区(包括灌区)的涝渍成因

排水地区(包括灌区)的涝渍成因包括当地暴雨形成的地面径流；以地面径流的形式流入本地区的外来水，以地下径流形式流入本地区的外来水；灌区灌溉多余水量及盐碱土冲洗水量等(图 4-5)。

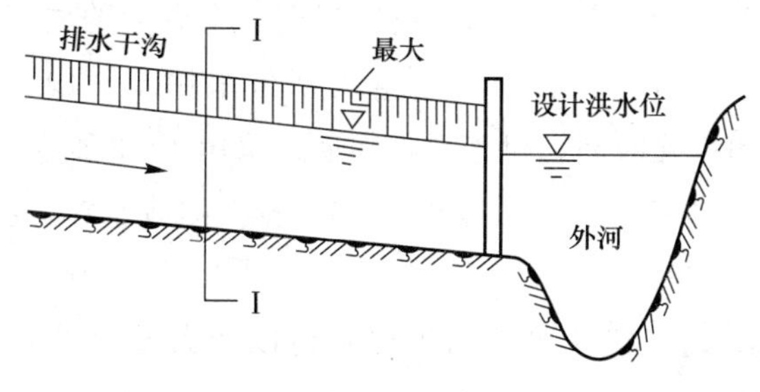

图 4-5　排水干沟

造成排水不良的原因如下：

(1)属于承泄区和排水出口方面原因：水位差；出水口较小；排水泵站装机容量不足。

(2)属于排水区内部原因：地形平坦；土壤透水性差；系统不配套或工程老化；排水沟道阻塞或沟深间距不达标准；管理方面的问题排水管理体制不合理。

(二)排水沟道系统的规划

1. 排水沟道规划主要内容

排水沟道规划的主要内容包括布置防洪堤线；划分排水片；选择排水承泄区；规划布置排水系统；协调各地区、各单位之间的排水要求和预估排水效果；编制除涝排水系统的费用概算，进行方案比较。

2. 排水方式

排水方式主要有汛期排水和日常排水汛期排水；自流排水和抽水排水；水平(沟道)排水和垂直(或竖井)排水；地面截流沟(有些地区称撇洪沟)和地下截流沟排水。

3. 排水沟的布置

(1)各级排水沟要布置在各自控制范围的最低处。

(2)尽量做到高水高排，低水低排，自排为主，抽排为辅。

(3)干沟出口应选择在承泄区水位较低和河床比较稳定的地方。

(4)下级沟道的布置应为上级沟道创造良好的排水条件，使其不发生壅水。

(5)各级沟道要与灌溉渠系的布置、土地利用规划、道路网、林带和行政区划等协调。

(6)工程费用小，排水安全及时，便于管理。例如，干沟尽可能布置成直线，但当利用天然河流作为干沟时，就不能要求过于直线化。另外，排水沟还应避开土质差的地带，同时，也不给居民区的交通设施带来危害等。

(7)在有外水入侵的排水区或灌区，应布置截流沟或撇洪沟，将外来地面水和地下水引入排水沟或直接排入承泄区。

二、除涝设计标准和排涝设计流量

除涝设计标准一般采用某一设计频率(或重现期)的几日暴雨在几日内排除，使农作物不受淹来表示，它包括重现期、暴雨历时和排除时间三个方面的内容。根据《灌溉与排水工程设计标准》(GB 50288—2018)，设计暴雨重现期可采用 5～10 a 一遇，相应的频率为 10%～20%；暴雨历时和排除时间，对于旱作物通常采用 1～3 d 暴雨从作物受淹起 1～3 d 排至田面无积水，水稻区可采用 1～3 d 暴雨 3～5 d 排至耐淹水深，牧草区可采用 1～3 d 暴雨 5～7 d 排至耐淹水深。

经济条件较好的地区或有特殊要求的粮棉基地以及大城市的郊区，可适当提高标准；经济条件较差的地区。可适当降低标准或采用分期提高的方法。我国部分省市的除涝设计标准见表 4-4。

表 4-4　我国部分地区除涝标准

省市	地区	设计重现期/a	设计暴雨和排涝天数
广东	珠江三角洲	10	1 d 暴雨 2 d 排至农作物耐淹水深
广西		10	1 d 暴雨 3 d 排至农作物耐淹水深
湖南	洞庭湖地区	10	3 d 暴雨 3 d 排至农作物耐淹水深
湖北	平原湖区	10	3 d 暴雨 5 d 排至农作物耐淹水深或 1 d 暴雨 3 d 排至农作物耐淹水深
江西	鄱阳湖地区	5～10	3 d 暴雨 3～5 d 排至农作物耐淹水深
安徽	巢湖、芜湖地区	5～10	3 d 暴雨 3 d 排至农作物耐淹水深
江苏	水网圩区	5～10	日雨量 150～200 mm 2 d 排出(即雨后 1 d 排出)，已达到此标准的可提高到日雨量 200～250 mm 2 d 排出

续表

省市	地区	设计重现期/a	设计暴雨和排涝天数
浙江	杭嘉湖地区	5～20	3 d 暴雨 4 d 排至农作物耐淹水深或 1 d 暴雨 2 d 排至农作物耐淹水深
上海	郊县	10～20	1 d 暴雨 200 mm，1～2 d 排出，蔬菜当天暴雨当天排出。
福建		5～10	3 d 暴雨 3 d 排至农作物耐淹水深
河南	豫东地区	3～5	3 d 暴雨，旱作地区雨后 1～2 d 排出
河北	白洋淀地区	5	1 d 暴雨 3 d 排出
辽宁	平原区	10	3 d 暴雨旱作物 3 d 排干，水稻 5 d 排至适宜水深
黑龙江	三江平原	5～10	1 d 暴雨 3 d 排出
天津		5～10	1 d 暴雨 2 d 排出

(一)排涝设计流量计算

排涝设计流量一般多采用暴雨资料进行推求。常用的计算方法有经验公式法和平均排除法。

1. 地区排涝模数经验公式法

单位排涝面积上的最大排涝流量称为排涝模数，单位为 $m^3/(s \cdot km^2)$。在计算排涝设计流量时，一般是先求得除涝设计标准下的排涝模数，然后再乘以排水沟控制断面以上的排涝面积 F，即可求得该排水沟控制的排涝设计流量 Q，即 $Q=qF$。因此，排涝模数是排水系统设计的重要数据，同时，也是衡量排涝能力的技术指标。

计算步骤：确定设计暴雨 P；计算设计净雨深 R；用经验公式计算排涝模数 q；计算排涝设计流量 Q。

(1)确定设计暴雨量 P。

$$R=P-h_1-f-E$$

式中 R——设计净雨深(mm)；

P——设计暴雨量(mm)；

h_1——稻田的滞蓄水深(mm)；与暴雨发生时间、水稻的类别和品种、生长期及耐淹历时有关，根据当地试验和调查资料确定，一般采用水稻允许淹水深与降雨前田面水深的差值；

f——设计排涝历时 T 内的稻田渗漏量(mm)，$f=KT$，K 为渗漏强度(mm/d)，见表 4-5；

E——设计排涝历时 T 内的稻田腾发量(mm)。

表 4-5　渗漏强度 K 值　　mm/d

土质	砂土、重砂壤土	中粉质壤土	中壤土	砂(粉)质黏土	黏土
K	5～8	3.5～5	2.5～3.5	1.5～2.5	0.8～1.5

(2)计算设计净雨深 R。

1)水田地区。采用暴雨扣损法，计算公式如下：

$$R=P-h_{田滞}-E \tag{4-2}$$

式中 P——设计暴雨量(mm)；

$h_{田滞}$——水田滞蓄水深，$h_{田滞}=h_p-h_0$；

h_p——雨后最大允许蓄水深度(mm)；

h_0——雨前正常水深，可取 $h_0=\dfrac{h_{\min}+h_{\max}}{2}$；

E——排水期间水田耗水量(mm)。

2)旱田地区。其计算公式如下：

$$R=\alpha P \tag{4-3}$$

式中 α——径流系数。

R——设计净雨深(mm)；

P——设计暴雨量(mm)。

3)有水田也有旱田。分别计算 $R_水$、$R_旱$，然后加权平均。

$$R=\frac{R_水 F_水+R_旱 F_旱}{F} \tag{4-4}$$

式中 $F_水$、$F_旱$、F——水田面积、旱地面积、水旱地总面积；

$R_水$、$R_旱$——水田和旱地的设计净雨深(mm)。

(3)计算排涝模数 q。

$$q=KR^m F^n \tag{4-5}$$

式中 R——设计净雨深(mm)；

K——综合系数，反映沟网配套程度、排水沟坡度、降雨历时及流域形状等因素的综合系数，根据实测确定；

m——峰量指数，反映暴雨径流量洪峰数值与洪量关系，根据实测确定；

n——递减指数，反映排涝面积，由实地测定确定。

部分地区排涝模数经验公式中参数的参考值见表 4-6。

表 4-6 部分地区排涝模数经验公式中参数的参考值

<table>
<tr><th colspan="3">地区</th><th>适用排涝面积/km²</th><th>K</th><th>m</th><th>n</th><th>设计暴雨历时/d</th></tr>
<tr><td colspan="3">安徽省淮北平原地区</td><td>500～5 000</td><td>0.026</td><td>1.00</td><td>−0.25</td><td>3</td></tr>
<tr><td colspan="3">河南豫东及颍河平原区</td><td></td><td>0.030</td><td>1.00</td><td></td><td>1</td></tr>
<tr><td rowspan="3">山东省</td><td colspan="2">徒骇河地区</td><td></td><td>0.034</td><td>1.00</td><td>−0.25</td><td></td></tr>
<tr><td rowspan="2">沂沭泗地区</td><td>湖西地区</td><td>2 000～7 000</td><td>0.031</td><td>1.00</td><td>−0.25</td><td></td></tr>
<tr><td>邳苍地区</td><td>100～500</td><td>0.031</td><td>1.00</td><td>−0.25</td><td>3</td></tr>
</table>

续表

地区		适用排涝面积/km^2	K	m	n	设计暴雨历时/d
河北省	黑龙港地区	>1 500	0.058	0.92	−0.33	1
		200～1 500	0.058	0.92	−0.25	3
	平原区	30～1 000	0.040	0.92	−0.33	3
辽宁省中部平原地区			0.012 7	0.93	−0.176	3
山西省太原平原区			0.031	0.82	−0.25	
江苏省苏北平原区		10～100	0.025 6	1.00	−0.18	3
		100～600	0.033 5	1.00	−0.24	3
		600～6 000	0.049 0	1.00	−0.35	3
湖北省平原湖区		⩽500	0.013 5	1.00	−0.201	3
		>500	0.017 0	1.00	−0.238	3

(4)计算排涝设计流量。

$$Q=qF \tag{4-6}$$

适用于地区性骨干排涝河道。

2. 平均排除法

(1)旱地排涝模数平均排除法的计算公式如下：

$$q_d=\frac{R}{86.4t} \tag{4-7}$$

或

$$Q=\frac{RF}{86.4t} \tag{4-8}$$

式中 q_d——旱地排涝模数[$m^3/(s \cdot km^2)$]；

t——排水时间(h)，可采用旱作物的耐淹历时，一般自排 $t=24$ h，抽排 $t=20 \sim 22$ h。

(2)水田排涝模数平均排除法的计算公式如下：

$$q_w=\frac{P-h_w-E_w-S}{86.4t} \tag{4-9}$$

式中 q_w——水田排涝模数[$m^3/(s \cdot km^2)$]；

P——设计暴雨量(mm)；

h_w——水田滞蓄水深(mm)；

E_w——排涝时间内的水田腾发总量(mm)；

S——排涝时间内的水田渗漏总量(mm)；

t——排水时间(d)，可采用水稻的耐淹历时。

(3)旱地和水田的综合排涝模数计算公式如下：

$$q_1=\frac{q_dF_d+q_wF_w}{F_d+F_w} \tag{4-10}$$

式中 F_d——设计排涝面积中的旱地面积(km^2)；

F_w——设计排涝面积中的水田面积(km^2)；

式中，其他符号意义同前。

【例】 已知淮北平原地区，$F=20\ \text{km}^2$，水田、旱田及沟塘面积分别为 $10\ \text{km}^2$、$8\ \text{km}^2$、$2\ \text{km}^2$，稻田耗水 $e=4.5\ \text{mm/d}$，稻田滞蓄 25 mm，沟水面蒸发，沟滞蓄 480 mm。排涝标准为日雨量 200 mm 2 d 排出。求 Q、q。

【解】 (1)计算 R。

1)计算 $R_{旱}$。

$$R_{旱}=P+P_a-b$$

$$P_a=\alpha I_m=0.6\times 90=54(\text{mm}),\ b=116\ \text{mm}(根据水文手册)$$

$$R_{旱}=200+54-116=138(\text{mm})$$

2)计算 $R_{水}$。

$$R_{水}=P-h_{田滞}-et=200-25-4.5\times 2=166(\text{mm})$$

3)计算 $R_{沟}$。

$$R_{沟}=P-h_{沟滞}-e_0T=200-480-3\times 2=-286(\text{mm})$$

$$R=\frac{R_{水}F_{水}+R_{旱}F_{旱}+R_{沟}F_{沟}}{F}$$

$$=\frac{166\times 10+138\times 8+(-286\times 2)}{20}$$

$$=109.6(\text{mm})$$

(2)计算 Q、q。

$$Q=\frac{RF}{86.4T}=\frac{109.6\times 20}{86.4\times 2}=12.685(\text{m}^3/\text{s})$$

$$q=\frac{Q}{F}=\frac{12.685}{20}=0.634[\text{m}^3/(\text{s}\cdot\text{km}^2)]$$

(二)排渍设计流量计算

排渍流量是指非降雨期间为控制地下水水位而经常排泄的地下水水流量，又称日常流量，它不是降雨期间或降雨后某一时期的地下水高峰排水流量，而是一个经常性的比较稳定的较小数值。

单位面积上的排渍流量称为地下水排水模数或排渍模数，计算单位为 $\text{m}^3/(\text{s}\cdot\text{km}^2)$。

表 4-7 是根据某些地区的资料分析确定的由降雨产生的排渍模数。在降雨持续时间长、土壤透水性强、排水沟网较密的地区，排渍模数可选表中较大值。

表 4-7 各种土质设计排渍模数

土质	轻砂壤土	中壤土	重壤土、黏土
设计排渍模数 /$[\text{m}^3\cdot(\text{s}\cdot\text{km}^2)^{-1}]$	0.03～0.04	0.02～0.05	0.01～0.02

三、排水沟的设计水位

排水沟的设计水位主要包括水位推算与纵、横断面设计，与排涝设计流量和排渍设计流量相对应，有排涝设计水位和排渍设计水位。

(一)排渍水位(日常水位)

排渍水位是排水沟经常需要维持的、满足防渍或防止盐碱化要求的水位，也称日常水位。若有养殖和通航等需要，还要兼顾其他方面的要求。

推算步骤如下：

(1)确定排渍控制点 A 高程(最远处低洼地高程)。

(2)初拟各级排水沟的比降。

(3)推算排水干沟出口的日常水位：

$$Z_{日常}=A_0-D_{农}-\sum Li-\sum \Delta Z \tag{4-11}$$

式中 $Z_{日常}$——排水干沟出口的日常水位(m)；

A_0——排渍控制点高程(m)；

$D_{农}$——农沟日常水位离地面的高差(m)，$D_{农}$=排渍深度或地下水临界埋深+悬挂水头；

L——自 A 点到排水干沟出口各级沟道的长度(m)；

i——自 A 点到排水干沟出口各级沟道的比降；

ΔZ——局部水头损失，或下级沟道衔接处水头落差(0.1～0.2 m)。

应满足排水干沟出口处的日常水位外河(排水承泄区)的日常水位；若不满足上述要求，则调整比降，尽量争取自排。

在水网圩区，无法自排，则采用抽排来维持日常水位。

(二)排涝水位(最高水位)

排涝水位是排水沟通过排涝设计流量时的水位。

推算步骤如下：

(1)确定排涝控制点 A。

(2)拟定各级排水干沟比降。

(3)计算排水干沟出口的排涝水位：

$$Z_{排涝}=A_0-D'_{农}-\sum Li-\sum \Delta Z' \tag{4-12}$$

式中 $Z_{排涝}$——排水干沟出口的排涝水位；

$D'_{农}$——农沟中最高水位到地面的距离，可取 0.2～0.3 m；

A_0——排涝控制点高程；

L，i——自 A 点至排水干沟出口的各级排水沟长度与比降；

$\Delta Z'$——局部水头损失，可不考虑上下级排水干沟衔接的水位落差。

应满足排水干沟出口处最高水位应不低于外河的最高水位。

若排水干沟出口发生壅水，则需要调整排水沟比降，或筑堤束水。

若无法自排(如在水网圩区)，则建站抽排或进一步提高沟道的滞蓄能力，可采取提高加密沟网、提前预降沟水位等措施。

若排水干沟同时具有排渍和排涝的要求，则应同时满足上述两种水位要求。若以排涝要求确定沟道断面，则以排渍要求来校核。若以排渍要求确定沟道断面，则以排涝要求来校核。

四、排水沟横断面设计

排水沟横断面设计的主要任务是确定排水沟横断面尺寸。

一般干、支沟应做具体设计，斗沟选择有代表性的斗沟做典型设计，农沟可采用地区统一的标准断面。

下面介绍排水沟横断面设计的步骤。

(一)按排涝设计流量确定排水沟过水断面

通常按明渠均匀流公式计算，方法与渠道计算相似。

1. 底坡 i

底坡通常应考虑以下内容：

(1)接近地面坡降，以避免深挖方。

(2)应考虑承泄区水位，尽量自排。

(3)满足不冲不淤(比降不能太大，也不能太小)。

(4)结合引水的沟道比降宜缓，此时应顺坡排水，倒坡引水。

(5)结合蓄水灌溉、滞涝、通航时，也可采用平底。

一般取值范围如下：干沟 1/20 000～1/6 000，支沟 1/10 000～1/4 000，斗沟 1/5 000～1/2 000，农沟 1/2 000～1/1 000。

2. 边坡系数 m

排水沟的边坡系数与沟深和土质有关。土质排水沟边坡系数应根据开挖深度、沟槽土质及地下水情况等，经稳定分析计算后确定。开挖深度不超过 5 m、水深不超过 3 m 的沟道，最小边坡系数按照表 4-8 确定。淤泥、流沙地段的排水沟边坡系数应适当加大。

表 4-8　土质渠道的最小边坡系数值

沟道土质	不同开挖深度/m 的最小边坡系数值			
	<1.5	1.5～3.0	3.0～4.0	>4.0
黏土、重壤土	1.0	1.2～1.5	1.5～2.0	>2.0
中壤土	1.5	2.0～2.5	2.5～3.0	>3.0
轻壤土、砂壤土	2.0	2.5～3.0	3.0～4.0	>4.0
砂土	2.5	3.0～4.0	4.0～5.0	>5.0

一般同级沟、渠相比，沟道的边坡系数大于渠道的边坡系数，因为地下水渗出；坡面径流冲刷；沟内积水时，波浪的侵蚀。

3. 糙率 *n*

(1)新开的沟道与渠道相同，糙率为 0.02～0.025；

(2)易生杂草的沟道 n 较大，糙率一般取 0.025～0.030。

土沟糙率见表 4-9。

表 4-9　土沟糙率

类型	流量 $Q/(m^3 \cdot s^{-1})$			
	>25	5～25	1～5	<1
排水沟道	0.022 5	0.25	0.027 5	0.030
排洪沟道	0.025	0.027 5	0.030	0.035

4. 不冲不淤流速

为了防止泥沙淤积和滋生杂草，排水沟的允许不淤流速一般采用 0.2～0.3 m/s。允许不冲流速的大小主要取决于土壤质地可参考表 4-10 选用。排水沟的设计流速应满足不冲不淤的要求。

表 4-10　排水沟允许不冲流速

土质	淤土	重黏壤土	中黏壤土	轻黏壤土	粗砂土	中砂土	细砂土
不冲流速 $/(m \cdot s^{-1})$	0.2	0.75～1.25	0.65～1.0	0.6～0.9	0.6～0.75	0.4～0.6	0.25

(二)根据排防渍、通航、养殖要求校核排水沟的水深和底宽

通航和养殖对干、支沟的要求见表 4-11。

表 4-11　通航与养殖要求的水深与底宽　　m

沟名	通航要求		养殖要求
	水深	底宽	
干沟	1.0～2.0	5～15	1.0～1.5
支沟	0.8～1.0	2～4	1.0～1.5
斗沟	0.5～0.8	1～2	—

如果不能满足排渍、通航和养殖的要求，则应拓宽加深断面；如果排渍要求的沟深比排涝要求的沟深大得多，则可以采用复式断面(这样既能满足排渍要求，又不致使断面扩大很多)。

(三)校核滞涝要求

对于平原、水网圩区，排水沟一般有滞涝要求。设计主要步骤如下。

1. 确定需要排水沟滞蓄的水深

$$h_{沟蓄}=P-h_{田蓄}-h_{抽排} \tag{4-13}$$

式中　P——设计暴雨量；

$h_{田蓄}$——田间蓄水量；

$h_{沟蓄}$——沟道蓄水量；

$h_{抽排}$——水泵抢排水量。

$h_{沟蓄}$、$h_{抽排}$——折算至全面积上的水深。

2. 计算需要排水沟滞蓄水量

设排涝区面积为 $F(m^2)$，则需要滞蓄的水量为

$$W_{沟滞}=0.001h_{沟蓄}F(m^3) \tag{4-14}$$

3. 排水沟滞蓄容积(滞蓄能力)

排水沟滞蓄容积如图 4-6 所示。排水沟滞蓄能力为

$$V_{沟}=\sum bhl\ (m^3) \tag{4-15}$$

式中　b——沟道平均蓄水宽度(m)；

h——沟道的滞涝水深(m)，为最高滞蓄水位(最高与地面齐平)与排渍水位(或汛期预降水位)之间的水深，可取 0.8～1.0；

l——各级滞涝沟道的长度(m)。

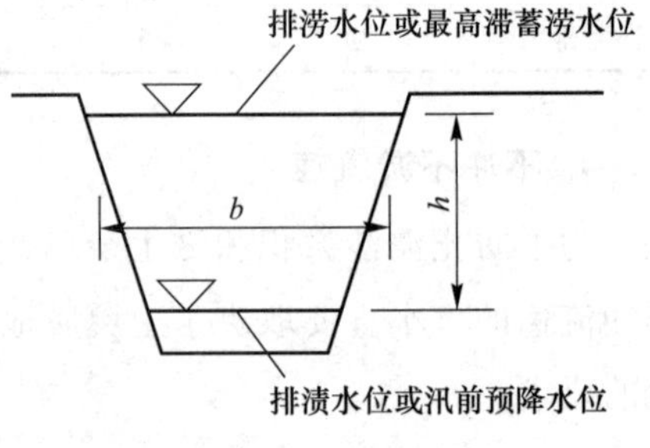

图 4-6　排水沟滞蓄容积

4. 校核

若 $V_{沟}\geqslant W_{沟滞}$，则排水沟能满足滞蓄要求；若 $V_{沟}<W_{沟滞}$，则应当采取以下措施：

(1)增加抢排水量；

(2)减小要求的滞蓄量；

(3)扩大沟深或沟宽，或采用复式断面；

(4)增加沟道密度。

(四)校核沟道灌溉引水能力

利用排水沟引水灌溉时，往往平坡，逆坡引水(图 4-7)。

需校核输水距离及水位能否满足灌溉要求。

校核方法为推算水面曲线。

如不满足应调整排水沟的水力参数。

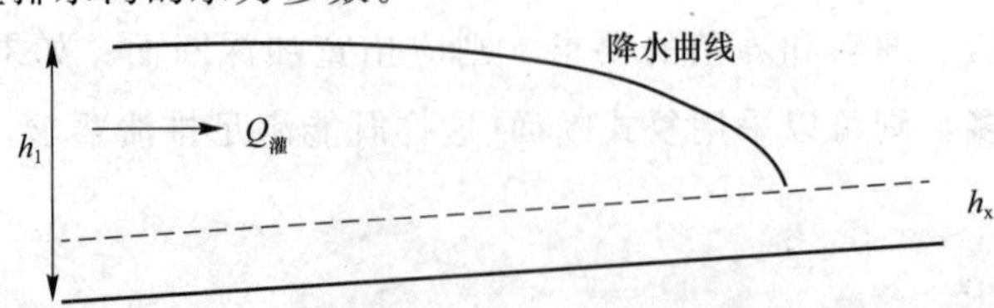

图 4-7　排水沟逆坡引水灌溉的水面线

五、排水沟纵断面图设计

排水沟纵断面图设计的主要任务是根据沟道沿线的地面高程、下级沟道的要求水位和横断面的设计尺寸绘制纵断面图。设计的主要内容是确定沟道的最高水位线、日常水位线和沟底线，并为沟道建筑物提供设计水位、沟底高程和断面要素等资料。

1. 上下级排水沟的水位接

为了有效地控制地下水水位，一般要求排除日常流量时，不发生壅水现象，为此，上、下级沟道的日常水位之间、干沟出口水位与承泄区水位之间要有 0.1～0.2 m 的水面落差。在通过排涝设计流量时，沟道之间可能会出现短时间的壅水，但在设计时，应尽量使沟道中的最高水位低于两岸地面 0.2～0.3 m。

2. 纵断面图的绘制步骤

(1)根据排水系统平面布置图，按沟道沿线各桩号地面高程，绘制地面高程线。

(2)根据控制地下水水位的要求及选定的沟底比降，逐段绘制出日常水位线。

(3)自日常水位线向下，以日常水深为间距作平行线，绘制出沟底高程线(日常水位－日常水深)。

(4)自沟底高程线向上，以最大水深为间距作平行线，绘制出最高水位线(沟底高程＋排涝水深)；若该排涝水位线高于设计排涝水位线，则应修正设计。

(5)若沟段有壅水现象需要筑堤束水时，还应从排涝设计水位线(或壅水线)往上加一定的超高，定出堤顶高程线。

任务四　世界灌溉工程遗产案例分析

宁夏平原的自然条件并不优越，但它却被誉为“塞上江南”和“西北粮仓”，这与当地各族人民不懈地进行水利建设有密切关系。

宁夏古灌区是位于今宁夏回族自治区的古代引黄灌区，创始于西汉元狩年间(公元前 122 年—前 117 年)。当时，西汉从匈奴统治下夺回这一地区，实行大规模屯田。《汉书·匈奴列传》说：“自朔方(郡治在今内蒙古自治区乌拉特前旗，黄河南岸)以西至令居(今甘肃省永登县西北)，往往通渠，置田官。”东汉也在这一带发展水利屯田。

《魏书·刁雍传》记载：在富平(今吴忠市西南)西南 30 里有艾山，旧渠自山南引水。北魏太平真君五年(444 年)薄骨律镇(今灵武市西南古黄河沙洲上)守将刁雍在旧渠口下游开新口，利用河中沙洲筑坝，分河水入河西渠道。新开渠道向北 40 里合旧渠，沿旧渠 80 里至灌区，共灌田 4 万余顷，史称艾山渠。灌田时“一旬之间则水一遍，水凡四溉，谷得成实”。开渠后 3 年，即可向今内蒙古五原一带运送军粮 60 万斛。《水经注》记载，黄河自青铜峡以下向东分出支河，灌溉富平一带农田。艾山渠的引水技术相当合理、先进的，从干渠的形

制与布局看，艾山渠规模很大，基本达到了黄河西岸能够自流灌溉的最大面积。充分显示出其输水技术的先进性。艾山渠修成后，灌溉面积约 4 285 顷，促使银川平原农业获得全面的恢复和发展，成为北魏西北边疆主要的粮食生产基地。刁雍修建艾山渠时，对前代灌渠遗迹进行了实地考察和测量，留下了较详尽和确切的资料，填补了两汉时代银川平原水利工程研究的空白。艾山渠作为少数民族政权兴修水利工程的杰出代表，对其后银川平原水利事业的发展起到极大的促进作用，奠定了其“塞北江南”形成的历史基础。

唐代，宁夏引黄灌渠有薄骨律渠、汉渠、胡渠、御史渠、百家渠、光禄渠、尚书渠、七级渠、特进渠等。安史之乱后，吐蕃常在这一带用兵。大历八年(773 年)，郭子仪败吐蕃兵于灵州(今宁夏灵武西南)南的七级渠。后 5 年回纥族进攻灵州，堵塞汉渠、尚书渠、御史渠三渠引水口，破坏唐兵屯田。汉渠在灵武县(今永宁西南，黄河西岸)南 50 里，北流 40 里有千里大陂，长 50 里、宽 10 里，相传为汉代所建。它的附近还有胡渠、御史渠、百家渠等 8 条渠，溉田 500 余顷。郭子仪曾请开御史渠，灌田可至 2 000 顷。元和十五年(820 年)重开淤塞已久的光禄渠，灌田 1 000 余顷。后 4 年开特进渠，灌田 600 顷。此外，回乐县南有薄骨律渠，灌田 1 000 余顷。《元和郡县图志》称：“(贺兰)山之东，(黄)河之西，有平田数千顷，可引水灌溉。如尽收地利，足以赡给军储。”

《宋史·夏国传》载：今银川、灵武一带有唐徕渠、汉延渠，无旱涝之忧。北宋前期宁夏一度为西夏政权割据。李元昊在 1032 年至 1048 年间，曾修建长 300 多里的李王渠(又名昊王渠)，大约是对北魏艾山渠的重建。《元史·郭守敬传》载，其时银川一带有古渠，其中唐徕渠长 400 里，汉延渠长 250 里。其他州还有长 200 里的大渠 10 条，大小支渠 68 条，共灌田 9 万多顷。

元代至元元年(1264 年)，郭守敬修复宁夏灌区。秦家渠的名字也在这时出现，后来简称秦渠，讹传为秦代所开，有人认为是古七级渠。蜘蛛渠在明代称为古渠，也应是元代修的渠道，是今中卫美利渠的前身。

明代除利用旧渠外，有铁渠、新渠、红花渠、良田渠、满答喇渠(都是唐徕渠支渠)、石空渠、白渠、枣园渠、中渠、夹河渠(以上在今中卫)、羚羊角渠、通济渠、七星渠、贴渠、羚羊店渠、柳青渠、胜水渠(以上在今中宁)等各渠出现。灌区向青铜峡上游发展，技术上大量修筑石坝、石堤，加强引水和泄洪能力。

清代康熙四十七年(1708 年)开大清渠，灌溉唐徕、汉延二渠之间高地。雍正四年(1726 年)开惠农渠，取水口在汉延渠口下游，灌溉汉延渠以东地区。同年又开昌润渠，灌溉惠农渠以东至黄河间的滩地。雍正、乾隆年间，大清、惠农、昌润三渠均曾多次改口改道，其灌溉面积有很大变动。以上三渠和唐徕渠、汉延渠合称河西五大渠。民国年间，宁夏灌区分为河东区、河西区和青铜峡上游的中卫、中宁区，据 1936 年资料，共有支渠近 3 000 条，干渠总长 2 600 多里，共灌田 1.8 万顷左右。1959 年建成的青铜峡水利枢纽后实为宁夏古灌区的延续。是中华人民共和国对古老的干、支渠进行了裁弯取直和扩建，并相应地增建了渠系建筑物。青铜峡水利枢纽建成后，结束了长期无坝引水的历史，使全灌区形成了统一的灌溉系统。

宁夏水利沿袭 2 000 多年，除有黄河的方便引水条件外，主要还依靠兴修水利的实践，在特定的自然条件下创造和发展了一套独特与完整的水利技术。在引水工程中采用无坝取水形式，多用分劈河面约 1/4 的垒石长(坝)导河水入渠。闸前渠道也很长，多有长 10 余米的。在闸前渠道上设有堰顶略高于正常水位的滚水石堰，称为“跳”，渠水位过高则自动溢流，此下另设多座退水闸，再下则是引水正闸。闸座旧多用木筑，明穆宗六年(1572 年)后，逐步改用石筑。正闸以下，渠两岸长堤也称坝。支斗渠口多为分水涵洞或闸门，称为陡口。不同高程的渠道相交多建木渡槽，称为飞槽。横穿渠道的泄洪和退水的涵洞，称为阴洞、暗洞或沟洞。渠道疏浚时常使用埽工封堵渠口，即今之草土围堰，也用以修筑护岸、桥、涵、闸等的护坡，以及临时性的拦水工程等。工程岁修时，还采用埋入渠底的底石作为渠道清淤的标准。测水位则用木制的刻字水则。入冬后以埽塞渠口称“卷埽”，至清明征夫岁修清淤，立夏则撤埽“开水”。“开水”后先关闭上游支渠斗口逼水至“梢”(渠尾)，称为“封水”，同时防冲决堤岸。上游各斗口仅留一二分水，称为“依水”。水至梢后，就自下而上逐次开支渠浇灌，灌足后再逼水至梢，重新进行一轮封、依、灌。大致立夏至夏至头轮水浇夏田，二轮水立秋至寒露浇秋田，三轮水自立冬至小雪为冬灌，提高土壤墒情，预备来年春耕。夏秋两季能及时浇三四次的，就可以丰收。如农田起碱时，有时于春秋开水洗碱，或三四年中种稻一次洗碱。

项目小结

本项目的重点是排水系统的排水标准，农田排水系统组成和排水种类以及标准，排水沟道系统组成和除涝设计标准、排涝设计流量的确定，排水沟设计水位和纵断面、横断面设计。

思考与练习

1. 农田排水对土壤的理化形状及农作物生长有何影响？为什么？
2. 什么是排涝设计标准？在田间排水系统设计中应当如何正确运用这一标准？
3. 排涝标准与防治土壤次生盐碱化的排水标准的主要区别是什么？
4. 什么是地下水水位的临界深度？它的主要影响因素是什么？
5. 农田排水有哪几种方式？它们各有何优缺点？

项目五

节水灌溉工程规划设计

学习目标

通过学习掌握节水灌溉系统的类型、特点和主要设备；熟悉节水灌溉系统规划设计方法，能够进行节水灌溉工程的规划设计。培养科学求实精神和守正创新精神。

学习任务

1. 分析喷灌系统和微灌系统的类型及特点，合理选择喷灌系统、微灌系统。
2. 分析喷灌设备和微灌设备的特点，合理选择相关设备。
3. 喷灌和微灌工程规划的设计方法，能够进行节水灌溉工程规划设计。

任务一　微灌工程规划设计

一、微灌系统的类型、特点和主要设备

微灌是指通过低压管道系统与安装在末级管道上的特制灌水器，将水和作物生长所需的养分以较小的流量均匀、准确地直接输送到作物根区附近的土壤表面或土层中的灌水方法。微灌以少量的水湿润作物根区附近的部分土壤，因此又称局部灌溉。

微灌的特点是灌水流量小，一次灌水延续时间较长，灌水周期短，需要的工作压力较低，能够较精确地控制灌水量，并能将水和养分直接地输送到作物根区附近的土壤中。

(一)微灌系统的类型

按灌水时水流出流方式的不同，可以将微灌系统分为以下四种形式。

视频：微灌系统

1. 滴灌

滴灌是指按照作物需水要求，通过管道系统与安装在毛管上的灌水器，将

管上的灌水器，将水和作物需要的水分和养分一滴一滴均匀而又缓慢地滴入作物根区土壤中的灌水方法。由于滴水流量小，水滴缓慢入土，因而在滴灌条件下除紧靠滴头下面的土壤水分处于饱和状态外，其他部位的土壤水分均处于非饱和状态，土壤水分主要借助毛管张力作用渗入和扩散。

2. 地表下滴灌

地表下滴灌是指将全部滴灌管道和灌水器埋入地表下面的一种灌水形式。这种灌水形式能克服地面毛管易于老化的缺陷，防止毛管损坏或丢失，同时方便田间作业。与地下渗灌和通过控制地下水水位的浸润灌溉的不同之处在于，地表下滴灌仍然是仅湿润部分土体。

3. 微型喷洒灌溉

微型喷洒灌溉是指利用折射式、辐射式或旋转式微型喷头将水喷洒在枝叶上或树冠下地面上的一种灌水形式，简称微喷灌。微喷灌既可以增加土壤水分，又可以提高空气湿度，起到调节田间小气候的作用。

由于微喷灌的工作压力低，流量小，在灌溉过程中仅湿润部分土壤，因而习惯上将这种微喷灌划在微灌范围内。严格来讲，它不完全属于局部灌溉的范畴。

4. 涌泉灌溉

涌泉灌溉是指通过安装在毛管上的涌水器形成的小股水流，以涌泉方式使水流入土壤的一种灌水形式。涌泉灌溉的流量比滴灌和微喷大，一般都超过土壤的渗吸速度。为了防止产生地面径流，需要在涌水器附近挖一小灌水坑暂时储水。涌泉灌尤其适用于果园和植树造林的灌溉。

(二)微灌工程的组成

视频：微灌系统及水源

微灌工程通常由水源工程、首部枢纽、输配水管网和灌水器 4 部分组成。

1. 水源工程

河流、湖泊、塘堰、沟渠、井泉等，只要水质符合微灌要求，均可作为微灌的水源。为了充分利用各种水源进行灌溉，往往需要修建引水、蓄水和提水工程，以及相应的输配电工程，这些统称为水源工程。

2. 首部枢纽

微灌工程的首部枢纽通常由水泵及动力机、控制阀门、水质净化装置、施肥装置、测量和保护设备等组成。首部枢纽担负着整个系统的驱动、检测和调控任务，是全系统的控制调度中心。

3. 输配水管网

输配水管网担负着输水和配水的任务，一般均埋入地面以下一定深度。根据灌区大小、输配水管网的等级划分也有所不同。

4. 灌水器

微灌的灌水器有滴头、微喷头、涌水器和滴灌带等多种形式。或置于地表，或埋入地

下。灌水器的结构不同，水流的出流形式也不同，有滴水式、漫射式、喷水式和涌泉式等，相应的灌水方法称为滴灌、微喷灌和涌泉灌。

（三）微灌系统的特点

1. 微灌系统的优点

（1）省水。微灌系统全部由管道输水，很少有沿程渗漏和蒸发损失；微灌属于局部灌溉，灌水时一般只湿润作物区部附近的部分土壤，灌水流量小，不易发生地表径流和深层渗漏。另外，微灌能适时、适量地按作物生长需要供水。较其他灌水方法，水的利用率高。因此，其一般比地面灌溉省水 1/3～1/2，比喷灌省水 15%～25%。

（2）节能。微灌的灌水器在低压条件下运行，一般工作压力为 50～150 kPa，比喷灌低，又因微灌比地面灌溉省水，灌水利用率高，对提水灌溉来说这意味着减少了能耗。

（3）灌水均匀。微灌系统能够做到有效地控制每个灌水器的出水量，灌水均匀度高，一般可达 80%～90%。

（4）增产。微灌能适时适量地向作物根区供水、供肥，有的还可以调节棵间的温度和湿度，不会造成土壤板结，为作物生长提供了良好的条件，因而有利于实现高产稳产，提高产品质量，许多地方的实践证明，微灌较其他灌水方法一般可增产 30%左右。

（5）对土壤和地形的适应性强。微灌系统的灌水速度可快可慢，对于入渗率很低的黏性土壤，灌水速度可以放慢，使其不产生地面径流：对于入渗率很高的沙质土，灌水速度可以提高，灌水时间可以缩短或进行间歇灌水，这样做既能使作物根系层经常保持适宜的土壤水分，又不至于产生深层渗漏。由于微灌是压力管道输水，不一定要求对地面整平。

（6）节省劳动力。微灌系统不需平整土地，开沟打畦，可实行自动控制，大大减少了田间灌水的劳动量和劳动强度。

2. 微灌系统的缺点

（1）易引起堵塞。灌水器的堵塞是当前微灌应用中最主要的问题，严重时会使整个系统无法正常工作，甚至报废（在输油管道上打孔盗油可以导致管道报废）。因此，微灌对水质要求较严，一般均应经过过滤，必要时还需要经过沉淀和化学处理。

（2）会引起盐分积累。当在含盐量高的土壤上进行微灌或利用咸水微灌时，盐分会积累在湿润区的边缘。若遇到小雨，这些盐分可能会被冲到作物根区而引起盐害，这时应继续进行微灌。在没有充分冲洗条件下的地方或秋季无充足降雨的地方，则不要在高含盐量的土壤上进行微灌或利用咸水微灌。

（3）会限制根系的发展。由于微灌只湿润部分土壤，加上作物的根系有向水性，这样就会引起作物根系集中向湿润区生长。另外，在没有灌溉就没有农业的地区，如我国西北干旱地区，应用微灌时，应正确布置灌水器；在平面上要布置均匀，在深度上最好采用深埋方式。

总之，微灌的适应性较强，适用范围较广，各地应根据当地自然条件、作物种类等因地制宜地选用。

(四)微灌系统的主要设备

一个完整的微灌工程，从灌溉受水点到水源，一般由灌水器、各级输水管道和管件，各种控制和量测设备，过滤器、施肥(农药)装置和水泵电机安装组成。

1. 灌水器的作用和要求

灌水器的作用是把末级管道中的压力水流均匀而又稳定地分配到田间，满足作物生长对水分的需要。灌水器质量的好坏直接影响到微灌系统是否工作可靠及灌水质量的高低。因此，对灌水器的要求如下：

(1)出水量小。灌水器出水量的大小取决于工作水头高低、过水流道断面大小和出流受阻的情况。微灌的灌水器的工作水头一般为 5～15 m，过水流道直径或孔径一般在 0.3～2.0 mm，出水流量在 2～200 L/h 范围内变化。

(2)出水均匀、稳定。一般情况下，灌水器的出流量随工作水头的大小而变化。因此，要求灌水器本身具有一定的调节能力，使在水头变化时引起的流量变化较小。

(3)抗堵塞性能好。灌溉水中总会含有一定的污物和杂质，由于灌水器流道和孔口较小，在设计和制造灌水器时，要尽量采取措施提高它的抗堵塞性能。

(4)制造精度高。由于灌水器的流量大小除受工作水头影响外，还受设备精度的影响。如果制造偏差过大，每个灌水器的过水断面大小差别就会很大。无论采取何种补救措施，都很难提高灌水器的出水均匀度。因此，为了保证微灌系统的灌水质量，要求灌水器的制造偏差系数 C_y 值一般应控制在 0.03～0.07。

(5)结构简单，便于制造和安装。

(6)坚固耐用，价格低。灌水器在整个微灌系统中用量较大，其费用往往占整个系统总投资的 25%～30%。另外，在移动式微灌系统中，灌水器要连同毛管一起移动。为了延长使用寿命，降低工程造价，要求在降低价格的同时还要保证产品的经久耐用。

2. 灌水器的分类

按结构和出流形式，可将灌水器分为滴头、滴灌带、微喷头、涌水器。

(1)滴头。通过流道或孔口将毛管中的压力水流变成滴状或细流状的装置称为滴头。其流量一般不大于 12 L/h。滴头可分为以下几种类型：

1)孔口型滴头。孔口型滴头是靠孔口出流造成的局部水头损失来消能调节出水量的大小(图 5-1)。

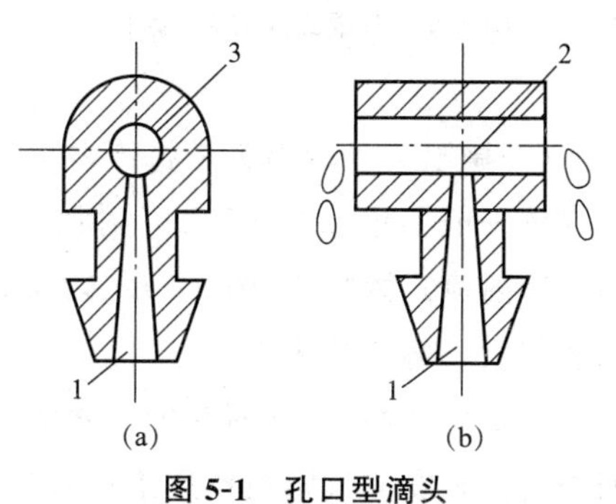

图 5-1 孔口型滴头

1—进口；2—出口；3—横向出水道

2)长流道型滴头。长流道型滴头是靠水流与流道壁之间的摩阻消能来调节出水量的大小，如内螺纹管式滴头(图 5-2)、微管滴头(图 5-3)等。

3)紊流式滴头。水流通过灌水器的流态为紊流，如孔口滴头、迷宫式滴头(图 5-4)、微喷头等均属于紊流灌水器。

4)压力补偿式滴头。压力补偿式滴头是借助水流压力使弹性体部件或流道改变形状，从而使过水断面面积大小变化，使出水量稳定。压力补偿式滴头的优点是能自动调节出水量和自清洗，出水量均匀度高，但制造较复杂(图 5-5)。

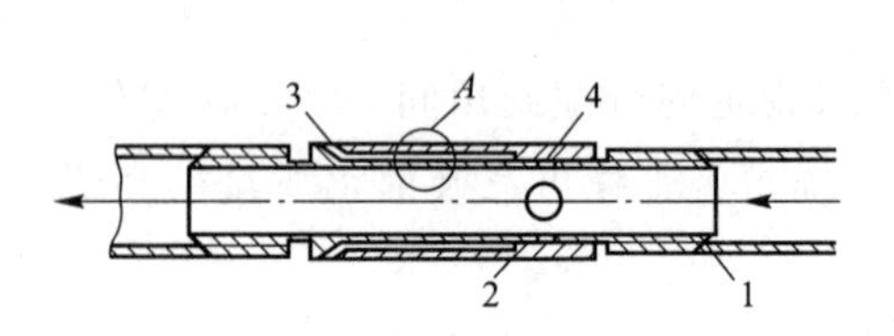

图 5-2　内螺纹管式滴头

1—毛管；2—滴头；3—滴头出水；4—螺纹

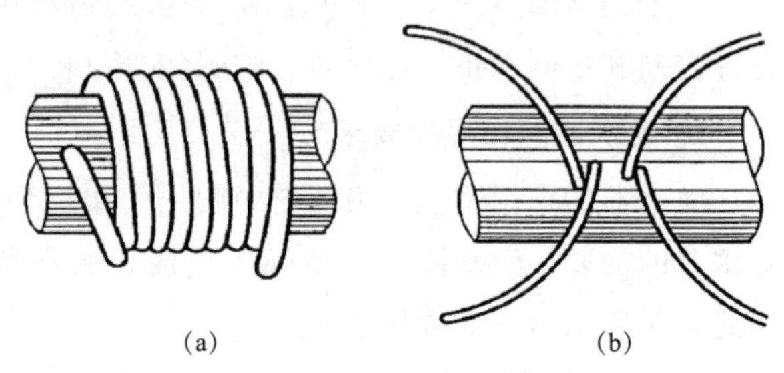

图 5-3　微管滴头

(a)缠绕式；(b)散放式

图 5-4　迷宫式紊流滴头

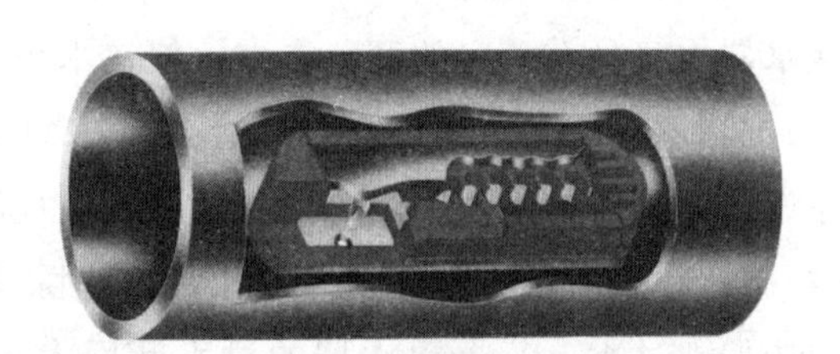

图 5-5　压力补偿滴头

(2)滴灌带。滴头与毛管制造成一整体，兼具配水和滴水功能的滴灌管称为滴灌带。滴灌带可分为内镶式滴灌带(图 5-6)和薄壁滴灌带(图 5-7)。其有压力补偿式与非压力补偿式两种。

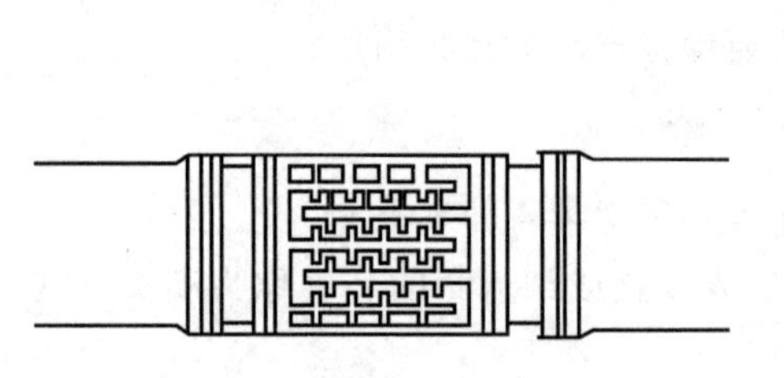

图 5-6　内镶式滴灌带(管)

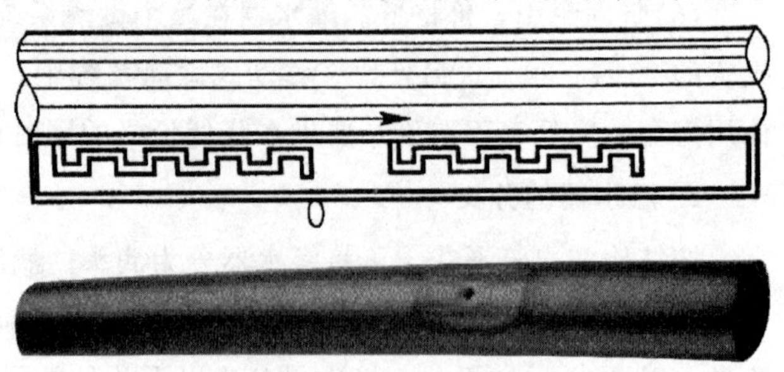

图 5-7　薄壁滴灌带(管)

(3)微喷头。微喷头是将压力水流以细小水滴喷洒在土壤表面的灌水器。单个微喷头的喷水量一般不超过 250 L/h，射程一般小于 5 m。微喷头可分为射流式、折射式等。

1)射流式微喷头(图 5-8)。射流式微喷头的特点是有效湿润半径较大；喷水强度较低；水滴较大；寿命较短。

2)折射式微喷头(图 5-9)。水流由喷嘴垂直向上喷出，遇到折射锥即被击散成薄水膜沿四周射出，在空气阻力作用下形成细微水滴散落在四周地面上。折射式微喷头又称为雾化微喷头。

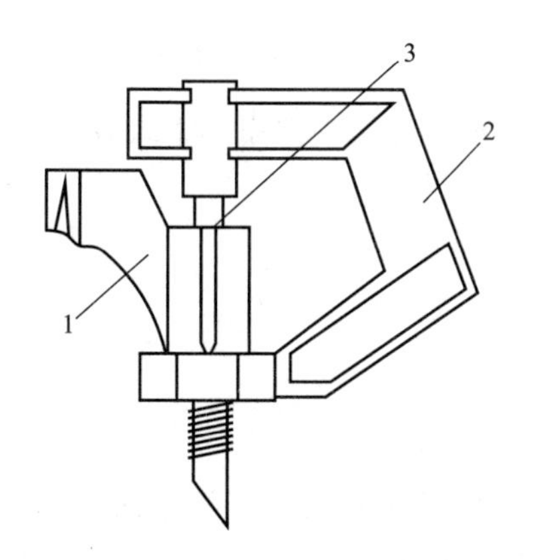

图 5-8　射流旋转式微喷头

1—旋转折射管；2—支架；3—喷嘴

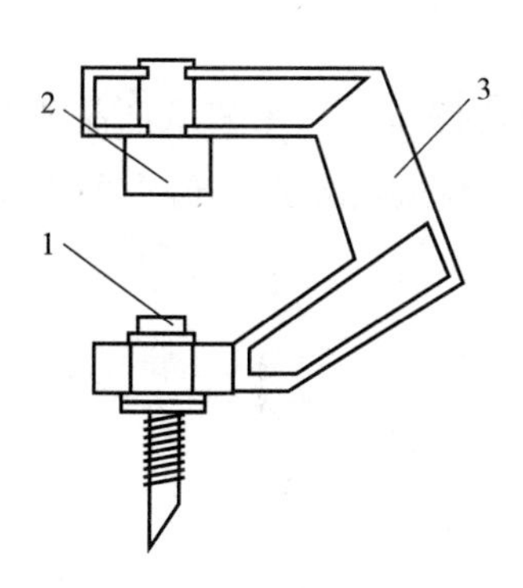

图 5-9　折射式微喷头

1—喷嘴；2—折射锥；3—支架

折射式微喷头的优点是结构简单；没有运动部件，工作可靠；价格低。缺点是水滴太微细，在空气十分干燥、温度高、风大的地区，蒸发漂移损失大。

(4)小管灌水器(涌水器)。组成：小管灌水器是由 $\phi 4$ 塑料小管和接头连接插入毛管壁而成(图 5-10)。其特点是工作水头低；孔口大、不易被堵塞。

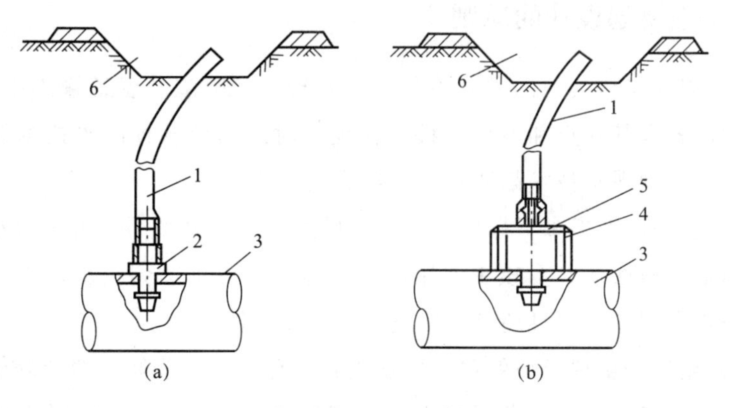

图 5-10　小管灌水器

1—$\phi 4$ 小管；2—接头；3—毛管；4—紊流器；5—胶片；6—渗水沟

3. 灌水器的结构参数和水力性能参数

(1)灌水器的流量与压力关系。微灌灌水器的流量与压力关系用下式表示：

$$q=kh^{x} \tag{5-1}$$

式中 q——灌水器流量；

h——工作水头；

k——流量指数；

x——流态指数。

流态指数 x 反映了灌水器的流量对压力变化的敏感程度；当滴头内水流为全层流时，流态指数 x 等于1，即流量与工作水头成正比；当滴头内水流为全紊流时，流态指数 x 等于0.5；全压力补偿器的流态指数 x 等于0，即出水流量不受压力变化的影响。在0～1，x 越大，流量对压力的变化越敏感。其他各种形式的灌水器的流态指数在0～1.0变化。

(2)灌水器的制造偏差系数。实践中，一般用制造偏差系数来衡量产品的制造精度，制造精度的高低直接影响到灌水均匀度的好坏，应选用制造偏差系数值小的灌水器。其表示方法如下：

$$C^{v}=\frac{s}{q} \tag{5-2}$$

$$S=\sqrt{\frac{1}{n-1}\sum_{i=1}^{n}(q_{i}-q)^{2}} \tag{5-3}$$

$$q=\frac{\sum_{i=1}^{n}q_{i}}{n} \tag{5-4}$$

式中 C^{v}——灌水器的流量偏差系数；

S——流量标准偏差；

q_{i}——所测每个滴头的流量(L/h)；

n——所测灌水器的个数。

二、微灌工程规划设计的原则

(1)微灌工程规划应与其他的灌溉工程统一安排。如喷灌和管道输水灌溉，都是节水、节能灌水新技术，各有其特点和适用条件。在规划时应结合各种灌水技术的特点，因地制宜地统筹安排，使各种灌水技术都能发挥各自的优势。

(2)微灌工程规划应考虑多目标综合利用。目前，微灌大多用于干旱缺水的地区，规划微灌工程应与当地人畜饮水与乡镇工业用水统一考虑，以求达到一水多用。这样，不仅可以解决微灌工程投资问题，而且还可以促进乡镇工业的发展。

(3)微灌工程规划要重视经济效益。尽管微灌具有节水、节能、增产等优点，但一次性投资较高。兴建微灌工程应力求获得最大的经济效益。为此，在进行微灌工程规划时，要先考虑在经济收入高的经济作物区发展微灌。

(4)因地制宜、合理地选择微灌形式。我国地域辽阔，各地自然条件差异很大，山区、丘陵、平原、南北方、气候、土壤、作物等都各不相同。加之微灌的形式也较多，又各有其特点和适用条件，因此，在规划和选择微灌形式时，应贯彻因地制宜的原则，切忌不顾条件盲目照搬外地经验。

(5)近期发展与远景规划相结合。微灌系统规划要将近期安排与远景发展结合，既要着眼长远发展规划，又要根据现实情况，讲求实效，量力而行。根据人力、物力和财力，做出分期开发计划，使微灌工程建成一处，用好一处，尽快发挥工程效益。

三、基本资料的收集

(1)地形资料。地形图(1：500～1：200)且标注灌区范围。

(2)土壤资料。土壤质地、田间持水率、渗透系数等。

(3)作物情况。作物的种植密度、走向、株行距等。

(4)水文资料。取水点水源来水系列及年内分配资料、泥沙含量、水井位置、供电保证率、水井出水量、动水位等。

(5)气象资料。逐月降雨、蒸发、平均温度、湿度、风速、日照、冻土深度。

(6)其他社会经济情况。行政单位人口、土地面积、耕地面积、管理体制等。

四、水源分析与用水量的计算

(一)水源来水量分析

水源来水量分析的任务是研究水源在不同设计保证率年份的供水量、水位和水质，为工程规划设计提供依据，微灌工程水源通常有井、泉类水源，河、渠类水源，塘、坝类水源几种类型。

(二)灌溉用水量分析

微灌用水量应根据设计水文年的降雨、蒸发、作物种类及种植面积等因素计算确定。

(三)水量平衡计算

水量平衡计算的目的是根据水源情况确定微灌面积或根据面积确定需要供水的流量。

1. 微灌面积的确定

已知来水量确定灌溉面积，其计算公式为

$$A=\frac{\eta Qt}{10E_a} \tag{5-5}$$

式中 A——可灌面积(hm^2)；

Q——可供流量(m^3/h)；

E_a——设计耗水强度(mm/d)；

t——水源每日供水时数(h/d)；

η——灌溉水利用系数。

2. 确定需要的供水流量

当灌溉面积已经确定时，计算需要的供水流量，可以采用式(5-5)计算。

【例 5-1】 某地埋滴灌系统水量平衡计算。

某井灌区机井出水量在 200 m^3/h 以上，地埋滴灌系统面积为 1 200 亩，作物最大耗水强度为 4.5 mm/d，试确定微灌面积。

【解】 计算单井控制面积，其中，$E_a=4.5$ mm/d，$t=20$ h，$\eta=0.95$。

根据现有机井出水量，计算控制面积为

$$A=\frac{\eta Qt}{10E_a}=\frac{0.95\times200\times20}{10\times4.5}=84.44(\text{hm}^2)=1\ 267\ \text{亩}$$

最大控制面积为 1 267 亩(1 hm^2=15 亩)。

平衡分析：系统面积为 1 200 亩，小于 1 267 亩，机井出水量满足设计要求。

五、微灌系统布置

微灌系统的布置通常是在地形图上作初步布置，然后将初步布置方案带到实地与实际地形作对照，进行修正。微灌系统布置所用的地形图比例尺一般为 1∶200～1∶500。

微灌管网应根据水源位置、地形、地块等情况分级，一般应由干管、支管和毛管三级管道组成。面积大时可增设总干管、分干管或分支管，面积小时可只设支管、毛管两级管道。

(一)毛管和灌水器的布置

毛管和灌水器的布置方式取决于作物种类和所选灌水器的类型。下面分别介绍滴灌系统、微喷灌系统毛管和灌水器的一般布置形式。

1. 滴灌系统毛管和灌水器的布置

(1)单行毛管直线布置，如图 5-11(a)所示。

方式：毛管顺作物行布置，一行作物布置一根毛管，滴头安装在毛管上。

适用：幼树和窄行密植作物。

(2)单行毛管带环状管布置，如图 5-11(b)所示。

方式：用一根分毛管绕树布置，在其上安装 4～6 个单出水口滴头，环状管与输水毛管相连接。这种布置形式增加了毛管总长。

适用：成龄果树。

(3)双行毛管平行布置，滴灌高大作物可用双行毛管平行布置，如图 5-11(c)所示。

方式：沿作物行两边各布置一条毛管，每株作物两边各安装 2～3 个滴头。

适用：高大作物。

(4)单行毛管带微管布置，如图 5-11(d)所示。

方式：每一行树布置一根毛管，再用一段分水管与毛管连接，在分水管上安装 4～6 根微管，也可将微管直接插于输水毛管上。

适用：微管滴灌果树滴头位置一般与树干的距离约为竖管半径的 2/3。

特点：毛管用量少，工程造价低。

上述各种布置形式滴头的位置与树干的距离一般约为树冠半径的 2/3。

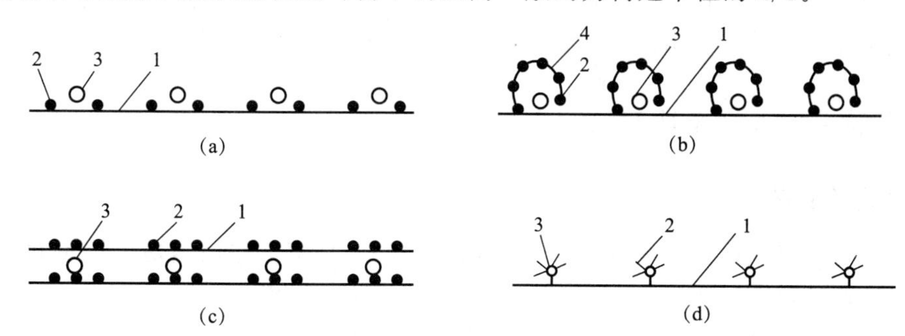

图 5-11　滴灌系统毛管和灌水器布置形式

(a)单行毛管直线布置；(b)单行毛管带环状管布置；(c)双行毛管平行布置；(d)单行毛管带微管布置

1—毛管；2—灌水器；3—果树；4—绕树环状管

2. 微喷灌系统毛管和灌水器的布置

微喷头的结构和性能不同，毛管和微喷头的布置也不同。根据微喷头的喷洒直径和作物种类，一条毛管可控制一行作物，也可控制若干行作物。常见的几种布置形式如图 5-12 所示。

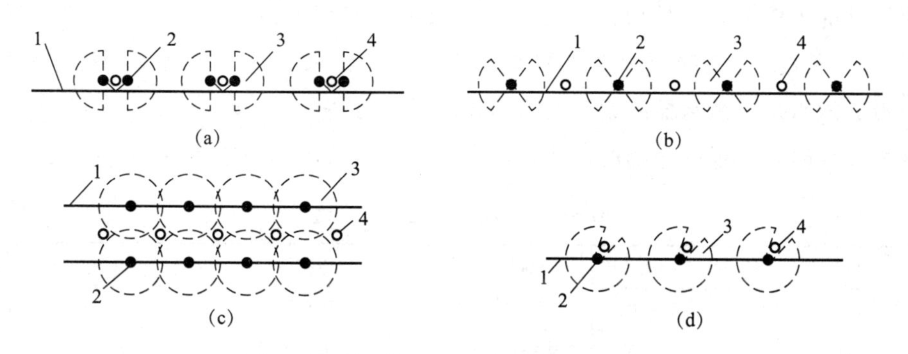

图 5-12　微喷灌系统毛管与微喷头布置图

(a)单向半圆微喷；(b)双向微喷；(c)窄行密株距植物全圆微喷；(d)单喷头微喷

1—毛管；2—微喷头；3—土壤湿润；4—果树

(二)干、支管布置

干、支管的布置取决于地形、水源、作物分布和毛管的布置。其布置应满足管理方便、工程费用少的要求。在山区，干管多沿山脊布置，或沿等高线布置，支管则垂直等高线布置，向两边的毛管配水；在平地，干、支管应尽量双向控制，两侧布置下级管道，以节省管材。

系统布置有很多可以选择的方案。具体实施时，应结合水力设计优化管网布置，尽量缩短各级管道的长度。

(三)首部枢纽布置

首部枢纽是整个微灌系统操作控制的中心，其位置的选择主要是以投资小、便于管理为原则。一般首部枢纽与水源工程相结合。如果水源较远，则首部枢纽可布置在灌区旁边。有条件时尽可能布置在灌区中心，以减少输水干管的长度。

六、微灌工程规划设计参数的确定

(一)设计耗水强度

设计耗水强度采用设计年灌溉季节月平均耗水强度峰值，并由当地试验资料确定。无实测资料时，可通过计算或按表 5-1 选取。

表 5-1　设计耗水强度　　mm/d

作物	滴灌	微喷灌	作物	滴灌	微喷灌
果树	3～5	4～6	蔬菜	4～7	5～8
葡萄、瓜类	3～6	4～7	粮、棉、油等作物	4～6	5～8
蔬菜(保护地)	2～3	—			
注：干旱地区取上限值					

(二)微灌设计土壤湿润比

微灌设计的土壤湿润比是指在计划湿润土层内，湿润土体占总土体的比值。通常，以地面以下 20～30 cm 处湿润面积占总灌溉面积的百分比来表示。土壤湿润比取决于作物、灌水器流量、灌水量、灌水器间距和所灌溉土壤的特性等。

当规划设计时，要根据作物的需要、工程的重要性及当地自然条件等，按表 5-2 选取。

表 5-2　微灌设计土壤湿润比　　%

作物	滴灌	微喷灌	作物	滴灌	微喷灌
果树	25～40	40～60	蔬菜	60～90	70～100
葡萄、瓜类	30～50	40～70	粮、棉、油等	60～90	100
注：干旱地区宜取上限值					

由于设计土壤湿润比越大，工程保证程度就要求越高，投资及运行费用也越大。

设计时将选定的灌水器进行布置，并计算土壤湿润比。要求其计算值稍大于设计土壤湿润比，若小于设计值就要更换灌水器或修改布置方案。常用灌水器典型布置形式的土壤湿润比 P 的计算公式如下。

1. 滴灌

(1)单行毛管直线布置，土壤湿润比按式(5-6)计算。

$$P=\frac{0.785D_w^2}{S_e S_l}\times 100\% \tag{5-6}$$

式中　P——土壤湿润比(%)；

D_w——土壤水分水平扩散直径或湿润带宽度，其大小取决于土壤质地、滴头流量和灌水量大小(m)；

S_e——灌水器或出水点间距(m)；

S_l——毛管间距(m)。

(2)双行毛管平行布置，土壤湿润比 P 按式(5-7)计算。

$$P=\frac{P_1S_1+P_2S_2}{S_r}\times100\% \tag{5-7}$$

式中　S_1——一对毛管的窄间距(m)；

P_1——与 S_1 相对应的土壤湿润比(%)；

S_2——一对毛管的宽间距(m)；

P_2——与 S_2 相对应的土壤湿润比(%)；

S_r——作物行距(m)。

(3)单行毛管带环状管布置，土壤湿润比 P 按式(5-8)、式(5-9)计算。

$$P=\frac{0.785D_w^2}{S_tS_r}\times100\% \tag{5-8}$$

$$P=\frac{nS_eS_w}{S_tS_r} \tag{5-9}$$

式中　D_w——地表以下 30 cm 深处的湿润带宽度(m)；

S_t——果树株距(m)；

S_r——果树行距(m)；

n——一株果树下布置的灌水器数；

S_e——灌水器或出水口间距(m)；

S_w——湿润带宽度(m)。

式中，其他符号意义同前。

2. 微喷灌

(1)微喷头沿毛管均匀布置时的土壤湿润比为

$$P=\frac{A_w}{S_eS_l}\times100\% \tag{5-10}$$

$$A_w=\frac{\theta}{360°}\pi R^2 \tag{5-11}$$

式中　A_w——微喷头的有效湿润面积(m^2)；

θ——湿润范围平面分布夹角(°)；当为全圆喷洒时，$\theta=360°$；

R——微喷头的有效喷洒半径(m)。

式中，其他符号意义同前。

(2)一株树下布置 n 个微喷头时的土壤湿润比计算公式为

$$P=\frac{nA_w}{S_tS_r}\times100\% \tag{5-12}$$

式中　n——一株树下布置的微喷头数；

式中，其他符号意义同前。

【例 5-2】 土壤湿润比的校核。

龙眼基本沿等高线种植，株距×行距为 5.0 m×7.0 m，每行树布置一条毛管，毛管沿等高线布置，毛管间距等于果树行距，即 7.0 m。沿毛管上微喷头间距与龙眼树株距相等，即 5.0 m。微喷头的射程为 2.0 m。设计土壤湿润比为 40%，试校核微灌土壤湿润比。

【解】 计算微灌土壤湿润比：

$$P=\frac{\pi R^2}{7.0\times5.0}\times100\%=\frac{3.14\times2^2}{7.0\times5.0}\times100\%=35.8\%<40\%$$

不满足设计湿润比的要求。

(三)微灌的灌水均匀度

影响灌水均匀度的因素很多，如灌水器工作压力的变化、灌水器的制造偏差、堵塞情况、水温变化、微地形变化等。目前，在设计微灌工程时能考虑的只有水力学(压力变化)和制造偏差两种因素对均匀度的影响。微灌的灌水均匀度可以用克里斯琴森(Christiansen)均匀系数 C_u 来表示，并由下式计算：

$$C_u=\frac{1-\overline{\Delta q}}{\bar{q}} \tag{5-13}$$

$$\overline{\Delta q}=\frac{1}{n}\sum_{i=1}^{n}|q_i-\bar{q}| \tag{5-14}$$

式中　C_u——微灌均匀系数；

$\overline{\Delta q}$——灌水器流量的平均偏差(L/h)；

q_i——各灌水器流量(L/h)；

$\bar{q}$——灌水器平均流量(L/h)；

n——所测的灌水器数目。

《微灌工程技术标准》(GB/T 50485—2020)规定，微灌均匀系数不低于 0.8。

(四)灌水器流量偏差率和工作水头偏差率

流量偏差率是指同一灌水小区内灌水器的最大、最小流量之差与设计流量的比值。工作水头偏差率是指同一灌水小区内灌水器的最大、最小工作水头差与设计工作水头的比值。灌水器流量偏差率和工作水头偏差率按下式计算：

$$q_v=\frac{q_{max}-q_{min}}{q_d}\times100\% \tag{5-15}$$

$$h_v=\frac{h_{max}-h_{min}}{h_d}\times100\% \tag{5-16}$$

式中　q_v——灌水器流量偏差率(%)，其值取决于均匀系数 C_u，当 C_u 为 98%、95%、92%时，q_v 为 10%、20%、30%；

q_{max}——灌水器最大流量(L/h);

q_{min}——灌水器最小流量(L/h);

q_d——灌水器设计流量(L/h);

h_v——灌水器工作水头偏差率(%);

h_{max}——灌水器最大工作水头(m);

h_{min}——灌水器最小工作水头(m);

h_d——灌水器设计工作水头(m)。

灌水器流量偏差率与工作水头偏差率之间的关系可用下式表示:

$$h_v=\frac{q_v}{x}\left(1+0.15\frac{1-x}{x}q_v\right) \tag{5-17}$$

式中 x——灌水器流态指数。

式中,其他符号意义同前。

《微灌工程技术标准》(GB/T 50485—2020)规定,灌水器的流量偏差率不应大于20%,即$[q_v]\leqslant 20\%$。

(五)灌溉水有效利用系数

微灌的主要水量损失是由于灌水不均匀和某些不可避免的损失所造成的,常用下式表示微灌的灌水有效利用率,即

$$\eta=\frac{V_m}{V_a} \tag{5-18}$$

式中 η——灌溉水有效利用系数;

V_m——微灌时储存在作物根层的水量(m^3/亩);

V_a——微灌的灌溉供水量(m^3/亩)。

《微灌工程技术标准》(GB/T 50485—2020)规定,微灌的灌水有效利用系数,滴灌不低于0.90,微喷灌不低于0.85。

(六)灌溉设计保证率

《微灌工程技术标准》(GB/T 50485—2020)规定,微灌工程灌溉设计保证率应根据自然条件和经济条件确定,不应低于85%。

七、微灌系统的设计

(一)微灌灌溉制度的确定

微灌灌溉制度是指作物全生育期(对于果树等多年生作物则为全年)每一次的灌水量、灌水周期、一次灌水延续时间、灌水次数和全生育期(或全年)灌水总量。

1. 设计灌水定额 m

设计灌水定额 m 可根据当地试验资料或按式(5-19)计算确定。

$$m=0.1\gamma zP(\theta_{max}-\theta_{min})/\eta \tag{5-19}$$

式中　m——设计灌水定额(mm)；

γ——土壤干密度(g/cm^3)；

z——计划湿润土层深度(m)；

P——微灌设计土壤湿润比(%)；

θ_{max}——适宜土壤含水率上限，占干土质量的百分比；

θ_{min}——适宜土壤含水率下限，占干土质量的百分比；

η——灌溉水利用系数。

2. 设计灌水周期 *T*

设计灌水周期取决于作物、水源和管理情况，可根据试验资料确定。在缺乏试验资料的地区，可参照邻近地区的试验资料并结合当地实际情况按下式计算确定。

$$T=\frac{m}{E_a}\eta \tag{5-20}$$

式中　T——设计灌水周期(d)。

式中，其他符号意义同前。

3. 一次灌水延续时间 *t*

一次灌水延续时间 t 可按下式计算：

$$t=\frac{mS_eS_l}{q} \tag{5-21}$$

式中　t——一次灌水延续时间(h)；

q——灌水器流量(L/h)。

式中，其他符号意义同前。

对于成龄果树，一株树安装 n 个灌水器时，t 可按下式计算：

$$t=\frac{mS_eS_l}{nq} \tag{5-22}$$

式中，符号意义同前。

(二)微灌系统工作制度的确定

微灌系统工作制度有续灌和轮灌两种。不同的工作制度要求系统的流量不同，因而工程费用也不同。在确定工作制度时，应根据作物种类、水源条件和经济状况等因素作出合理选择。

1. 续灌

续灌是对系统内全部管道同时供水，灌区内全部作物同时灌水的一种工作制度。它的优点是每株作物都能得到适时灌水，操作管理简单；缺点是干管流量大，工程投资和运行费用高；设备利用率低；在水源不足时，灌溉控制面积小。一般只有在小系统，如几十亩的果园，才采用续灌的工作制度。

2. 轮灌

轮灌是支管分成若干组，由干管轮流向各组支管供水，而各组支管内部同时向毛管供

水。这种工作制度减少了系统的流量，从而可减少投资，提高设备的利用率。通常采用的是这种工作制度。

在划分轮灌组时，要考虑水源条件和作物需水要求，以使土壤水分能够得到及时补充，并便于管理。有条件时最好是一个轮灌组集中连片，各组控制的灌溉面积相等。按照作物的需水要求，全系统轮灌组的数目 N 为

$$N \leqslant \frac{CT}{t} \tag{5-23}$$

日轮灌次数 n 为

$$n = \frac{C}{t} \tag{5-24}$$

式中　C——系统日工作时间，可根据当地水源和农业技术条件确定，一般不宜大于 20 h。

式中，其他符号意义同前。

(三)微灌系统水力计算

微灌系统水力计算是在已知所选灌水器的工作压力和流量及微灌工作制度情况下确定各级管道通过的流量，通过计算输水水头损失来确定各级管道合理的内径。

1. 管道流量的确定

(1)毛管流量的确定。毛管流量是毛管上灌水器流量的总和，即

$$Q_{毛} = \sum_{i=1}^{n} q_i \tag{5-25}$$

当毛管上灌水器流量相同时，计算公式为

$$Q_{毛} = nq_d \tag{5-26}$$

式中　$Q_{毛}$——毛管流量(L/h)；

n——毛管上同时工作的灌水器个数；

q_i——第 i 号灌水器的设计流量(L/h)；

q_d——流量相同时单个灌水器的设计流量(L/h)。

(2)支管流量计算。支管流量是支管上各根毛管流量的总和，即

$$Q_{支} = \sum_{i=1}^{n} Q_{毛i} \tag{5-27}$$

式中　$Q_{支}$——支管流量(L/h)；

$Q_{毛i}$——不同毛管的流量(L/h)。

(3)干管流量的确定。由于支管通常是轮灌的，有时是两根以上支管同时运行，有时是一根支管运行，故干管流量是由干管同时供水的各根支管流量的总和，即

$$Q_{干} = \sum_{i=1}^{n} Q_{支i} \tag{5-28}$$

式中　$Q_{干}$——干管流量(L/h 或 m^3/h)；

$Q_{支i}$——不同支管的流量(L/h 或 m^3/h)；

n——毛管上同时工作的灌水器个数。

若一根干管控制若干个轮灌区，在运行时各轮灌区的流量不一定相同。为此，在计算干管流量时，对每个轮灌区要分别予以计算。

2. 各级管道管径的选择

为了计算各级管道的水头损失，必须先确定各级管道的管径。管径必须在满足微灌的均匀度和工作制度的前提下确定。

(1)允许水头偏差的计算。一般在进行微灌水力计算时，把每根支管上同时运行的毛管所控制的面积看成是一个微灌小区。为保证整个小区内灌水的均匀性，对小区内任意两个灌水器的水力学特性有如下要求：

1)灌水小区的流量偏差率或水头偏差率应满足以下条件：

$$q_v \leqslant [q_v] \tag{5-29}$$

$$h_v \leqslant [h_v] \tag{5-30}$$

式中 q_v——灌水器设计流量偏差率(%)；

h_v——灌水器设计工作水头偏差率(%)；

$[q_v]$——设计允许流量偏差率，按规范规定不应大于20%；

$[h_v]$——设计允许水头偏差率，此值可通过下式计算：

$$[h_v]=\frac{[q_v]}{x}\left(1+0.15\,\frac{1-x}{x}[q_v]\right) \tag{5-31}$$

x——灌水器流态指数。

式中，其他符号意义同前。

2)灌水小区的允许水头偏差应按下式计算：

$$[\Delta h]=[h_v]h_d \tag{5-32}$$

式中 $[\Delta h]$——灌水小区的允许水头偏差(m)；

h_d——灌水器设计工作水头(m)。

式中，其他符号意义同前。

采用补偿式灌水器时，灌水小区内设计允许的水头偏差应为该灌水器允许的工作水头范围。

(2)允许水头偏差的分配。由于灌水小区的水头偏差是由支管和毛管两级管道共同产生的，应通过技术经济比较来确定其在支管、毛管间的分配。

1)毛管进口不设置调压装置时。当为均匀地形坡度，且支管、毛管比降不大于1时，分配比例按下式计算：

$$\left.\begin{aligned}&\beta_1=\frac{[\Delta h]+L_2J_2-L_2J_1(a_1n_1)^{(4.75-1.75a)/(4.75+a)}}{[\Delta h]\times\left[\dfrac{L_2}{L_1}(a_1n_1)^{(4.75-1.75a)/(4.75+a)}+1\right]}\\&(r_1\leqslant 1,\ r_2\leqslant 1)\\&\beta_2=1-\beta_1\\&C=b_0d^a\end{aligned}\right\} \tag{5-33}$$

式中 β_1——允许水头偏差分配给支管的比例；

β_2——允许水头偏差分配给毛管的比例；

L_1——支管长度(m)；

L_2——毛管长度(m)；

J_1——沿支管地形比降；

J_2——沿毛管地形比降；

a_1——支管上毛管布置系数，单侧布置时为1，双侧对称布置时为2；

n_1——支管上单侧毛管的根数；

r_1，r_2——支管、毛管的降比；

a——指数；

C——管道价格(元/m)；

d——管道直径；

b_0——系数；

式中，其他符号意义同前。

则毛管允许水头偏差为

$$[\Delta h_2]=\beta_2[\Delta h]$$

由于式(5-33)计算分配比例比较麻烦，而美国J. Keller和D. Curmidin则认为在平坦地形时，支管、毛管经济的水头损失分配比例应为0.45和0.55。中、小型微灌工程在设计时，若缺乏资料，可按此法进行分配。

2)坡地毛管进口设置调压装置时。当山区坡地毛管布置时，一般均在毛管进口安装水阻管、压力调节器等，以使各毛管进口压力值相等。此时，小区设计允许的水头偏差应全部分配给毛管，即

$$[\Delta h]=[h_v]h_d \tag{5-34}$$

式中 $[\Delta h]$——允许的毛管水头偏差(m)。

式中，其他符号意义同前。

(3)毛管管径的确定。按毛管的允许水头损失值，初步估算毛管的内径$d_毛$为

$$d_毛=\sqrt[b]{\frac{KFfQ_毛^m L}{[\Delta h]_毛}} \tag{5-35}$$

式中 $d_毛$——初选的毛管内径(mm)；

K——考虑到毛管上管件或灌水器产生的局部水头损失而加大的系数，其取值一般为1.1～1.2；

F——多口系数，$F=\frac{1}{m+1}\left(\frac{N+0.48}{N}\right)^{m+1}$，$N\geqslant3$；

f——摩阻系数；

$Q_毛$——毛管流量(L/h)；

L——毛管长度(m)；

m——流量指数；

b——管径指数；

$[\Delta h]_{毛}$——允许的毛管水头偏差(m)。

由于毛管的直径一般均大于 8 mm，式(5-35)中各种管材的 f、m、b 值，可按表 5-3 选用。

表 5-3　各种塑料管材的 f、m、b 值

管材			f	m	b
塑料硬管	光滑区		0.094	1.77	4.77
铝管、铝合金管	光滑区		0.086 1	1.74	4.74
微灌用聚乙烯管	$D>8$ mm		0.505	1.75	4.75
	$D\leqslant 8$ mm	$Re>2\ 320$	0.595	1.69	4.69
		$Re\leqslant 2\ 320$	1.75	1	4

注：1. Re 为雷诺数。

2. 微灌用聚乙烯管相应于水温 10 ℃，其他温度时应修正

(4)支管管径的确定。

1)当为平坦地形，毛管进口未设置调压装置时，支管管径的初选可按上述分配给支管的允许水头差，用下式初估支管管径 $d_{支}$：

$$d_{支}=\sqrt[b]{\frac{KFfQ_{支}^{m}L}{0.45[h_{v}]h_{d}}} \tag{5-36}$$

式中　K——考虑到支管管件产生的局部水头损失而加大的系数，通常 K 的取值范围为 1.05～1.1；

L——支管长度(m)。

式中，其他符号意义同前，且 f、m、b 值仍按表 5-3 中选取。

2)当为坡地，毛管进口设置调压装置时，由于此时设计允许的水头差均分配给了毛管，支管应按经济流速来初选其管径 $d_{支}$。

$$d_{支}=1\ 000\sqrt{\frac{4Q_{支}}{3\ 600\pi v}} \tag{5-37}$$

式中　$d_{支}$——支管内径(mm)；

$Q_{支}$——支管进口流量(m^3/h)；

v——塑料管经济流速(m/s)，一般取 v 为 1.2～1.8 m/s。

(5)干管管径的确定。干管管径可按毛管进口安装调压装置时，支管管径的确定方法计算确定。

在上述三级管道管径都计算完成后，还应根据塑料管的规格，最后确定实际各级管道的管径。必要时还需要根据管道的规格，进一步调整管网的布局。

微灌系统使用的管材与管件，必须选择其公称压力符合微灌系统设计要求的产品，地面铺设的管道应不透光、抗老化、施工方便、连接牢固可靠。一般情况下，直径在 50 mm 以上各级管道和管件应选用聚氯乙烯产品；直径在 50 mm 以下各级管道和管件应选用微灌用聚乙烯产品。

3. 管网水头损失的计算

(1)沿程水头损失的计算。对于直径大于 8 mm 的微灌采用塑料管道，应采用勃氏公式计算沿程水头损失，即

$$h_f=\frac{fQ^m}{d^b}L \tag{5-38}$$

式中 h_f——沿程水头损失(m)；

f——摩阻系数；

Q——流量(L/h)；

d——管道内径(mm)；

L——管长(m)；

m——流量指数；

b——管径指数。

式(5-38)中，各种塑料管材的 f、m、b 值可按表 5-3 中选取。

微灌系统中的支管、毛管出流孔口较多，一般可视为等间距、等流量分流管，其沿程水头损失可按下式计算(当 $N\geqslant 3$ 时)：

$$h_f'=\frac{fSq_d^m}{d^b}\left[\frac{(N+0.48)^{m+1}}{m+1}-N^m\left(1-\frac{S_0}{S}\right)\right] \tag{5-39}$$

式中 h_f'——等距多孔管沿程水头损失(m)；

S——分流孔的间距(m)；

S_0——多孔管进口至首孔的间距(m)；

N——分流孔总数；

q_d——毛管上单孔或灌水器的设计流量(L/h)。

式中，其他符号意义同前。

(2)局部水头损失的计算。局部水头损失的计算公式为

$$h_w=\sum\zeta\frac{v^2}{2g} \tag{5-40}$$

式中 h_w——局部水头损失(m)；

ζ——局部水头损失系数；

v——管中流速(m/s)；

g——重力加速度(m/s^2)。

当参数缺乏时，局部水头损失也可按沿程水头损失的一定比例估算，支管为 0.05～0.1，毛管为 0.1～0.2。

4. 毛管的极限孔数与极限铺设长度

水平毛管的极限孔数按式(5-41)计算。设计采用的毛管分流孔数不得大于极限孔数。

$$N_m = INT\left[\frac{5.446[\Delta h_2]d^{4.75}}{KS_e q_d^{1.75}}\right]^{0.364} \tag{5-41}$$

式中 N_m——毛管的极限分流孔数；

$INT[\ ]$——将括号内实数舍去小数取整数；

$[\Delta h_2]$——毛管的允许水头偏差(m)；

d——毛管内径(mm)；

K——水头损失扩大系数，$K=1.1\sim1.2$；

S_e——毛管上分流孔的间距(m)；

q_d——毛管上单孔或灌水器的设计流量(L/h)。

均匀地形坡毛管的极限孔数计算按《微灌工程技术标准》(GB/T 50485—2020)进行。

极限铺设长度采用下式计算：

$$L_m = N_m S_e + S_0 \tag{5-42}$$

式中 S_0——多孔管进口至首孔的间距，取 0.4 m；

式中，其他符号意义同前。

【例 5-3】 毛管设计及水力计算。已知毛管设计最长铺设长度为 95 m，支管进口压力水头 $h_d=11$ m。计算：

(1)设计滴头工作压力偏差率 h_v，设计允许流量偏差率$[q_v]=0.2$，流态指数 $x=0.35$。

(2)毛管极限孔数 N_m。毛管上单孔的设计流量 $q_d=1.1$ L/h，毛管的内径$D=15.9$ mm，毛管水头损失扩大系数 $K=1.1$，毛管滴头间距 $S_e=0.4$ m。

(3)毛管最大铺设长度 L。多孔管进口至首孔的间距 $S_0=0.4$ m。

【解】 (1)毛管允许工作压力偏差率如下：

$$[h_v]=\frac{1}{x}[q_v]\left(1+0.15\,\frac{1-x}{x}[q_v]\right)=\frac{1}{0.35}\times0.2\times\left(1+0.15\times\frac{1-0.35}{0.35}\times0.2\right)=0.6$$

(2)毛管极限孔数如下：

$$N_m=\left(\frac{5.446D^{4.75}h_d[h_v]}{KS_e q_d^{1.75}}\right)^{0.364}+0.52$$

$$=\left(\frac{5.446\times15.9^{4.75}\times11\times0.6}{1.1\times0.4\times1.1^{1.75}}\right)^{0.364}+0.52=241.99\approx242$$

毛管最大铺设长度如下：

$$L_m=N_m S_e+S_0=242\times0.4+0.4=97.2(\text{m})$$

毛管设计铺设长度为 95 m 是合理的。

5. 节点的压力均衡验算

微灌管网必须进行节点的压力均衡验算。从同一节点取水的各根管线同时工作时，节点的水头必须满足各根管线对该节点的水头要求。由于各根管线对节点水头要求不一致，

因此必须进行处理，处理办法有：一是调整部分管段直径，使各根管线对该节点的水头要求一致；二是按最大水头作为该节点的设计水头，其余管线进口根据节点设计水头与该管线要求的水头之差，设置调压装置或安装调压管(又称水阻管)加以解决，压力调节器价格较高，国外微灌工程中经常采用。我国则采用后一种方法，即在管线进口处安装一段比该管管径细得多的塑料管，以造成较大水阻力，消除多余压力。

从同一节点取水的各根管线分为若干轮灌组时，各组运行时的压力状况均需要计算。同一轮灌组内各根管线对节点水头要求不一致时，应按上述处理方法进行平衡计算。

(四)机泵选型配套

微灌系统的机泵选型配套主要依据系统设计扬程、流量和水源取水方式而定。

1. 微灌系统的设计流量

系统设计流量可按下式计算：

$$Q=\sum_{i=1}^{n}q_i \tag{5-43}$$

式中 Q——系统的设计流量(L/h)；

q_i——第 i 号灌水器的设计流量(L/h)；

n——同时工作的灌水器个数。

2. 系统设计扬程

系统设计扬程按最不利轮灌条件下系统设计水头计算：

$$H=Z_p-Z_b+h_0+\sum h_f+\sum h_w \tag{5-44}$$

式中 H——系统的扬程(m)；

Z_p——典型毛管进口的高程(m)；

Z_b——系统水源的设计水位(m)；

h_0——典型毛管进口的设计水头(m)；

$\sum h_f$——水泵进水管至典型毛管进口的管道沿程水头损失(m)；

$\sum h_w$——水泵进水管至典型毛管进口的管道局部水头损失(m)。

3. 机泵选型

根据设计扬程和流量，就可以从水泵型谱或水泵性能表中选取适宜的水泵。一般水源可以选用离心泵，当设计水位或最低水位与水泵安装高度之间的高差超过 8.0 m 时，宜选用潜水泵。根据水泵的要求，选配适宜的动力机，防止出现“大马拉小车”或“小马拉大车”的情况。在电力有保证的条件下，动力机应首选电动机。必须说明的是，要选择效率在高效区工作的水泵，并应为国家推荐的节能水泵。

(五)首部枢纽设计

首部枢纽设计就是正确选择和合理配置有关设备与设施。首部枢纽对微灌系统运行的可靠性和经济性起着重要的作用。

(1)过滤器。选择过滤器主要考虑水质和经济两个因素。筛网过滤器是最普遍使用的过滤器，但含有机污染物较多的水源使用砂砾过滤器能得到更好的过滤效果。含砂量大的水源可以采用离心式过滤器，但必须与筛网过滤器配合使用。

(2)施肥器。应根据各施肥设备的特点及灌溉面积的大小选择施肥器。小型灌溉系统可选用文丘里施肥器。

(3)水表。水表的选择要考虑水头损失值在可接受的范围内，并配置于肥料注入口的上游，防止肥料对水表的腐蚀。

(4)压力表。压力表是系统观测设备，均应设置在干管首部，一般安装 2.5 级精度以上的压力表，以控制和观测系统供水压力。

(5)阀门。在管道系统中要设计节制阀、球阀、进排气阀等。一般节制阀设置在水泵出口处的干管上和每根支管的进口处，以控制水泵出口流量和控制支管流量，实行轮灌。每个节制阀控制一个轮灌区。球阀一般设置在干、支管的尾部，其作用是放掉管中积水，冲洗泥沙。上述两种阀门处应设置阀门井，其顶部应高于阀门 20～30 cm，其余尺寸以方便操作为度。非灌溉季节，阀门井用盖板封闭，以保护阀门和冬季保温。

进排气阀一般设置在干管上。在管道布置时，因地形的起伏有时不可避免地产生凸峰，管网运行时这些地方易产生气团，影响输水效率，故应设置排气阀将空气排出。进排气阀一般设置在管道系统高处。

当水泵运行压力较高时，由于停电等原因突然停机，将造成较大的水锤压力。当水锤压力超过管道试验压力，水泵最高反转转速超过额定转速的 1.25 倍，管道水压接近汽化压力时，应设置逆止阀。

(六)投资预算及经济评价

规划设计结束时，列出材料设备用量清单，并进行投资预算与效益分析，为方案选择和项目决策提供科学依据。

任务二　喷灌工程规划设计

一、喷灌系统的优点及缺点

喷灌是一种利用喷头等专用设备将具有一定压力的水喷到空中，散成小水滴或形成迷雾降落到植物上和地面上的灌溉方式。

视频：喷灌工程设计

(一)喷灌的优点

喷灌是一种新的灌溉技术，有着广阔的发展前途，它与地面灌溉相比具有许多优越性。喷灌具有以下优点。

1. 省水

喷灌可以控制喷洒水量和均匀性，避免产生地面径流和深层渗漏，从而减少水的损失，提高水的利用率，节省灌溉水量，一般比地面灌溉节省水量3.0%～50%。对于透水性强、保水能力差的沙质土地，节水效果更为明显，用同样的水能浇灌更多的土地。对于可能产生次生盐碱化的地区，采用喷灌的方法，可严格控制湿润深度，消除深层渗漏，防止地下水水位上升和次生盐碱化。同时，省水还意味着节省动力，可以降低灌水成本。

2. 省工

喷灌可以提高灌溉的机械化程度，能大大提高生产效率，减小灌水的劳动强度。喷灌取消了田间的输水沟渠，不仅有利于机械作业，而且大大减少了田间劳动力使用量。喷灌还可以结合施入化肥和农药，也能节省大量劳动量。据统计，喷灌所需的劳动量约为地面灌溉的1/5。

3. 省地

采用喷灌可以大量减少土石方工程，无须田间的灌水沟渠和畦埂，可以腾出田间沟渠占地，用于种植作物。比地面灌溉更能充分利用耕地，提高土地利用率，一般可增加7%～10%的耕种面积。

4. 增产

喷灌可以通过浅浇勤灌，用较少的灌水量使土壤湿度维持在作物生长最适宜的范围。喷灌对土壤不产生冲刷等破坏，有利于保持土壤团粒结构，使土壤疏松多孔、通气性好，从而促进作物根系的生长发育，充分吸收土壤表层的水肥。喷灌可以增加近地表空气湿度，能调节田间小气候，在空气炎热的季节还可以调节叶面温度，冲洗叶面尘土，有利于促进植物的呼吸和光合作用，达到增产提质的效果。据统计，喷灌使大田作物增产20%，经济作物增产30%，蔬菜增产1～2倍，作物品质也有不同程度的提升。

5. 适应性强

喷灌可以适应各种地形，不需要像地面灌溉那样进行土地平整，在坡地、起伏不平的地面及地面灌水方法难以实现的场合，均可进行喷灌。对于土层薄、透水性强的沙质土，喷灌也是非常适用的。

喷灌不仅适应所有的大田旱作物，而且对于各种经济作物、蔬菜及草场等都可以产生可观的经济效果。同时，其还可兼作喷洒肥料、农药，发挥防霜冻、防暑降温和防尘的作用。

(二)喷灌的缺点

1. 投资较高

喷灌需要一定的压力、动力设备和管道材料，初期单位面积投资较大，成本较高。

2. 能耗较大

喷灌所需压力通过消耗能源获得，所需压力越高，耗能越大，灌溉成本就越高。

3. 受风和空气湿度影响大

当风速在 5.5~7.9 m/s 即四级风以上时，能吹散水滴，使灌溉均匀性大大降低，飘移损失也会增大。空气湿度过低时，蒸发损失加大。

二、喷灌系统的组成与分类

(一)喷灌系统的组成

喷灌系统主要由水源工程、水泵及动力设备、输配水管网系统和喷头等部分组成。

1. 水源工程

河流、湖泊、水库、井泉及城市供水系统等，都可以作为喷灌的水源，但需要修建相应的水源工程，如水量调节池、泵站及附属设施等。

在植物整个生长季节，水源应有充足的水量供应；同时，水质应满足灌溉的标准要求。

2. 水泵及动力设备

喷灌需要使用有压力的水才能进行喷洒。通常利用水泵，将水提吸、增压、输送到各级管道及各个喷头中，并通过喷头喷洒出来。如在利用城市供水系统作为水源的情况下，往往不需要加压水泵。

喷灌用泵可以是各种农用泵，如离心泵、潜水泵、深井泵等。有电力供应的地方，用电动机为水泵提供动力；在用电困难的地方，用柴油机、拖拉机或手扶拖拉机等为水泵提供动力，动力机的功率大小根据水泵的配套要求确定。

3. 管网

管网的作用是将压力水输送并分配到所需灌溉的种植区域。管网一般包括干管、支管和竖管。干管和支管起输、配水作用；竖管安装在支管上，末端连接喷头。通过各种相应的管件、阀门等设备将各级管道连接成完整的管网系统。

4. 喷头

喷头将管道系统输送的有压水流通过喷嘴喷射到空中，分散成细小的水滴散落下来，灌溉作物，湿润土壤。喷头一般安装在竖管上，是喷灌系统中的关键设备。

5. 附属工程、附属设备

在喷灌工程中还用到一些附属工程和附属设备。如从河流、湖泊、渠道取水，则应设置拦污设施；为了保护喷灌系统的安全运行，必要时应设置进排气阀、调压阀、安全阀等。在灌溉季节结束后应排空管道中的水，需设置泄水阀，以保证喷灌系统安全越冬。为观察喷灌系统的运行状况，在水泵进出水管路上应设置真空表、压力表和水表，在管道上还要设置必要的闸阀，以便配水和检修。考虑综合利用时，如喷洒农药和肥料，应在干管或支管上端设置调配和注入设备(图 5-13)。

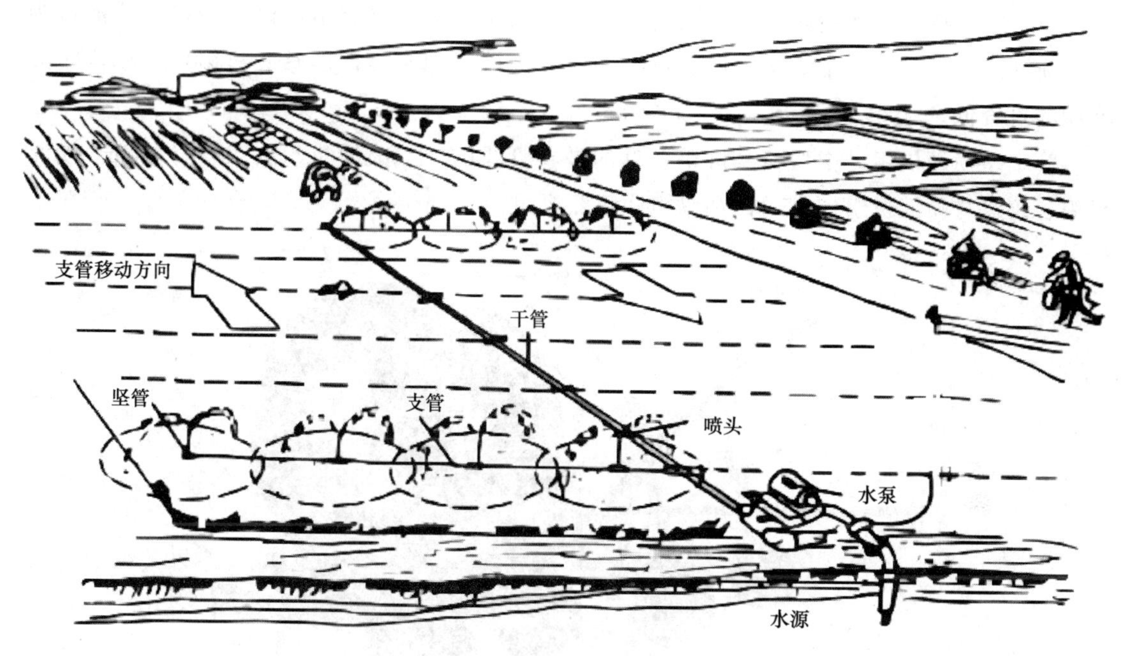

图 5-13　喷灌系统示意

(二)喷灌系统的分类

按水流获得的压力方式，可分为机压式、自压式和提水蓄能式喷灌系统；按喷灌设备的形式，可分为管道式和机组式喷灌系统；按喷洒方式，可分为定喷式和行喷式喷灌系统。

1. 机组式喷灌系统

(1)机组式喷灌系统的分类。喷灌机是将喷灌系统中有关部件组装成一体，组成可移动的机组进行作业。机组式喷灌系统的类型很多，按大小分可分为轻型、小型、中型和大型喷灌机系统。

1)小型喷灌机组(图 5-14)。在我国主要是手推式或手抬式轻小型喷灌机组。行喷式喷灌机一边走一边喷洒；定喷式喷灌机在一个位置上喷洒完成后再移动到新的位置上喷洒。

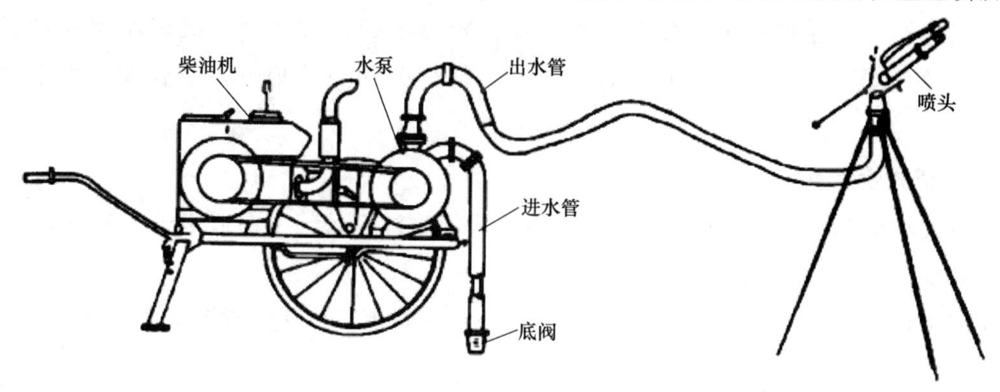

图 5-14　小型喷灌机组

在手推式或手抬式拖拉机上安装一个或多个喷头、水泵、管道，以电动机或柴油机为动力喷洒灌溉。其优点是结构紧凑、机动灵活、机械利用率高，能够一机多用，单位喷灌面积的投资低。

2）中型喷灌机组。中型喷灌机组多见的是卷管式（自走）喷灌机组、双悬臂（自走）喷灌机组、绞盘式喷灌机组（图 5-15）和纵拖式喷灌机组。

图 5-15　绞盘式喷灌机组

3）大型喷灌机组。大型喷灌机组控制面积可达百亩，如平移式自走喷灌机、大型摇滚式机等。

（2）机组式喷灌系统的选用。

1）地区与水源影响。南方地区河网较密，宜选用轻型（手抬式）、小型喷灌机组（手推车式），少数情况下也可选择中型喷灌机组（如绞盘式喷灌机）组。轻小型喷灌机组特别适合田间渠道配套性好或水源分布广、取水点较多的地区。

北方田块较宽阔，根据水源情况各种类型机组都有适用的可能性。但对大型农场，则宜选择大中型喷灌机组，大中型喷灌机组的工作效率比较高。

2）因地制宜。在耕地比较分散、水管理比较分散的地方适合发展轻小型移动式喷灌机组；在干旱草原、土地连片、种植统一、缺少劳动力的地方，适合发展大中型喷灌机组。

2. 管道式喷灌系统

管道式喷灌系统是指以各级管道为主体组成的喷灌系统，主要适用于水源较为紧缺、取水点较少、需要节水的我国北方地区。

按照可移动的程度，管道式喷灌系统可分为固定管道式、移动管道式和半固定管道式三种。

（1）固定管道式喷灌系统。固定管道式喷灌系统由水源、水泵、管道系统及喷头组成。动力、水泵固定，输（配）水干管（分干管）及工作支管均埋入地下。喷头可以常年安装在与支管连接伸出地面的竖管上，也可以按轮灌顺序轮换安装使用。

固定管道式喷灌系统的优点是操作简单、管理方便，便于实行自动化控制，生产效率高；缺点是投资大，亩均投资约在 1 000 元左右(不含水源)，竖管对机耕和其他农业操作有一定影响，设备利用率低。

固定管道式喷灌系统一般适用于经济条件较好的城市园林、花卉和草地的灌溉，以及灌水次数频繁且经济效益高的蔬菜和水果等的灌溉。对于地面坡度较陡的山丘和能利用自然水头喷灌的地区也适用。

(2)移动管道式喷灌系统。移动管道式喷灌系统(图 5-16)的组成与固定式相同，它可直接从田间渠道、井、塘吸水。其水泵、动力、管道和喷头全部可以拆卸移动，可在多个田块之间轮流喷洒作业。

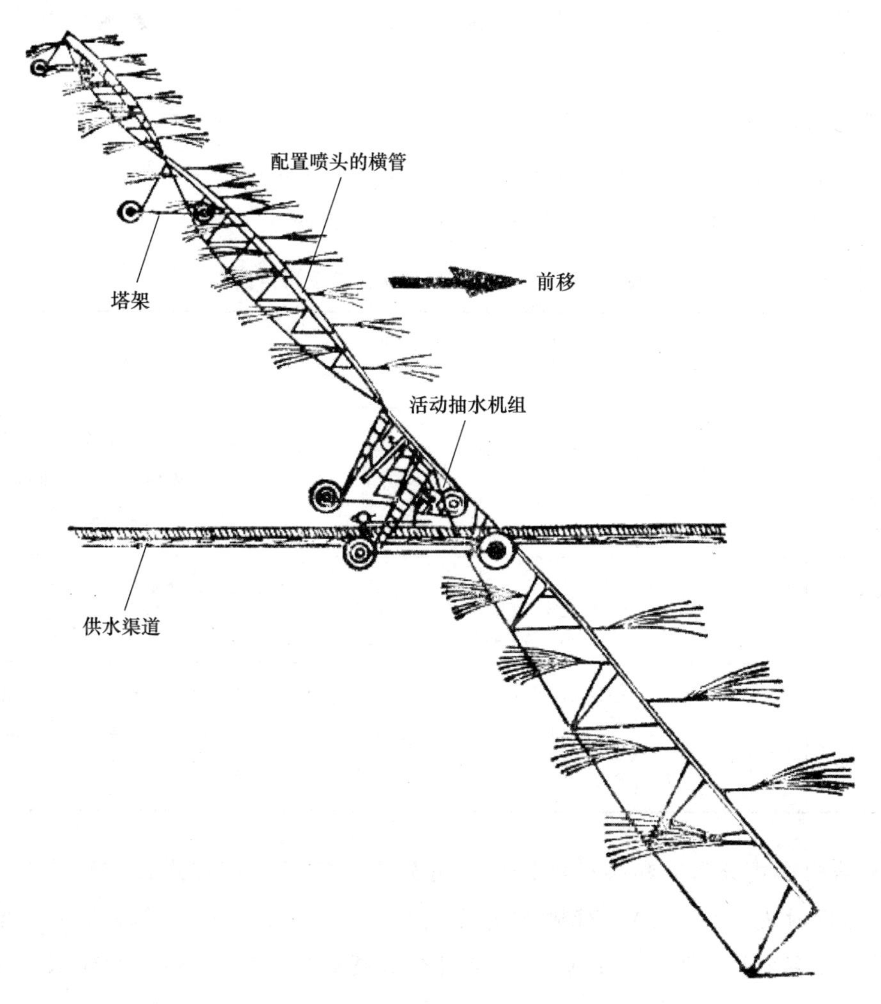

图 5-16　移动管道式喷灌系统

移动管道式喷灌系统的优点是机械设备利用率高，投资较少，应用广泛；缺点是所有设备(特别是动力机和水泵)都要进行拆卸和搬运，这会增加劳动强度，降低生产效率，设备维修保养的工作量也会大幅度增加，还容易对作物造成损坏。

移动管道式喷灌系统一般适用于气候严寒、冻土层较深及经济较为落后的地区。

(3)半固定管道式喷灌系统。半固定管道式喷灌系统一般适用于较为平坦的地面，常用来灌溉大田粮食作物。其系统组成与固定式相同，其中动力机、水泵及输水干管等常年或整个灌溉季节固定不动，支管、竖管和喷头等可以拆卸移动，安装在不同的作业位置上轮流喷灌。这种方式综合了全固定和全移动管道式喷灌系统的优点与缺点，投资适中(亩投资为650～800元)，操作和管理也较为方便，是国内使用较为普遍的一种管道式喷灌系统。

三、喷灌的主要设备

喷头是喷灌系统的关键专用设备，其作用是把压力水流喷射到空中，散成细小的水滴并均匀地散落在地面上。因此，喷头的结构形式及质量的好坏，直接影响到喷灌的效果与质量。

(一)喷头的分类

喷头的种类很多，通常按喷头工作压力或结构形式进行分类。

(1)按工作压力分类。按工作压力分类及其适用范围见表5-4。

表5-4　喷头按工作压力分类及其适用范围表

喷头类别	工作压力/kPa	射程/m	流量/$(m^3 \cdot h^{-1})$	适用范围
低压喷头(低射程喷头)	<200	<15.5	<2.5	射程近、水滴打击强度低，主要用于苗圃、菜地、温室、草坪、园林、自压喷灌的低压区或行喷式喷灌机
中压喷头(中射程喷头)	200～500	15.5～42	2.5～32	喷灌强度适中，适用范围广，果园、草地、菜地、大田及各类经济作物均可使用
高压喷头(远射程喷头)	>500	>42	>32	喷洒范围大，但水滴打击强度也大。多用于对喷洒质量要求不高的大田作物和牧草等

(2)按结构形式分类。喷头按结构形式可分为固定式、孔管式和旋转式三类。固定式又可分为折射式(图5-17)、缝隙式和离心式三种形式；孔管式又可分为单(双)孔口、单列孔和多列孔三种形式；旋转式又可分为摇臂式(图5-18)、叶轮式和反作用式三种形式。

喷头采用的材质有铜、铝合金和塑料三种类型。我国已经定型生产有PY、ZY型。

常用摇臂式喷头如图5-18所示。其中，PY、ZY型喷头性能参数见表5-5、表5-6。

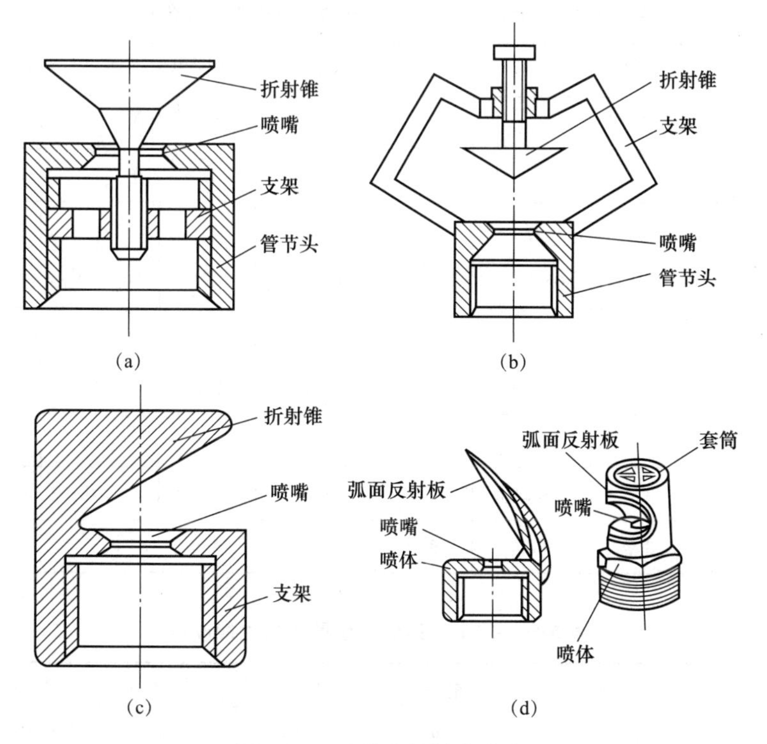

图 5-17　固定式折射式喷头

(a)内支架圆锥折射式喷头；(b)外支架圆锥折射式喷头；
(c)直面扇形折射式喷头(整体式)；(d)弧面扇形圆锥折射式喷头(整体式)

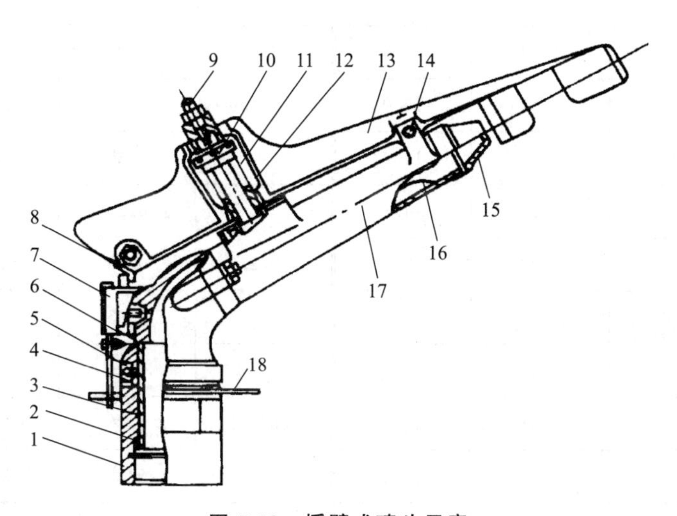

图 5-18　摇臂式喷头示意

1—空心轴套；2—减磨密封圈；3—空心轴；4—防砂弹簧；5—弹簧罩；6—喷体；
7—换向器；8—反向钩；9—摇臂调位螺钉；10—弹簧座；11—摇臂轴；12—摇臂弹簧；
13—摇臂；14—打击块；15—喷嘴；16—稳流器；17—喷管；18—限位环

表 5-5　PYS05 喷头水力性能表(外螺纹接头)

接头	1/2″	3/8″	1/2″	3/8″	1/2″	3/8″	1/2″	3/8
喷洒方式	全圆		全圆		全圆		全圆	
喷嘴直径/mm	2.0		2.5		3.0		3.5	
工作压力/kPa	R /m	Q /($m^3 \cdot h^{-1}$)	R /m	Q /($m^3 \cdot h^{-1}$)	R /m	Q /($m^3 \cdot h^{-1}$)	R /m	Q /($m^3 \cdot h^{-1}$)
150	7.5	0.17	7.8	0.23	8.0	0.31	8.0	0.48
200	7.8	0.19	8.0	0.27	8.3	0.36	8.3	0.56
250	8.0	0.22	8.3	0.30	8.5	0.45	8.8	0.62
300	8.3	0.24	8.5	0.33	8.8	0.48	9.0	0.68
350	8.3	0.26	8.8	0.35	8.9	0.53	9.3	0.73

表 5-6　ZY-1 型摇臂式全圆喷头性能参数

喷嘴直径 /mm	工作压力 /MPa	流量 /($m^3 \cdot h^{-1}$)	射程 /m	喷嘴直径 /mm	工作压力 /MPa	流量 /($m^3 \cdot h^{-1}$)	射程 /m
4.0	0.20	0.85	13.5	4.0/2.8	0.20	1.37	13.5
	0.25	0.96	14.2		0.30	1.65	14.9
	0.30	1.05	14.9		0.35	1.78	15.5
	0.35	1.13	15.5	4.5/2.8	0.20	1.65	14.0
	0.40	1.21	16.0		0.30	2.00	15.4
4.5	0.20	1.08	14.0		0.35	2.15	16.1
	0.25	1.21	14.8	5.0/2.8	0.20	1.96	14.4
	0.30	1.33	15.4		0.30	2.36	16.0
	0.35	1.43	16.1		0.35	2.54	16.6
	0.40	1.54	16.6	4.5/3.2	0.20	1.85	14.0
5.0	0.20	1.33	14.4		0.30	2.23	15.4
	0.25	1.49	15.2		0.35	2.40	16.1
	0.30	1.64	16.0	5.0/3.2	0.20	2.06	14.4
	0.35	1.77	16.6		0.30	2.48	16.0
	0.40	1.90	17.2		0.35	2.67	16.6
注：此规格喷头的接口尺寸为 1 寸内螺纹							

(二)喷头的基本性能参数

喷头的基本参数包括喷头的几何参数、工作参数和水力性能参数。

1. 喷头的几何参数

(1)进水口直径 D。进水口直径是指喷头空心轴或进水口管道的内径 D(mm)。通常比竖管内径小，因而使流速增加，一般流速应控制在 3～4 m/s，以求水头损失小而又不致使喷头体积太大。喷头的进水口直径确定后，其过水能力和结构尺寸也就大致确定了，喷头与竖管的连接一般采用螺纹连接。我国 PY 型摇臂式喷头以进水口公称直径命名喷头的型号，如常用的 $PY_1$20 喷头，其进水口的公称直径为 20 mm。

(2)喷嘴直径 d。喷嘴直径是指喷嘴流道等截面段的直径 d(mm)。喷嘴直径反映喷头在一定工作压力下的过水能力。同一型号的喷头，往往允许配用不同直径的喷嘴，如 ZY-2 喷头可以配用直径为 6～10 mm 的 9 种喷嘴，这时如工作压力相同，则喷嘴直径越大，喷水量就越大，射程也越远，但雾化程度要相对降低。

(3)喷射仰角 α。喷射仰角是指喷嘴出口处射流与水平面的夹角。在相同工作压力和流量的情况下，喷射仰角是影响射程和喷洒水量分布的主要参数。适宜的喷射仰角能获得最大的射程，从而可以降低喷灌强度和扩大喷头的控制范围，降低喷灌系统的建设投资。喷射仰角一般在 20°～30°，大中型喷头的 α 大于 20°，小喷头的 α 小于 20°，目前我国常用喷头的 α 多为 27°～30°。为了提高抗风能力，有些喷头已采用 21°～25°的喷射仰角。对于小于 20°的喷射仰角，称为低喷射仰角。低喷射仰角喷头一般多用于树下喷灌。对于特殊用途的喷灌，还可以将 α 制造得更小。

2. 喷头的工作参数

(1)工作压力 P。喷头的工作压力是指喷头进水口前的内水压力，一般以 P 表示，单位为 kPa 或 m。喷头工作压力减去喷头内的水头损失等于喷嘴出口处的压力，简称喷嘴压力，以 P_z 表示。

(2)喷头流量 q。喷头流量又称喷水量，是指单位时间内喷头喷出的水的体积(或水量)，单位为 m^3/h、L/s 等。影响喷头流量的主要因素是工作压力和喷嘴直径，同样的喷嘴，工作压力越大；喷头流量也就越大；反之亦然。

(3)射程 R。射程是指在无风条件下，喷头正常工作时喷洒湿润半径，一般以 R 表示，单位为 m。喷头的射程主要取决于喷嘴压力、喷水流量(或喷嘴直径)、喷射仰角、喷嘴形状和喷管结构等因素。另外，整流器、旋转速度等也不同程度的影响射程。因此，在设计或选用喷头射程时考虑以上各项因素。

(三)喷灌的技术参数

1. 喷灌强度

喷灌强度是指单位时间内喷洒在单位面积上的水量，即单位时间内喷洒在灌溉面积上的水深，单位通常用 mm/h 或 mm/min 表示。

(1)点喷灌强度。点喷灌强度是指单位时间内喷洒在土壤表面某点的水深，可用下式表示：

$$\rho_i=\frac{h_i}{t} \tag{5-45}$$

式中　ρ_i——点喷灌强度(mm/h)；

h_i——喷灌水深(mm)；

t——喷灌时间(h)。

(2)平均喷灌强度。平均喷灌强度是指一定湿润面积上各点在单位时间内喷灌水深的平均值，以下式表示：

$$\bar{\rho}=\frac{\bar{h}}{t} \tag{5-46}$$

式中　$\bar{\rho}$——平均喷灌强度(mm/h)；

$\bar{h}$——平均喷灌水深(mm)；

t——喷灌时间(h)。

不考虑水滴在空气中的蒸发和飘移损失，根据喷头喷出的水量与喷洒在地面上的水量相等的原理计算的平均喷灌强度，又称为计算喷灌强度：

$$\rho_s=\frac{1\ 000q}{A} \tag{5-47}$$

式中　ρ_s——无风条件下单喷头喷洒的平均喷灌强度(mm/h)；

q——喷头流量(m^3/h)；

A——单喷头喷洒控制面积(m^2)。

(3)组合喷灌强度。在喷灌系统中，喷洒面积上各点的平均喷灌强度，称为组合喷灌强度。组合喷灌强度可用下式计算：

$$\rho=K_\omega C_\rho \rho_s \tag{5-48}$$

式中　C_ρ——布置系数，查表5-7；

K_ω——风系数，查表5-8；

ρ_s——无风条件下单喷头喷洒的平均喷灌强度(mm/h)。

表5-7　不同运行情况下的C_ρ值

运行情况	C_ρ
单喷头全圆喷洒	1
单喷头扇形喷洒(扇形中心角α)	$\frac{360}{\alpha}$
单支管多喷头同时全圆喷洒	$\frac{\pi}{\pi-(\pi/90)\arccos(a/2R)+(a/R)\sqrt{1-(a/2R)^2}}$
多支管多喷头同时全圆喷洒	$\frac{\pi R^2}{ab}$
注：表内各式中，R为喷头射程，a为喷头在支管上的间距，b为支管间距	

表 5-8　不同运行情况下的 K_ω 值

运行情况		K_ω
单喷头全圆喷洒		$1.15v^{0.314}$
单支管多喷头同时全圆喷洒	支管垂直风向	$1.08v^{0.194}$
	支管平行风向	$1.12v^{0.302}$
多支管多喷头同时喷洒		1.0

注：1. 式中 v 为风速，以 m/s 计；
2. 单支管多喷头同时全圆喷洒，若支管与风向既不垂直又不平行时，可近似地用线性插值方法求取 K_ω；
3. 本表公式适用于风速 v 为 1～5.5 m/s 的区间

在喷灌工程中，组合喷灌强度不应超过土壤的允许入渗率(渗吸速度)，使喷洒到土壤表面上的水能及时渗入土壤中，而不形成积水和径流。对定喷式喷灌系统的设计喷灌强度不得大于土壤的允许喷灌强度。行喷式喷灌系统的设计喷灌强度可略大于土壤的允许喷灌强度。

不同质地土壤的允许喷灌强度可按表 5-9 的要求。当地面坡度大于 5%时，允许喷灌强度应按表 5-10 进行折减。

表 5-9　各类土壤的允许喷灌强度

土壤类别	允许喷灌强度/($mm \cdot h^{-1}$)	土壤类别	允许喷灌强度/($mm \cdot h^{-1}$)
砂土	20	黏壤土	10
砂壤土	15	黏土	8
壤土	12		
说明	有良好覆盖时，表中数值可提高 20%		

表 5-10　坡地允许喷灌强度降低值　　%

地面坡度	允许喷灌强度降低值	地面坡度	允许喷灌强度降低值
5～8	20	13～20	50
9～12	40	>20	75

2. 均匀系数

均匀系数是指衡量喷灌面积上喷洒水量分布均匀程度的一个指标。定喷式喷灌系统喷灌均匀系数不应低于 0.75，对于行喷式喷灌系统不应低于 0.85。喷灌均匀系数在有实测数据时应按式(5-49)计算：

$$C_u = 1 - \frac{\Delta h}{h} \tag{5-49}$$

式中　C_u——喷灌均匀系数；

h——喷洒水深的平均值(mm)；

Δh——喷洒水深的平均高差(mm)。

喷灌均匀系数在设计中可通过控制以下因素实现：设计风速下喷头的组合间距、喷头的喷洒水量分布及喷头工作压力。

3. 喷灌的雾化指标

雾化程度是反映水滴打击强度的一个指标，是喷射水流的碎裂程度。一般用喷头工作压力与喷嘴直径的比值表示，可按式(5-50)计算，并应符合表5-11的要求。

$$W_h = \frac{h_p}{d} \tag{5-50}$$

式中　W_h——喷灌的物化指标；

h_p——喷头的工作压力水头(m)；

d——喷头的主喷嘴直径(m)。

表5-11　不同作物的适宜雾化指标

作物种类	h_p/d
蔬菜及花卉	4 000～5 000
粮食作物、经济作物及果树	3 000～4 000
牧草、饲料作物、草坪及绿化林木	2 000～3 000

四、管道及附件

管道是喷灌工程的重要组成部分。管材在喷灌系统中需用数量多，投资占比较大(约占喷灌工程投资的70%)，因此，选用的管材必须保证在规定的工作压力下不发生开裂、爆管等现象。在保证管道工作安全可靠的条件下，在设计中还需要按照因地制宜、经济合理的原则综合选择。此外，管道附件也是管道系统中不可缺少的配件。

(一)喷灌管材

喷灌管道按照材质可分为金属管道和非金属管道；按照使用方式可分为固定管道和移动管道。

目前，喷灌工程中可以选用的管材主要有塑料管、钢管、铸铁管、混凝土管、薄壁铝合金管、薄壁镀锌钢管及涂塑软管等。一般来说，地埋管道尽量选用塑料管，地面移动管道可选用薄壁铝合金管及涂塑软管。

1. 塑料管

塑料管是由不同种类的树脂掺入稳定剂、添加剂和润滑剂等挤出成型的。按其材质可分为聚氯乙烯管(PVC)、聚乙烯管(PE)和改性聚丙烯管(PP)等。在喷灌工程中，常采用承压能力为400～1 000 kPa的管材。

塑料管的优点是质量轻，便于搬运，施工容易，能适应一定的不均匀沉陷，内壁光滑，不生锈，耐腐蚀，水头损失小；缺点是存在老化脆裂问题，随温度升降变形大。在喷灌工程中，如果将其作为地埋管道使用，可以最大限度地克服老化脆裂缺点，同时减小温度变化幅度，因此地埋管道多选用塑料管。

塑料管的连接形式可分为刚性连接和柔性连接。刚性连接有法兰连接、承插粘接和焊接等；柔性连接多为一端R型扩口或使用铸铁管件套橡胶圈止水承插连接。

2. 钢管

常用的钢管有无缝钢管(热轧和冷拔)、焊接钢管和水煤气钢管等。

钢管的优点是能够承受动荷载和较高的工作压力，与铸铁管相比，管壁较薄，韧性强，不易断裂，节省材料，连接简单，铺设简便；缺点是造价较高、易腐蚀、使用寿命较短。因此，钢管一般用于系统的首部连接、管路转弯、穿越道路及障碍等处。

钢管一般采用焊接、法兰连接或螺纹连接方式。

3. 铸铁管

铸铁管可分为铸铁承插直管和砂型离心铸铁管及铸铁法兰直管。

铸铁管的优点是承压能力大，一般为1 MPa；工作可靠；寿命长，可使用30～50年；管件齐全，加工安装方便等；缺点是质量重，搬运不方便，造价高，内部容易产生铁瘤阻水。铸铁管一般采用法兰接口或承插接口方式进行连接。

4. 钢筋混凝土管

钢筋混凝土管可分为自应力钢筋混凝土管和预应力钢筋混凝土管，均是在混凝土浇制过程中，使钢筋受到一定拉力，从而保证其在工作压力范围内不会产生裂缝。

钢筋混凝土管的优点是不易腐蚀，经久耐用，长时间输水，内壁不结污垢，保持输水能力；安装简便，性能良好；缺点是质脆、质量较重，搬运困难。

钢筋混凝土管的连接一般采用承插式接口，可分为刚性接头、柔性接头。

5. 薄壁铝合金管

薄壁铝合金管材的优点：质量轻；能承受较大的工作压力；韧性强，不易断裂，不锈蚀，耐酸性腐蚀；内壁光滑，水力性能好；寿命长，一般可使用15～20年。其缺点：价格较高；抗冲击能力差；耐磨性不及钢管；不耐强碱性腐蚀等。

薄壁铝合金管材的配套管件多为铝合金铸件和冲压镀锌钢件。铝合金铸件不怕锈蚀，使用管理简便，有自泄功能；冲压镀锌钢件转角大，对地形变化适应能力强。

薄壁铝合金管材的连接多采用快速接头连接。

6. 涂塑软管

在喷灌工程中，常用的涂塑软管主要有锦纶塑料软管和维纶塑料软管两种。锦纶塑料软管是用锦纶丝织成网状管坯后在内壁涂一层塑料而成；维纶塑料软管是用维纶丝织成网状管坯后在内壁、外壁涂注聚氯乙烯而成。

涂塑软管的优点是质量轻、便于移动、价格低；缺点是易老化，不耐磨，怕扎、怕压折，一般只能使用2～3年。

涂塑软管接头一般采用内扣式消防接头，常用的规格有ϕ50、ϕ65和ϕ80等几种。这种接头用橡胶密封圈止水，密封性能较好。

(二)管道附件

喷灌工程中的管道附件主要为控制件和连接件。它们是管道系统中不可少的配件。

控制件的作用是根据喷灌系统的要求来控制管道系统中水流的流量和压力，如阀门、逆止阀、安全阀、空气阀、减压阀、流量调节器等。

连接件的作用是根据需要将管道连接成一定形状的管网，也称为管件，如弯头、三通、四通、异径管、承插、堵头等。

1. 阀门

阀门是控制管道启闭和调节流量的附件。按阀门结构的不同，可有闸阀、蝶阀、截止阀几种，采用螺纹连接或法兰连接，一般手动驱动。

给水栓是半固定喷灌和移动式喷灌系统的专用阀门，常用于连接固定管道和移动管道，控制水流的通断。

2. 逆止阀

逆止阀也称止回阀，是一种根据阀门前后压力差而自动启闭的阀门，它使水流只能沿一个方向流动，当水流要反方向流动时则自动关闭。在管道式喷灌系统中，常在水泵出口处安装逆止阀，以避免水泵突然停机时回水引起的水泵高速倒转。

3. 安全阀

安全阀用于减少管道内超过规定的压力值，它可以防护关闭水锤和充水水锤。喷灌系统常用的安全阀是A49X－10型开放式安全阀。

4. 空气阀

空气阀安装在系统的最高部位和管道隆起的顶部，可以在系统充水时将空气排出，并在管道内充满水后自动关闭。在喷灌系统中，常用的空气阀为KQ42X－10型快速空气阀。

5. 减压阀

减压阀的作用当管道系统中的水压力超过工作压力时，可自动减压到所需压力。其适用于喷灌系统的减压阀有薄膜式、弹簧薄膜式和波纹管式等。

6. 管件

不同管材配套不同的管件。塑料管件和水煤气管件的规格和类型比较系列化，能够满足不同的使用要求，在市场中一般能够购置齐全。钢制管件通常需要根据实际情况加以制造。

(1)三通和四通。三通和四通主要用于连接上一级管道和下一级管道，对于双向分水的用四通，对于单向分水的用三通。

(2)弯头。弯头主要用于连接管道转弯或坡度改变处的管道。一般按转弯中心角的大小进行分类，常用的有90°、45°等。

(3)异径管。异径管又称大小头，用于连接不同管径的直管段。

(4)堵头。堵头用于封闭管道的末端。

7. 竖管和支架

竖管是连接喷头的短管，其长度可按照作物茎高不同或同一作物不同的生长阶段来确定，为了拆卸方便，竖管下部常安装可快速拆装的自闭阀(插座)。支架是为稳定竖管因喷头工作而产生的晃动而设置的，硬质支管上的竖管可以用两脚支架固定，软质支管上的竖管则需要用三脚支架固定。

五、喷灌工程规划设计

(一)喷灌工程规划设计要求

(1)喷灌工程的规划设计应符合当地水资源开发利用规划，考虑农业、林业、牧业、园林绿地等的规划要求，并与灌排设施、道路、林带、供电等系统建设及土地整理复垦规划、农业结构调整规划等相结合。

(2)喷灌工程应根据灌区的地形、土壤、气象、水文与水文地质、作物种植结构及社会经济等条件，通过技术经济分析及环境评价综合确定。

(3)在灌溉水源缺乏的地区，受土壤质地或地形条件限制而难以进行地面灌溉的地区，高扬程提水灌区，有自压喷灌条件的地区，园林绿地、经济作物(如蔬菜、果树、花卉等高附加值的作物)种植区及集中连片作物种植区域，都可以优先发展喷灌工程。

(二)喷灌系统规划设计方法

进行喷灌系统规划设计前，应首先确定灌溉设计标准，按照《喷灌工程技术规范》(GB/T 50085—2007)的规定，喷灌工程的灌溉设计保证率不应低于85%。

下面以管道式喷灌系统为例，说明喷灌系统规划设计方法。

1. 基本资料收集

为了更好地进行喷灌工程的规划设计，需要提前收集、了解灌区的一些基本资料。主要包括自然条件(地形、土壤、作物、水源、气象等资料)、生产条件(水利工程现状、生产现状、喷灌区划、农业生产发展规划和水利规划、动力和机械设备、材料和设备生产供应情况、生产组织和用水管理等)和社会经济条件(灌区的行政区划、经济条件、交通情况、市、县、镇发展规划等)。

2. 水源分析计算

喷灌工程设计必须先进行水源水量和喷灌用水量的平衡计算。当水源的天然来水过程不能满足喷灌用水量要求时，应建蓄水工程。

喷灌工程灌溉的水质应符合《农田灌溉水质标准》(GB 5084—2021)的相关规定。

【例 5-4】 某项目水源水量和灌溉用水量的平衡计算。

某井灌区有五眼机井，单井平均出水量在120 m^3/h左右，总出水量为600 m^3/h，灌溉期可供水量为128.02×10^4 m^3。

现状年，地面灌溉净需水量为116.84×10^4 m^3，毛需水量为198.98×10^4 m^3。

节水项目实施后计算的灌溉净需水量为90.1×10^4 m^3，毛需水量为100.02×10^4 m^3。

平衡计算：水源水量－节水灌溉毛需水量＝$128.02\times10^4-100.02\times10^4=28\times10^4$（$m^3$），经计算对比满足要求。

节水项目实施后，比项目实施前的地面灌溉方式年节约水量为 $198.98\times10^4-100.02\times10^4=96.96\times10^4$（$m^3$）

3. 系统选型

喷灌系统类型的选择应因地制宜，综合考虑以下因素进行选定：水源的类型及位置；灌溉区域的地块条件(如地形地貌，地块形状、土壤质地)；作物生长期的气候条件(如降水量，灌溉期间风速、风向)；灌溉对象(如作物类型、种植结构)；社会经济条件、生产管理体制、劳动力状况与劳动者素质及动力供应条件。

具体选择如下：

(1)地形起伏较大、灌水次数频繁、劳动力缺乏，灌溉对象为蔬菜、茶园、果树等经济作物及园林、花卉和绿地，选用固定式喷灌系统。

(2)灌溉对象为大田粮食作物；地面较为平坦的地区及气候严寒、冻土层较深的地区，多选用半固定式和移动式喷灌系统。

(3)田间障碍物少、土地开阔连片且地势平坦；使用管理者技术水平较高；灌溉对象为大田作物、牧草等；集约化经营程度相对较高，选用大、中型机组式喷灌系统。

(4)丘陵地区零星、分散耕地的灌溉；水源较为分散、无电源或供电保证率较低的地区，选用轻、小型机组式喷灌系统。

(三)喷头的布置

1. 喷头的选择

选择喷头时，需要根据作物种类、土壤性质及当地喷头与动力设备的生产与供需情况，考虑喷头的工作压力、流量、射程、组合喷灌强度、喷洒扇形角度可否调节、土壤的允许喷灌强度、地块形状、水源条件、用户要求等因素进行选择。喷头选定后要符合下列要求：

(1)组合后的喷灌强度不超过土壤的允许喷灌强度值。

(2)组合后的喷灌均匀系数不低于《喷灌工程技术规范》(GB/T 50085—2007)规定的数值。

(3)雾化指标应符合作物要求的数值。

(4)有利于减少喷灌工程的年费用。

2. 喷头的布置

喷头布置的合理与否直接关系到整个系统的灌水质量。喷灌系统中喷头的布置包括喷头的喷洒方式、喷头的组合形式、组合间距的确定、组合的校核等。

(1)喷头的喷洒方式。因喷头的形式不同，喷头的喷洒方式可有多种，如全圆喷洒、扇形喷洒、带状喷洒等。在管道式喷灌系统中，除在田角路边或房屋附近使用扇形喷洒外，其余均采用全圆喷洒。全圆喷洒能充分利用射程，允许喷头有较大的间距，并可减小组合喷灌强度。

(2)喷头的组合形式。喷头组合形式的选择要根据地块形状、系统类型、风向风速等因素综合考虑。

喷头的组合形式是指喷头在田间的布置形式，一般用相邻四个喷头的平面位置组成的图形表示。喷头的组合间距用 a 和 b 表示：a 表示同一支管上相邻两喷头的间距；b 表示相邻两支管的间距。喷头的组合形式可分为正方形组合、矩形组合，其中正方形组合 $a=b$。

(3)喷头组合间距的确定。喷头的组合间距合理与否，直接影响喷灌质量。因此，喷头的组合间距不仅直接受喷头射程的制约，同时，也受到喷灌系统所要求的喷灌均匀度和喷灌区土壤允许喷灌强度的限制。一般可按以下步骤确定喷头的组合间距：

1)根据设计风速和设计风向确定间距射程比。为使喷灌的组合均匀系数 C_u 达到 75%以上，旋转式喷头在设计风速下的间距射程比可按表 5-12 确定。

表 5-12　喷头组合间距

设计风速 /(m·s^{-1})	组合间距	
	垂直风向 K_a	平行风向 K_b
0.3～1.6	(1.1～1)R	1.3R
1.6～3.4	(1～0.8)R	(1.3～1.1)R
3.4～5.4	(0.8～0.6)R	(1.1～1)R

注：1. R 为喷头射程；
2. 在每一档风速中可按内插法取值；
3. 在风向多变采用等间距组合时，应选用垂直风向栏的数值；
4. 表中风速是指地面以上 10 m 高处的风速值

2)确定组合间距。根据初选喷头的射程 R 和选取的间距射程比 K_a、K_b 值，按下式计算组合间距：

喷头间距
$$a=K_aR \tag{5-51}$$

支管间距
$$b=K_bR \tag{5-52}$$

计算得到 a、b 值后，还应调整到可适应管道的规格长度。对于固定式喷灌系统和移动式喷灌系统，计算的喷头的组合间距可按调整后采用，但对于半固定喷灌系统则需要将 a、b 值调整为标准管节长的整数倍。调整后的 a、b 值，如果与式(5-51)、式(5-52)计算的结果相差较大，则应校核计算间距射程比 a、b 值是否超过表 5-12 中规定的数值，如不超过，则 $C_u \geqslant 75\%$仍满足，如超出表中所列数值，则需要重新调整间距。

(4)组合喷灌强度的校核。在选喷头、定间距的过程中已满足了雾化程度和均匀度的要求，但是否满足喷灌强度的要求，还需要进行验证。验证的公式为

$$\rho \leqslant [\rho] \tag{5-53}$$

代入上式，得

$$K_\omega C_\rho \rho_s \leqslant [\rho] \tag{5-54}$$

式中　$[\rho]$——灌区土壤的允许喷灌强度(mm/h)。

式中，其他符号意义同前。

如果计算出的组合喷灌强度大于土壤的允许喷灌强度，可以通过以下方式加以调整，直至校核满足要求：

1)改变运行方式，变多行多喷头喷洒为单行多喷头喷洒，或者变扇形喷洒为全圆喷洒。

2)加大喷头间距，或支管间距。

3)重选喷头，重新布置计算。

喷头布置要根据不同地形情况进行布置，图 5-19～图 5-21 给出了不同地形时的喷头布置形式。

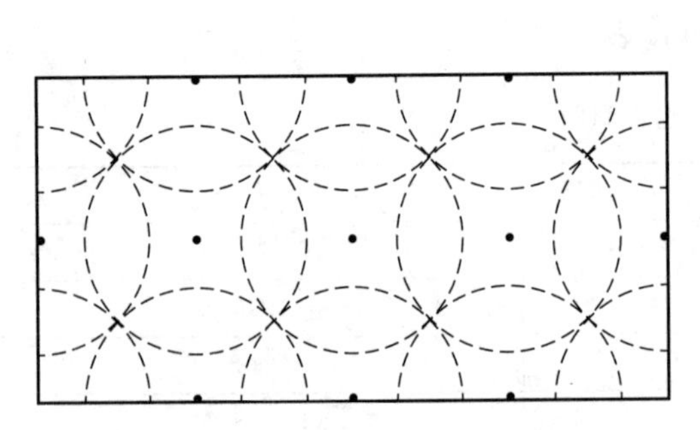

图 5-19　长方形区域喷头布置

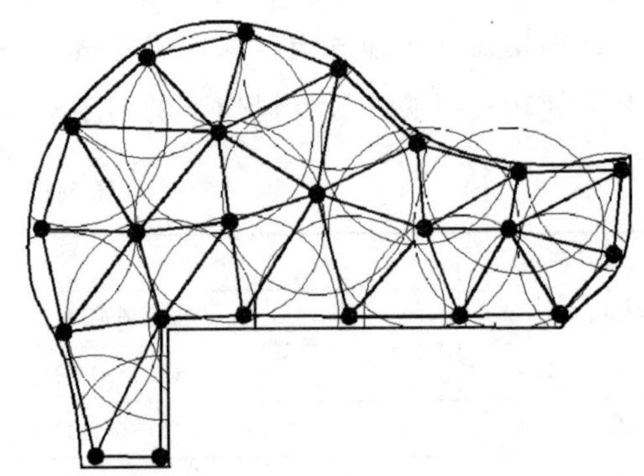

图 5-20　不规则地块的喷头布置

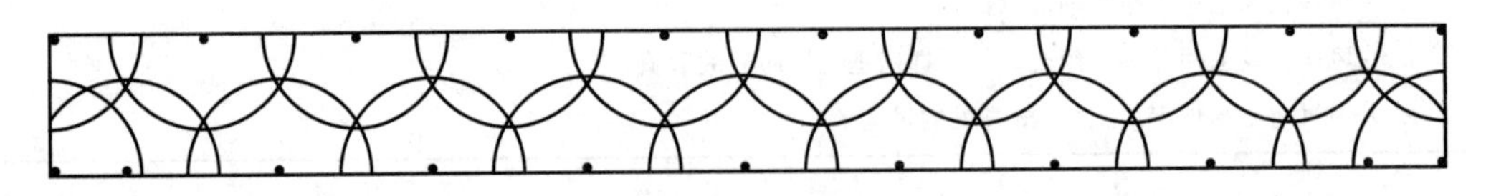

图 5-21　狭长区域喷头布置

(四)管道系统的布置

喷灌系统的管道一般由干管、分干管和支管三级组成。喷头通常通过竖管安装在最末一级管道上。管道系统的布置需要根据水源位置、灌区地形、作物分布、耕作方向和主风向等条件进行设计。

1. 布置原则

(1)管道总长度最短、水头损失最小、管径小，且有利于水锤防护，各级相邻管道应尽量垂直；

(2)干管一般沿主坡方向布置，支管与其垂直并尽量沿等高线布置，保证各喷头工作压力基本一致；

(3)平坦地区，支管尽量与作物的种植方向一致；

(4)支管必须沿主坡方向布置时，需按地面坡度控制支管长度，上坡支管根据首尾地形高差加水头损失小于 0.2 倍的喷头设计工作压力、首尾喷头工作流量差小于等于 10％确定管长，下坡支管可缩小管径抵消增加的压力水头或设置调压设备；

(5)多风向地区，支管要垂直主风向布置(出现频率75%以上)，便于加密喷头，保证喷洒的均匀度；

(6)充分考虑地块形状，使支管长度一致；

(7)支管通常与温室或大棚的长度方向一致，对棚间地块应考虑地块的尺寸；

(8)水泵尽量布置在喷洒范围的中心，管道系统布置应与排水系统、道路、林带、供电系统等紧密结合，降低工程投资和运行费用。

2. 布置形式

管道系统的布置主要有丰字形和梳齿形两种，如图5-22～图5-24所示。

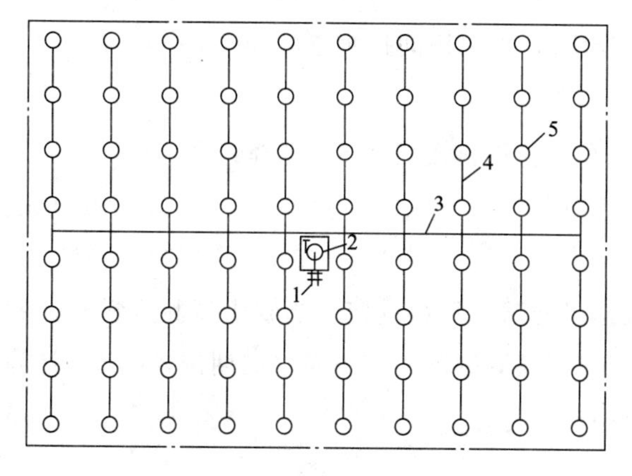

图5-22　丰字形布置(一)

1—井；2—泵站；3—干管；4—支管；5—喷头

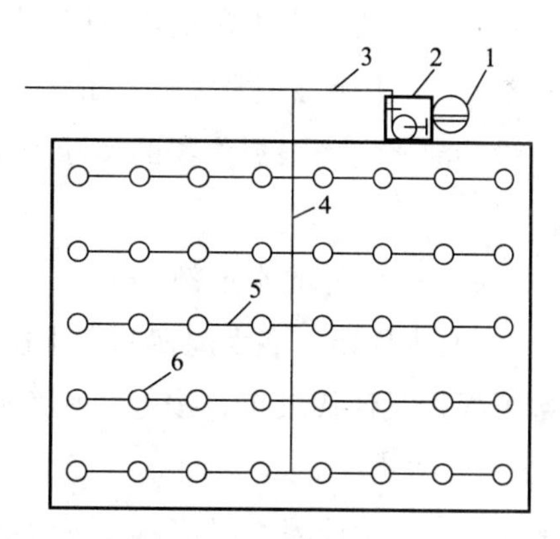

图5-23　丰字形布置(二)

1—蓄水池；2—泵站；3—干管；4—分干管；5—支管；6—喷头

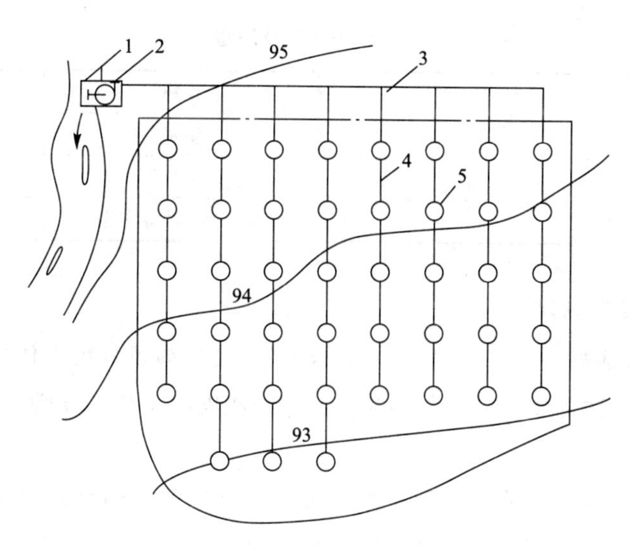

图5-24　梳齿形布置

1—河渠；2—泵站；3—干管；4—支管；5—喷头

(五)喷灌制度设计

1. 喷灌制度

(1)灌水定额。最大灌水定额根据试验资料确定，或采用式(5-55)确定：

$$m_m = 0.1\gamma h(\beta_1 - \beta_2) \tag{5-55}$$

式中 m_m——最大灌水定额(mm)；

h——计划湿润层深度(cm)；一般大田作物取40～60 cm，蔬菜取20～30 cm，果树取80～100 cm；

β_1——适宜土壤含水量上限(质量百分比)，可取田间持水量的85%～95%；

β_2——适宜土壤含水量下限(质量百分比)，可取田间持水量的60%～65%；

γ——土壤堆积密度(g/cm^3)。

设计灌水定额根据作物的实际需水要求和试验资料按式(5-56)选择：

$$m \leqslant m_m \tag{5-56}$$

式中 m——设计灌水定额(mm)。

(2)灌水周期。灌水周期和灌水次数根据当地试验资料确定。当缺少试验资料时，灌水次数可根据设计代表年，按水量平衡原理拟定的灌溉制度确定。灌水周期按式(5-57)计算：

$$T \leqslant m/ET_d \tag{5-57}$$

式中 T——设计灌水周期，计算值取整(d)；

m——设计灌水定额(mm)；

ET_d——作物日蒸发蒸腾量，取设计代表年灌水高峰期平均值(mm/d)，对于缺少气象资料的小型喷灌灌区，可参见表5-13。

表5-13 作物蒸发蒸腾量 *ET* mm/d

作物	ET	作物	ET
果树	4～6	烟草	5～6
茶园	6～7	草坪	6～8
蔬菜	5～8	粮、棉、油等作物	5～8

2. 喷灌工作制度的制定

喷灌工作制度包括喷头在一个喷点上的喷洒时间、喷头每日可工作的喷点数(即喷头每日可移动的次数)、每次需要同时工作的喷头数、每次同时工作的支管数及确定轮灌编组和轮灌顺序。

(1)喷头在一个喷点上的喷洒时间。单喷头在一个位置上的喷洒时间与设计灌水定额、喷头的流量及喷头的组合间距有关，按式(5-58)计算：

$$t = \frac{mab}{1\,000 q_p \eta_p} \tag{5-58}$$

式中 t——喷头在一个工作位置的灌水时间(h)；

m——设计灌水定额(mm)；

a——喷头布置间距(m)；

b——支管布置间距(m)；

q_p——喷头的设计流量(m^3/h)；

η_p——田间喷洒水利用系数，根据气候条件可在下列范围内选取：风速低于 3.4 m/s，η=0.8～0.9；风速为 3.4～5.4 m/s，η=0.7～0.8。

(2)一天工作位置数。工作位置数，按式(5-59)计算：

$$n_d = \frac{t_d}{t} \tag{5-59}$$

式中　n_d——一天工作位置数；

t_d——设计日灌水时间(h)。

(3)灌区内可以同时的工作喷头数。灌区可以同时的工作喷头数，按式(5-60)计算：

$$n_p = \frac{N_p}{n_d T} \tag{5-60}$$

式中　n_p——同时工作喷头数；

N_p——灌区喷头总数。

式中，其他符号意义同前。

(4)同时工作的支管数。半固定式喷灌系统和移动式喷灌系统，由于尽量将支管长度布置相同，所以同时工作的喷头数除以支管上的喷头数，就可以得到同时工作的支管数。即

$$n_{支} = \frac{n_p}{n_{喷头}} \tag{5-61}$$

式中　$n_{支}$——同时工作的支管数；

n_p——同时工作的喷头数；

$n_{喷头}$——支管上的喷头数。

当支管长度不同时，需要考虑工作压力和支管组合的喷头，来具体计算轮灌组内的支管及支管数。

(5)轮灌组划分。喷灌系统的工作制度可分为续灌和轮灌。续灌是对系统内的全部管道同时供水，即整个喷灌系统同时灌水。其优点是灌水及时，运行时间短，便于管理；缺点是干管流量大，工程投资高，设备利用率低，控制面积小。因此，续灌的方式只用于单一且面积较小的情况。绝大多数灌溉系统一般采用轮灌工作制度，即将支管划分为若干组，每组包括一个或多个阀门，灌水时通过干管向各组轮流供水。

1)轮灌组划分的原则。

①轮灌组的数目满足需水要求，控制的灌溉面积与水源可提供的水量相协调；

②轮灌组的总流量尽可能一致或相近，维持水泵运行稳定，提高动力机和水泵的效率，降低能耗；

③轮灌组内，喷头型号一致或性能相似，种植品种一致或灌水要求相近；

④轮灌组所控制的范围最好连片集中以便于运行操作和管理。自动灌溉控制系统往往将同一轮灌组中的阀门分散布置，最大限度地分散干管中的流量，减小管径，降低造价。

2)支管的轮灌方式。支管的轮灌方式就是固定式喷灌系统支管的轮流喷洒顺序，半固定式喷灌系统支管的移动方式。正确选择轮灌方式可以减少干管管径，降低投资。两根、三根支管的经济轮灌方式如图 5-25 所示。图 5-25(a)、(b)所示的两种情况为干管全部长度均要通过两根支管的流量，干管管径不变；图 5-25(c)、(d)所示的两种情况是只有前半段干管通过全部流量，而后半段干管只需要通过一根支管的流量，这样后半段干管的管径可以减少，所以图 5-25(c)、(d)两种情况较好。

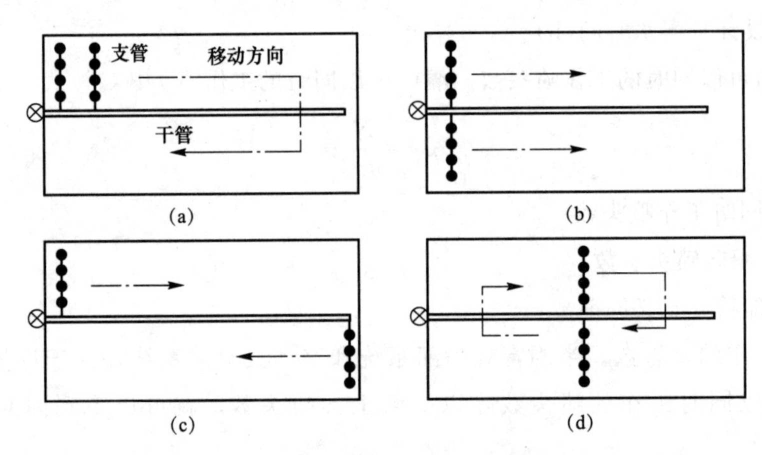

图 5-25　两根、三根支管的经济轮灌方式

(六)管道水力计算

管道水力计算的任务是确定各级管道管径和计算管道水头损失。

1. 管径的选择

(1)干管管径的确定。对于规模不太大的喷灌工程，可用如下经验公式来估算这类管道的管径：

当 $Q<120\ \mathrm{m^3/h}$ 时　　$D=13\sqrt{Q}$　　(5-62)

当 $Q\geqslant 120\ \mathrm{m^3/h}$ 时　　$D=11.5\sqrt{Q}$　　(5-63)

式中　Q——管道流量($\mathrm{m^3/h}$)；

D——管径(mm)。

(2)支管管径的确定。为使喷洒均匀，要求同一根支管上任意两个喷头之间的工作压力差应在设计喷头工作压力的 20%以内。显然，支管若在平坦的地面上铺设，其首末两端喷头间的工作压力差应最大。若支管铺设在地形起伏的地面上，则其最大的工作压力差并不一定发生在首末喷头之间。考虑地形高差 ΔZ 的影响时，上述规定可表示为

$$h_{\omega}+\Delta Z\leqslant 0.2h_{p}\tag{5-64}$$

式中　h_ω——同一支管上任意两喷头间支管段水头损失(m)；

ΔZ——两喷头的进水口高程差(m)，顺坡铺设支管时，ΔZ 的值为负，逆坡铺设支管时，ΔZ 的值为正；

h_p——喷头设计工作压力水头(m)。

因此，同一支管上工作压力差最大的两喷头间的水头损失为

$$h_\omega \leqslant 0.2h_p - \Delta Z$$

当一条支管选用同管径的管子时，从支管首端到末端，由于沿程出流，支管内的流速水头逐次减小，抵消了局部水头损失，所以计算支管内水头损失时，可直接用沿程水头损失来代替其总水头损失，即 $h'_f = h_\omega$，式(5-65)可改写为

$$h'_f \leqslant 0.2h_p - \Delta Z \tag{5-65}$$

设计时，一般先假定管径，然后计算支管的沿程水头损失，再按上述公式校核，最后选定管径。计算出管径后，还需要根据现有管道规格确定实际管径。

2. 管道水力计算

(1)管道沿程水头损失。管道沿程水头损失可按式(5-66)计算，各种管材的 f、m 及 b 值可按表 5-14 确定。

$$h_f = f\frac{LQ^m}{d^b} \tag{5-66}$$

式中　h_f——沿程水头损失(m)；

f——摩阻系数；

L——管长(m)；

Q——流量(m^3/h)；

d——管内径(mm)；

m——流量指数；

b——管径指数。

表 5-14　f、m、b 数值表

管材		f	m	b
混凝土管、钢筋混凝土管	$n=0.013$	1.312×10^6	2	5.33
	$n=0.014$	1.516×10^6	2	5.33
	$n=0.015$	1.749×10^6	2	5.33
钢管、铸铁管		6.25×10^5	1.9	5.1
硬塑料管		0.948×10^5	1.77	4.77
铝管、铝合金管		0.816×10^5	1.74	4.74
注：n 为粗糙系数				

(2)等距等流量多喷头(孔)支管的沿程水头损失。可按式(5-67)、式(5-68)计算：

$$h'_{fz}=Fh_{fz} \tag{5-67}$$

$$F=\frac{N\left(\frac{1}{m+1}+\frac{1}{2N}+\frac{\sqrt{m-1}}{6N^2}\right)-1+X}{N-1+X} \tag{5-68}$$

式中 h'_{fz}——多喷头(孔)支管沿程水头损失；

N——喷头或孔口数；

X——多孔支管首孔位置系数，即支管入口至第一个喷头(或孔口)的距离与喷头(或孔口)间距之比；

F——多口系数，初步计算时可采用表 5-15 确定。

表 5-15 多口系数计算简表

N	$m=1.74$		$m=1.75$		$m=1.77$		$m=1.85$		$m=1.9$		$m=2$	
	$X=1$	$X=0.5$	$X=1$	$X=0.5$	$X=1$	$X=0.5$	$X=1$	$X=0.5$	$X=1$	$X=0.5$	$X=1$	$X=0.5$
2～3	0.600	0.496	0.598	0.495	0.596	0.492	0.587	0.481	0.582	0.474	0.572	0.461
4～5	0.485	0.420	0.484	0.418	0.481	0.416	0.471	0.404	0.466	0.398	0.455	0.386
6～7	0.446	0.399	0.445	0.398	0.442	0.395	0.432	0.384	0.426	0.378	0.415	0.366
8～11	0.420	0.388	0.419	0.386	0.416	0.383	0.406	0.373	0.400	0.366	0.389	0.354

(3)管道局部水头损失。应按式(5-69)计算，初步计算可按沿程水头损失的 10%～15%考虑。

$$h_j=\xi\frac{v^2}{2g} \tag{5-69}$$

式中 h_j——局部水头损失(m)；

ξ——局部阻力系数；

v——管道流速(m/s)；

g——重力加速度，取 9.81 m/s^2。

(七)水泵及动力选择

1. 喷灌系统设计流量

喷灌系统设计流量按式(5-70)计算：

$$Q=\sum_{i=1}^{n_p}\frac{q_p}{\eta_c} \tag{5-70}$$

式中 Q——喷灌系统设计流量(m^3/h)；

q_p——设计工作压力下的喷头流量(m^3/h)；

n_p——同时工作的喷头数目；

η_c——管道系统水利用系数，取 0.95～0.98。

2. 喷灌系统的设计水头

喷灌系统的设计水头按式(5-71)计算：

$$H = Z_d - Z_s + h_s + h_P + \sum h_f + \sum h_j \tag{5-71}$$

式中　H——喷灌系统设计水头(m)；

Z_d——典型支管入口的地面高程(m)；

Z_s——水源水面高程(m)；

h_s——典型喷点的竖管高度(m)；

h_p——典型喷点喷头的工作压力水头(m)；

$\sum h_f$——由水泵进水管至典型支管入口之间管道的沿程水头损失(m)；

$\sum h_j$——由水泵进水管至典型支管入口之间管道的局部水头损失(m)。

自压喷灌支管首端的设计水头的计算见喷灌规范。

(八)结构设计

结构设计应详细确定各级管道的连接方式，选定阀门、三通、四通弯头等各种管件规格，绘制纵断面图、管道系统布置示意图及阀门井、镇墩结构等附属建筑物结构图等。

(1)固定管道一般应埋设在地下，埋设深度应大于最大冻土层深度和最大耕作层深度，以防止被破坏；在公路下埋深应为0.7～1.2 m；在农村机耕道下埋深为0.5～0.9 m。

(2)固定管道的坡度，应根据地形、土质和管径确定，土质差和管径大时，管坡应缓些，反之可陡些，土质和管径管坡通常采用1∶1.5～1∶3，以利于施工，便于满足土壤稳定性。

(3)管径D较大或有一定坡度的管道，应设置镇墩和支墩以固定管道、防止发生位移，支墩间距为(3～5)D，镇墩设置在管道转弯处或管长超过30 m的管段。

(4)随地形起伏时，管道最高处应设置排气阀，在最低处安装泄水阀。

(5)应在干、支管首端设置闸阀和压力表，以调节流量和压力，保证各处喷头都能在额定的工作压力下运行，必要时，应根据轮灌要求布设节制阀。

(6)为避免温度和沉陷产生的固定管道损坏，固定管道上应设置一定数量的柔性接头。

(7)竖管高度以作物的植株高度不阻碍喷头喷洒为最低限度，一般高出地面0.5～2 m。

(8)管道连接。硬塑料管的连接方式主要有扩口承插式、胶接粘合式、热熔连接式。扩口承插式是目前管道灌溉系统中应用最广泛的一种形式。附属设备的连接一般有螺纹连接、承插连接、法兰连接、管箍连接、粘合连接等。在工程设计中，应根据附属设备维修、运行等情况来选择连接方式。公称直径大于50 mm的阀门、水表、安全阀、进排气阀等多选用法兰连接；对于压力测量装置及公称直径小于50 mm的阀门、水表、安全阀等多选用螺

纹连接。附属设备与不同材料管道连接时，需要通过一段钢法兰管或一段带丝头的钢管与之连接，并应根据管材不同采用不同的方法。与塑料管连接时，可直接将法兰管或钢管与管道承插连接后，再与附属设备连接。

(九)技术经济分析

规划设计结束时，最后列出材料设备明细表，并编制工程投资预算，进行工程经济效益分析，为方案选择和项目决策提供科学依据。

任务三　低压管道输水灌溉工程规划设计

低压管道输水灌溉工程是以管道代替明渠输水灌溉的一种工程形式，通过一定的压力，将灌溉水由分水设施输送到田间，再由管道分水口分水或外接软管输水进入田间沟、畦。由于管道系统工作压力一般不超过 0.4 MPa，故称为低压管道输水灌溉工程。

一、低压管道输水工程的特点

1. 节水节能

管道输水可减少渗漏损失和蒸发损失，与土垄沟相比，管道输水损失可减少 5%，水的利用率比土渠提高了 30%～40%，与混凝土等衬砌方式相比可节水 5%～15%。对机井灌区，节水就意味着降低能耗。

2. 省地、省工

用土渠输水，田间渠道用地一般占灌溉面积的 1%～2%，有的多达 3%～5%，而管道输水只占灌溉面积的 0.5%，提高了土地利用率。同时，管道输水速度快，避免了跑水、漏水现象，缩短了灌水周期，节省了巡渠和清淤维修用工。

3. 投资小、效益高

管灌投资较低，一般每亩在 100～300 元(1 亩≈666.6 平方米)。在同等水源条件下，由于能适时适量灌溉，满足作物生长期需水要求，因而起到增产、增收作用。

4. 适应性强、管理方便

低压管道输水属于有压供水，可以越沟、爬坡和跨路，不受地形限制，配上田间地面移动软管，可解决零散地块浇水问题，使原来渠道难以达到灌溉的耕地实现灌溉，扩大灌溉面积，且施工安装方便，便于群众掌握，便于推广。

二、低压管道输水系统的组成

低压管道输水灌溉系统由水源与取水工程、输水配水管网系统和田间灌水系统三部分组成，如图 5-26 所示。

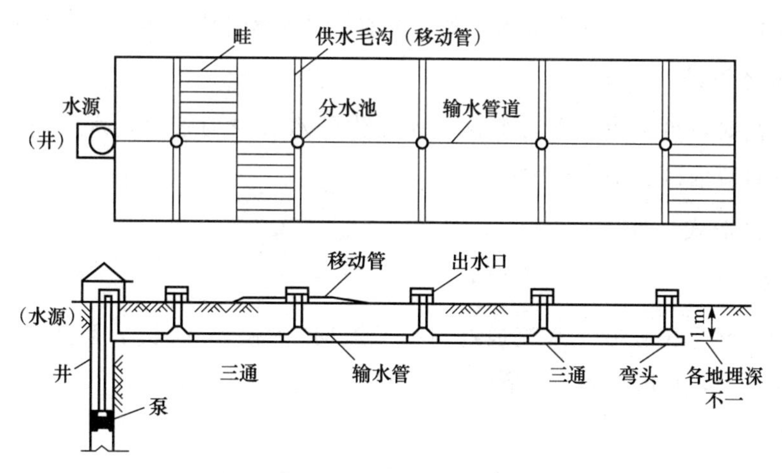

图 5-26　灌溉管道系统组成

1. 水源与取水工程

管道输水灌溉系统的水源有井、泉、沟、渠道、塘坝、河湖和水库等。水质应符合《农田灌溉水质标准》(GB 5084—2021)的规定，且不含有大量杂草、泥沙等杂物。

井灌区的取水工程应根据用水量和扬程大小，选择适宜的水泵和配套动力机压力表及水表，并建有管理房。自压灌区或大中型提水灌区的取水工程还应设置进水闸、分水闸、拦污栅、沉淀池、水质净化处理设施及量水建筑物等配套工程。

2. 输水配水管网系统

输水配水管网系统是指管道输水灌溉系统中的各级管道、分水设施、保护装置和其他附属设施。在面积较大的灌区，管网可由干管、分干、支管和分支管等多级管道组成。

3. 田间灌水系统

田间灌水设施是指分水口以下的田间部分，包括田间农、毛渠、田间闸管系统等。灌溉田块应平整，畦田长宽适宜，灌水沟长度宜短。为达到灌水均匀、减小灌水定额的目的，通常将长畦改为短畦，长沟改为短沟。

三、低压管道输水灌溉工程的分类

低压管道输水系统按其压力获取方式、管网形式、管网可移动程度的不同可分为以下几种类型。

(一)按压力获取方式分类

低压管道输水系统按压力获取方式不同可分为机压(水泵提水)输水系统和自压输水系统。

1. 机压(水泵提水)输水系统

机压(水泵提水)输水系统可分为水泵直送式和蓄水池式：水泵直接将水送入管道系统，然后通过分水口进入田间，称为水泵直送式；水泵通过管道将水输送到高位蓄水池，然后

由蓄水池自压向田间供水的称为蓄水池式。目前，平原区井灌区大部分采用水泵直送式。

2. 自压输水系统

当水源较高时，可利用地形自然落差所提供的水头作为管道输水所需要的工作压力。在丘陵地区的自流灌区多采用这种形式。

(二)按管网形式分类

1. 树状网

树状网的管网呈树枝状，水流通过“树干”流向“树枝”，即从干管流向支管、分支管，只有分流而无汇流，如图 5-27(a)所示。

2. 环状网

环状网的管网通过节点将各管道连接成闭合环状网。根据给水栓位置和控制阀启闭情况，水流可做正逆方向流动，如图 5-27(b)所示。

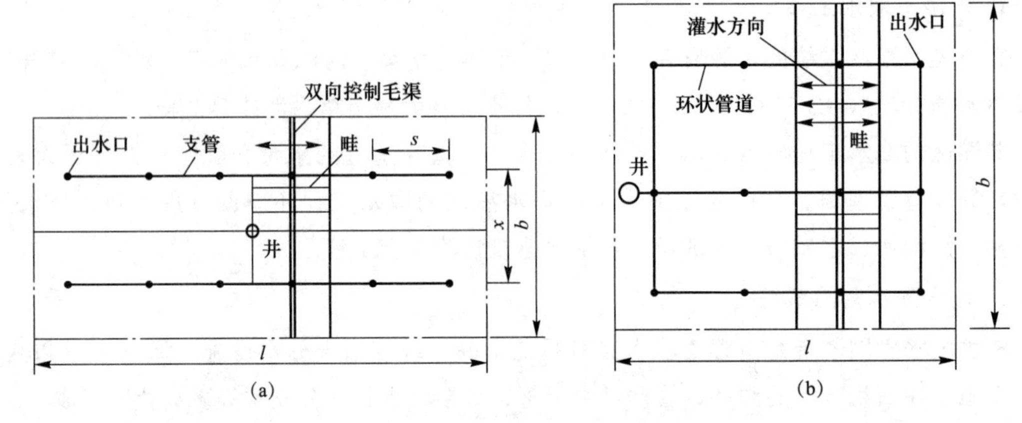

图 5-27　管网系统示意

(a)树状网；(b)环状网

目前，国内低压管道输水灌溉系统多采用树状网，环状网在一些试点地区也有应用。

(三)按可移动程度分类

1. 移动式

移动式除水源外，管道及分水设备都可移动，机泵有的固定，有的也可移动。其管道多采用软管，简便易行，一次性投资低，多在井灌区临时抗旱时应用。但是劳动强度大，管道易破损。

2. 半固定式

半固定式的管道灌溉系统一部分固定，另一部分可移动。一般是水源固定，干管或支管为固定地埋管，由分水口连接移动软管输水进入田间。这种形式工程投资介于移动式和固定式之间，比移动式劳动强度低，但比固定式管理难度大，经济条件一般的地区，宜采用半固定式系统。

3. 固定式

管道灌溉系统中的水源和各级管道及分水设施均埋入地下，固定不动的称为固定式。给水栓或分水直接分水进入田间沟、畦，没有软管连接。田间毛渠较短，固定管道密度大、标准高。这类系统一次性投资大，但运行管理方便，灌水均匀。有条件的地方应逐渐推广这种形式。

四、低压管道灌溉工程管材及附件

(一)管材

管材是低压管道输水灌溉系统的重要组成部分，其投资比重一般占工程总投资的70％～80％，直接影响到管灌工程的质量和造价。

1. 技术要求

(1)能承受设计要求的工作压力。管材允许工作压力应为管道最大正常工作压力的1.4倍。当管道可能产生较大水击压力时，管材的允许工作压力应不小于水击时的最大压力。

(2)管壁要均匀一致，壁厚误差应不大于5％。

(3)地埋暗管在农业机具和车辆等外荷载的作用下管材的径向变形率不得大于5％。

(4)满足运输和施工的要求，能承受一定的局部沉陷应力。

(5)管材内壁光滑，内外壁无可见裂缝，耐土壤化学侵蚀，耐老化，使用寿命满足设计年限要求。

(6)管材与管材、管材与管件连接方便，连接处应满足工作压力、抗弯折、抗渗漏、强度、刚度及安全等方面的要求。

(7)移动管道要符合轻便，易快速拆卸，耐碰撞、耐摩擦，不易被扎破及抗老化性能好等要求。

(8)当输送的水流有特殊要求时，还应考虑对管材的特殊需要，如灌溉与饮水结合的管道，要符合输送饮用水的要求。

2. 选择方法

在满足设计要求的前提下综合考虑以下积极因素进行管材选择：管材管件的价格；施工费用(包括运输费用、当地劳动力价值、施工辅助材料及施工设备费用)；工程的使用年限；工程维修费用等。

在经济条件较好的地区，固定管道可选择价格相对较高但施工、安装方便及运行可靠的硬PVC管；移动管道可选择涂塑软管。在经济条件较差的地区，可选择价格低的管材，如固定管可选择素混凝土管、水泥砂土管等地方管材；移动管道可选择塑料薄膜软管。

在水泥、砂石料可就地取材的地方，选择就地生产的素混凝土管较经济；在缺乏或远离砂石料的地方，选择塑料管则可能是经济的。另外，选择管材还要考虑应用条件及施工环境的特殊要求。在管道有可能出现较大不均匀沉陷的地方，不宜选择刚性连接的素混凝土管，可选择柔性较好的塑料硬管；在丘陵和砾石较多的山前平原，管沟开挖回填较难控

制，可选择外刚度较高的双壁波纹 PVC 管，不宜选择薄壁 PVC 管；在跨沟、过路的地方，可选择钢管、铸铁管；在矿渣、炉渣堆积的工矿区附近，可利用矿渣、炉渣就地生产水泥预制管，这样，既发展了节水灌溉，又有利于环境保护；对将来可能发展喷灌的地区，应选择承压能力较高的管材，便于发展喷灌时利用；对于山区果园灌溉，将来可能发展微灌的地方，可部分选择 PE 管材。

总之，管材选择要遵循经济实用、因地制宜、就地取材、减少运输、方便施工的原则。同时，还应考虑生产厂家的生产能力和信誉，以避免不必要的纠纷。

3. 井灌区管材的选择

目前，井灌区低压管道输水工程所用管材，主要有塑料管、水泥类预制管及现场连续浇筑混凝土管等。

(1)塑料管。硬塑料管具有性能质量稳定、质量轻、易搬运、内壁光滑、耐腐蚀、能适应一定的不均匀沉陷、施工安装方便等优点，埋在地下至少有 20 年以上的寿命，是一种值得提倡采用的管材。井灌区低压管道输水灌溉工程常用的硬塑料管有普通聚氯乙烯(PVC)管、聚乙烯(PE)管、聚丙烯(PP)管、双壁波纹管和加筋聚氯乙烯管等。在硬管道输水灌溉工程中，可优先选用 PE 管材。另外，PE 管由于耐低温性能优于硬聚氯乙烯(PVC—U)管，且质地较软，因此，在高寒地区低压输水中应用较多。

聚丙烯管材是以聚丙烯树脂为基料，加入其他材料，经挤出成型而制成的性能良好的共聚改性管材。这种管材的性能、适用条件与高密度聚乙烯混合炭黑(HDPE)管类似。

塑料管各地都有成品出售，一般每节长为 4～6 m，根据需要也可适当加长。产品规格可以参考有关资料。

目前，国内生产的可用于管道输水灌溉的 PVC 管种类较多，应根据当地条件选择。使用压力和口径较大时，选用加筋 PVC 管通常比普通 PVC 管更经济。当压力较小时，导致管道破坏的因素往往不是内水压力，而是外刚度不足，此时选用双壁波纹管较适宜。施工条件好，管沟挖填能严格控制，也可选用薄壁 PVC 管。在地形复杂、施工条件较差的丘陵区，应选用压力稍高、外刚度较大的管材。

聚乙烯(PE)管由于不含有毒的氯，更适于输送饮用水。

(2)水泥类预制管。水泥类预制管种类很多，用于井灌区的主要为素水泥预制管材，它是用立式制管机作为主要制管工具，以砂、土、石屑、炉渣等作为主要配料挤压而成的。常用的有水泥砂管、水泥砂土管、水泥土管、水泥石屑管、水泥炉渣管等。这类管材水泥用量少，在有原材料来源的地方，可就地生产，因此造价低，但施工安装中管道接头多，施工速度慢，劳动强度大，安装技术要求高，接头处质量不易保证，容易漏水。

(3)现场连续浇筑混凝土管。现场连续浇筑混凝土管是在施工现场挖好的沟里直接浇成型的混凝土管。这种方法无接头处理工序，无运输、搬运损坏等问题，但非专业施工筑现场浇筑时，其质量难以控制。

4. 渠灌区大口径管材的选择

渠灌区由于具有控制面积大、输水流量大、输配水系统层次多、地形复杂、线路长、

管网水压力分布复杂等特点，因此，在管材选择上要充分考虑其特点。其中，中小口径的管材选择与井灌区基本一致；大口径管材和管件国内目前主要以各类预制管为主，如自应力钢筋混凝土管和预应力钢筋混凝土管、石棉水泥管、素混凝土管、钢丝网水泥管等；部分使用塑料管，如双壁波纹管、大口径双壁螺旋塑料管、HDPE 螺旋管等。

(1)自应力钢筋混凝土管和预应力钢筋混凝土管：具有良好的抗渗性和耐久性，连接形式采用橡胶圈密封的承插子母口，施工安装比较简单。因受其材料力学性能和制造工艺的限制，自应力钢筋混凝土管适用于较小的管径(最大 800 mm)，预应力钢筋混凝土管适用于较大的管径(最大 2 000 mm)。有关两种管材的规格及技术指标参见《自应力混凝土管》(GB/T 4084—2018)。

(2)石棉水泥管：以石棉和水泥为原料经制管机制成。与其他水泥混凝土管相比，石棉水泥管具有质量轻、耐腐蚀、承压能力高、便于搬运和铺设、内外壁光滑、切削钻孔加工容易、施工简单等优点，但抗冲击、抗碰撞能力差，价格稍高。目前，生产的石棉水泥管承压能力较高，管径一般小于 500 mm，主要用于喷灌系统。因此，在渠灌区可利用其具有较高的承压能力的优点，用于输水压力较高的管段。同时，应与生产厂家协商，通过改变配方，适当降低承压能力，从而使价格降低。

(3)大口径素混凝土管：主要特点是价格低、承压低，因此在渠灌区输水压力低、地形平坦的管段及平原河网提水灌区可优先选用。钢丝网水泥管在管体中因加入了钢丝网骨架，其承压能力比素混凝土管要高，或相同压力下壁厚减薄，管体重量比素混凝土管小，因此，在渠灌区具有一定的应用价值。

(4)硬聚氯乙烯双壁波纹管：按压力等级分为无压、0.20 MPa、0.40 MPa 三个级别，在管道输水灌溉系统主要采用 0.20 MPa 和 0.40 MPa 两个系列。目前最大管径可达 1 000 mm。

(5)大口径双壁螺旋塑料管：以高密度聚乙烯树脂为主要原料，经挤出缠绕成型。根据使用要求。其性能特点为满足低压输水并具备足够的刚度以适应埋地运行。在国内，大口径双壁螺旋塑料管的规格已形成系列，最大管径可达 600 mm，完全可以满足渠灌区输水的需要。

(6)大口径肋式卷绕管：是用聚氯乙烯或高密度聚乙烯混合炭黑采用热压法形成带 T 形肋的板材，然后在卷管机上制成螺旋管，通过快速锁定机械连接方式和机械焊接，并用胶粘剂加固成型的塑料螺旋管。按板带材的不同宽度，可卷制成不同直径的管材。宽度较小的，适用于卷制小口径的管材；宽度较大的，适用于卷制较大口径的管材。

另外，渠灌区也可考虑采用夹砂玻璃钢管、钢管和铸铁管，但需要进行详细的技术经济论证。

5. 地面移动管道的选择

地面移动管道通常采用轻便、柔软易于盘卷的软管。软管按其生产材料可分为聚氯乙烯塑料软管、涂胶软管、橡胶管、橡塑管等。低压管道输水灌溉系统中用得最多的是聚氯乙烯塑料软管和涂塑软管。

聚乙烯塑料软管也称聚乙烯薄膜塑料软管，现在低压管道输水灌溉系统中应用的聚乙烯塑料软管主要是线性低密度聚乙烯塑料软管(LLDPE 塑料软管)。

涂塑软管是用锦纶纱、维纶纱或其他强度较高的材料织成管坯，内外壁或内壁涂敷聚氯乙烯(PVC)或其他塑料制成。根据管坯材料的不同，涂塑软管可分为锦纶塑料软管、维纶塑料软管等种类。涂塑软管将锦(维)纶管坯的耐压强度高、塑料内外壁的不透水性及水力性能好的特点结合在一起，大大提高了管材的工作压力，使用寿命可达 3～4 年。

选择时要求管材壁厚均匀，表面光滑平整，没有断线、抽筋、松筋、内外槽、脱胶、气孔和涂层夹杂质等缺陷。

(二)管道附属设施

管道附属设施是指管道安全运行并实施科学管理的装置，包括给水装置、安全保护装置和量水设备等。

1. 给水装置

给水装置是连接三通、立管、给水栓(出水口)的统称。通常所说的给水装置一般是指出水口或给水栓。出水口是指把地下管道系统的水引出地面进行灌溉的放水口，它一般不能连接地面移动软管；能与地面移动软管连接的出水口称为给水栓。各地均有给水栓的定型产品，可根据需要选用，也可有自行制造。给水栓要坚固耐用、密封性能好、不漏水、软管安装拆卸方便等。

(1)给水装置分类。给水装置有多种分类方法，按阀体结构可分为移动式、半固定式、固定式三类。

1)移动式给水装置。移动式给水装置也称分体移动式给水装置，它由上、下栓体两大部分组成。其特点是止水密封部分在下栓体内，下栓体固定在地下管道的立管上，下栓体配有保护盖，出露在地表面或地下保护池内；系统运行时不需停机就能启闭给水栓、更换灌水点；上栓体移动式使用，同一管道系统只需配 2～3 个上栓体，投资较少；上栓体的作用是控制给水、出水方向。常用移动式给水栓有平阀型和球阀型等型号。如 GY 系列给水栓如图 5-28～图 5-31 所示。

2)半固定式给水装置。半固定式给水装置的特点：一般情况下，止水、密封、控制、给水于一体，有时密封面也设在立管上；栓体与立管螺纹连接或法兰连接，非灌溉期可以卸下放在室内保存；同一灌溉系统计划同时工作的出水口必须在开机运行前安装好栓体，否则更换灌水点时需停机；同一灌溉系统也可按轮灌组配备，通过停机而轮换使用，不需每个出水口配一套，与固定式给水装置相比投资较省。常用的给水栓有螺杆活阀式给水栓、LG 型系列给水栓、球阀半固定式给水栓 C287—H 型丝堵半固定式给水栓(图 5-32)等。

3)固定式给水装置。固定式给水装置也称整体固定式给水装置。其特点：止水密封、控制给水于一体；栓体一般通过立管与地下管道系统牢固地结合在一起，不能拆卸；同一系统的每个出水口必须安装一套给水装置，投资相对较大。如丝盖式给水栓、地上混凝土式给水栓、自动升降式给水栓等，如图 5-33～图 5-36 所示。

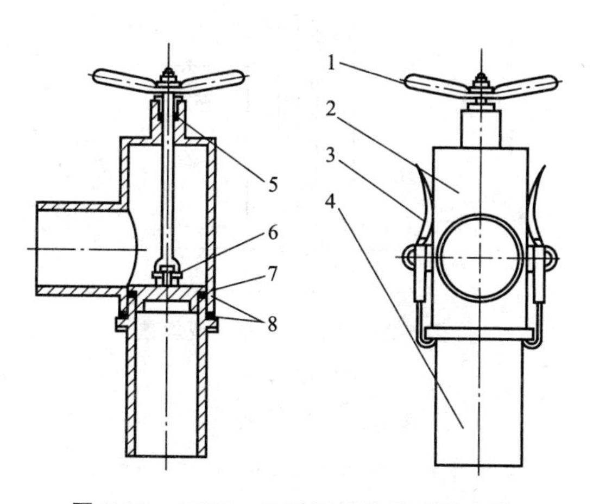

图 5-28　G2Y1—G 型平阀移动式给水栓

1—阀杆；2—上栓壳；3—连接装置；4—下栓壳；

5—填料；6—销钉；7—阀瓣；8—密封胶垫

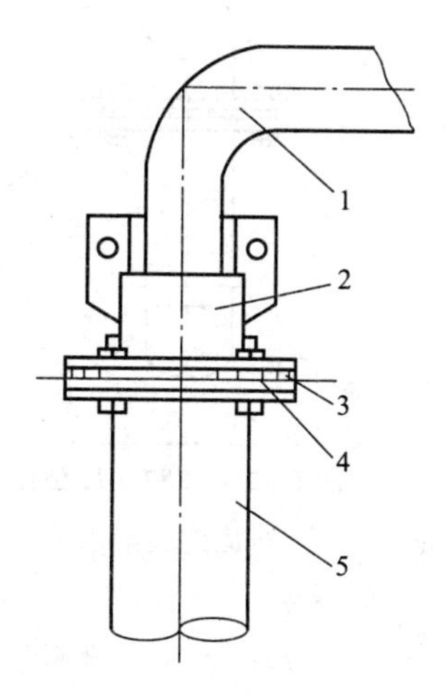

图 5-29　C2Y2—H 型系列平阀移动式给水栓半固定式出水口

1—上栓体；2—插座；3—密封胶垫；

4—橡胶活舌；5—立管

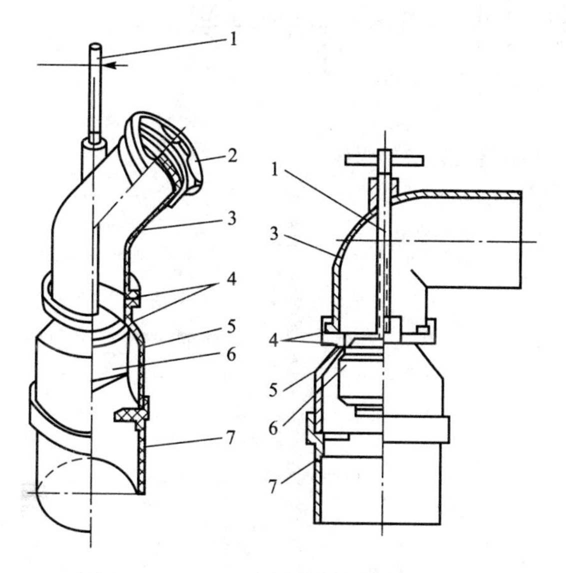

图 5-30　G1Y5—S 型球阀移动式给水栓

1—操作杆；2—快速接头；3—上栓壳；

4—密封胶圈(垫)；5—下栓壳；

6—浮子；7—连接管

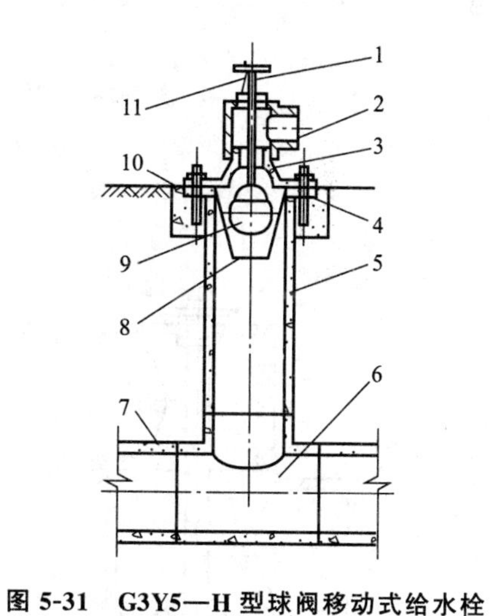

图 5-31　G3Y5—H 型球阀移动式给水栓

1—操作杆；2—上栓壳；3—下栓壳；

4—预埋螺栓；5—立管；6—三通；

7—地下管道；8—球篮；9—球阀；

10—底盘；11—固定挂钩

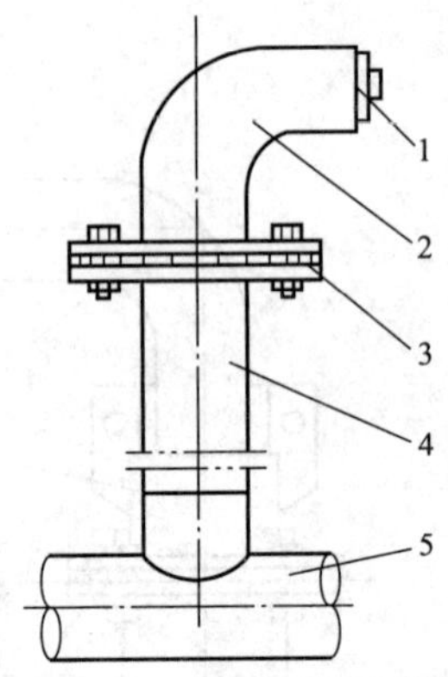

图 5-32　C287—H 型丝堵半固定式给水栓

1—丝堵；2—弯头；3—密封胶垫；4—法兰立管；5—地下管道

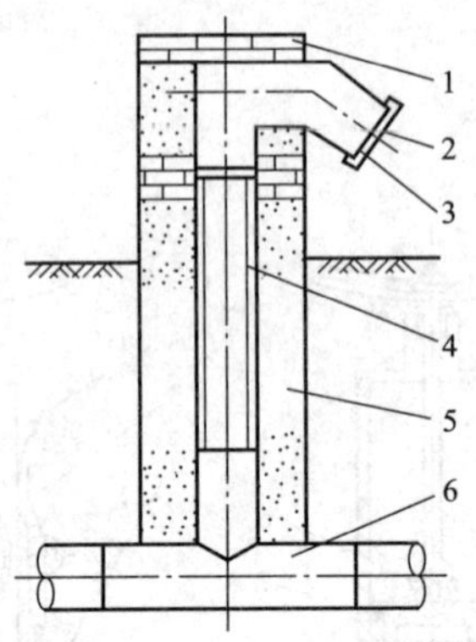

图 5-33　C2G7—S/N 型丝盖固定式给水栓

1—砌砖；2—放水管；3—丝盖；4—立管；5—混凝土固定墩；6—硬 PVC 三通

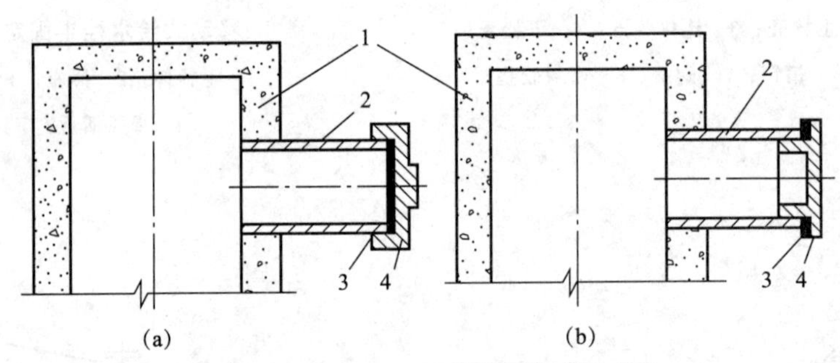

图 5-34　C7G7—N 型丝盖固定式给水栓

(a)外丝盖式；(b)内丝盖式

1—混凝土立管；2—出水横管；3—密封胶垫；4—止水盖

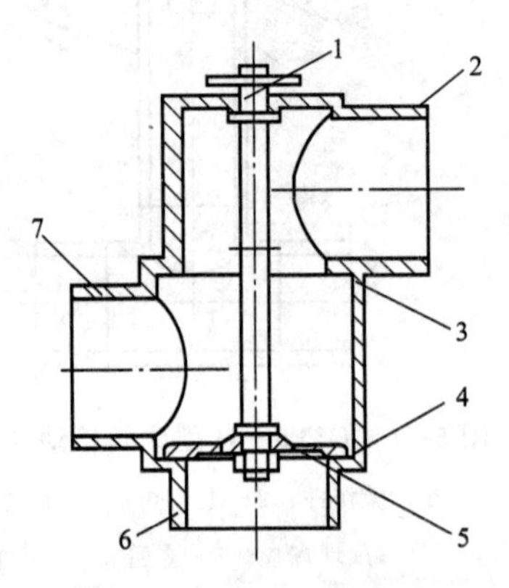

图 5-35　G2G1—G 型平板阀固定式给水栓

1—操作杆；2—出水口；3—上密封面；4—下密封面；5—阀瓣；6—下游管道进水口；7—上游管道进水口

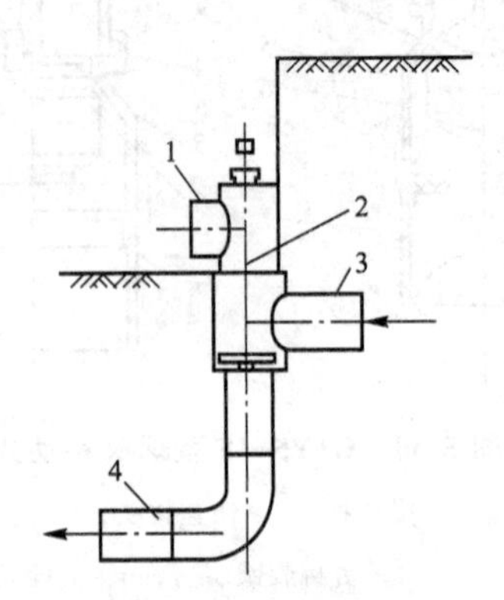

图 5-36　G2G1—G 型平板阀固定式给水栓安装示意

1—出水口；2—阀杆；3—进水口(接上游的管道)；4—接下游的管道

(2)给水装置的选用原则。

1)应选用经过专家鉴定并定型生产的给水装置。

2)根据设计出水量和工作压力，选择的规格应在适宜流量范围内，且局部水头损失小。

3)密封压力满足低压管道输水灌溉系统设计要求。

4)在低压管道输水灌溉系统中，给水装置用量大，使用频率高，长期置于田间，因此，在选用时还要考虑耐腐蚀、操作灵活、运行管理方便等因素。

5)根据是否与地面软管连接来选择给水栓；根据保护难易程度选择移动式、半固定式或固定式。

2. 安全保护装置

管道输水灌溉系统的安全保护装置主要有进(排)气阀、安全阀、调压阀、分(取)水控制装置等。其主要作用是破坏管道真空，排除管内空气，减少输水阻力，超压保护，调节压力，防止管道内的水回流入水源而引起水泵高速反转。

(1)进(排)气阀。进(排)气阀按阀瓣结构可分为球阀式、平板式进(排)气阀两大类。其工作原理是管道充水时，管内气体从进(排)气口排出，球(平板)阀靠水的浮力上升，在内水压力作用下封闭进(排)气口，使进(排)气阀密封而不渗漏，排气过程完毕。当管道停止供水时，球(平板)阀因虹吸作用和自重而下落，离开球(平板)口，空气进入管道，破坏了管道真空或使管道水的回流中断，避免了管道真空破坏或因管内水的回流引起的机泵高速反转。

进(排)气阀一般安装在顺坡布置的管道系统首部、逆坡布置的管道系统尾部、管道系统的凸起处、管道朝水流方向下折及超过10°的变坡处。

(2)安全阀。安全阀是一种压力释放装置，安装在管路较低处，起超压保护作用。低压管道灌溉系统中常用的安全阀按其结构形式可分为弹簧式、杠杆重锤式。

安全阀的工作原理是将弹簧力或重锤的质量加载于阀瓣上来控制、调节开启压力(即整定压力)。在管道系统压力小于整定压力时，安全阀密封可靠，无渗漏现象；当管道系统压力升高并超过整定压力时，阀门则立即自动开启排水，使压力下降；当管道系统压力降低到整定压力以下时，阀门及时关闭并密封如初。

安全阀在选用时，应根据所保护管路的设计工作压力确定安全阀的公称压力。由计算出的定压值决定其调压范围，根据管道最大流量计算出安全阀的排水口直径，并在安装前校订好阀门的开启压力。弹簧式、杠杆重锤式安全阀均适用于低压管道灌溉系统。

安全阀一般铅垂安装在管道输水灌溉系统的首部，操作者容易观察到，并便于检查、维修，也可安装在管道系统中任何需要保护的位置。图5-37、图5-38所示为两种常见的安全阀。

(3)调压管。调压管又称调压塔、水泵塔、调压进(排)气井，其结构形式如图5-39所示。其作用是当管内压力超过管道的强度时，调压管自动放水，从而保护管道安全。可代替进(排)气阀、安全阀和止回阀。调压管(塔)有两个水平进、出口和1个溢流口，进口与水泵上水管出口相接，出口与地下管道系统的进水口相连，溢流口与大气相通。

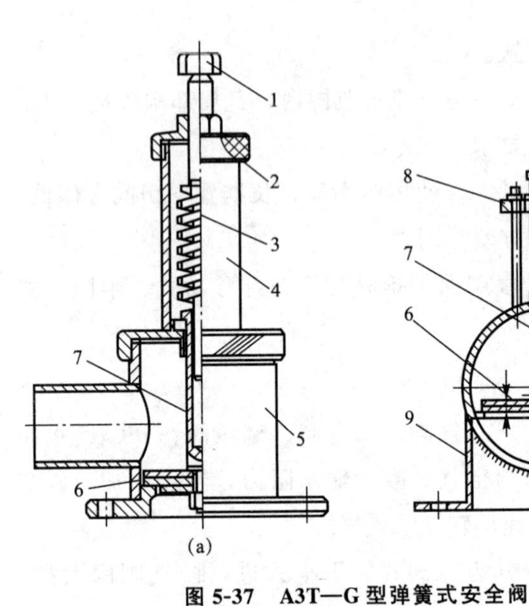

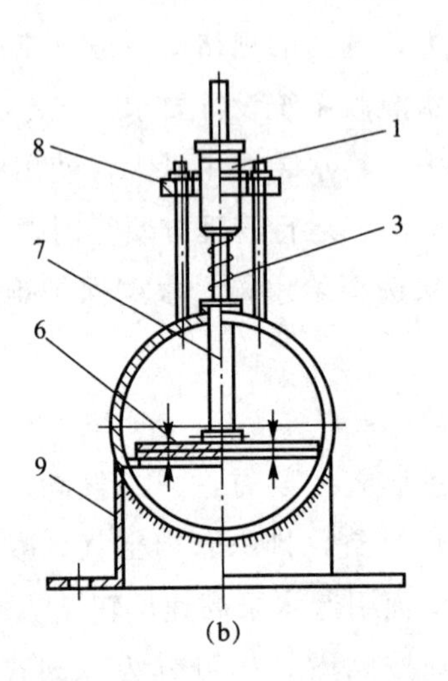

图 5-37　A3T—G 型弹簧式安全阀

1—调压螺栓；2—压盖；3—弹簧；

4—弹簧壳室；5—阀壳室；6—阀瓣；

7—导向套；8—弹簧支架；9—法兰管

图 5-38　A1T—G 型弹簧式安全阀

1—调压螺栓；2—弹簧壳室；

3—弹簧；4—阀瓣室；

5—阀瓣；6—阀座管

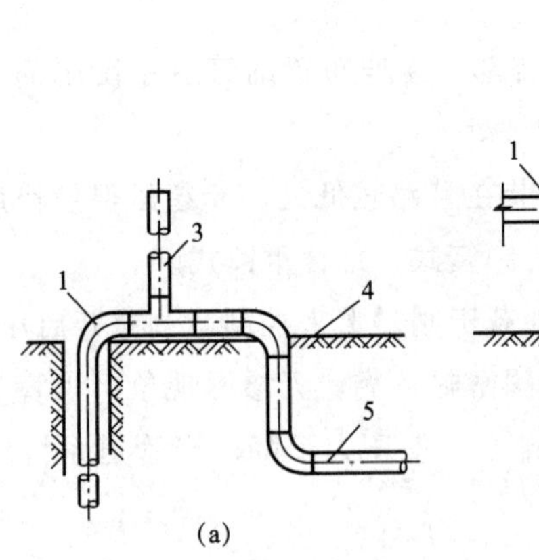

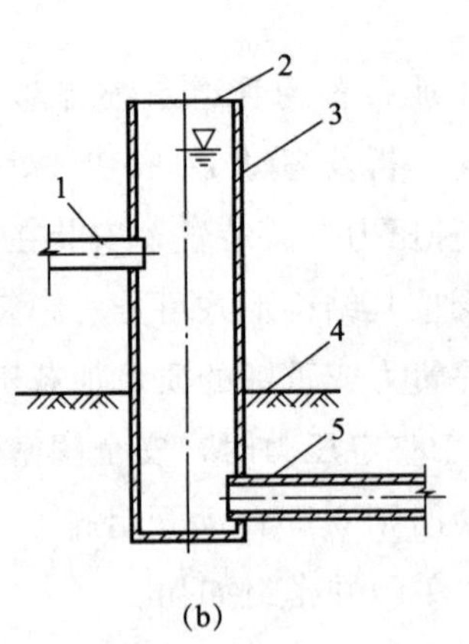

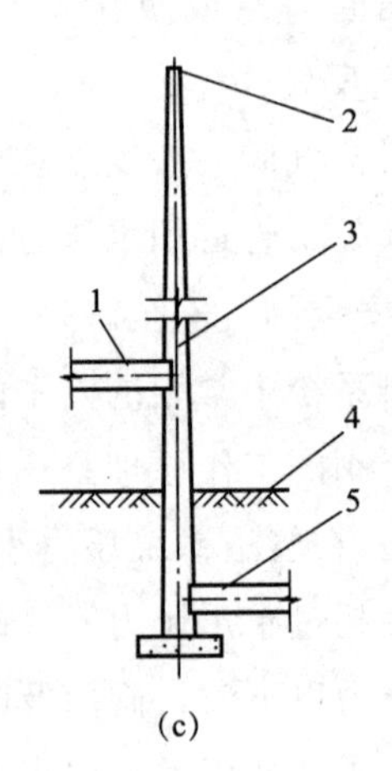

图 5-39　调压管(塔)的结构示意

(a)调压管；(b)调压进(排)气井；(c)水泵塔

1—水泵上水管；2—溢流口；3—调压管[调压进(排)气井、水泵塔]；4—地面；5—地下管道

调压管(塔)设计时应注意以下几个问题：

1)调压管(塔)溢流水位应不大于系统管道的公称压力。

2)为使调压管(塔)起到进气、止回水作用，调压管(塔)的进水口应设在出水口之上。

3)调压管(塔)的内径应不小于地下管道的内径。为减小调压管(塔)的体积，其横断面可以在进水口以上处开始缩小，但当系统最大设计流量从溢流口排放时，在缩小断面处的平均流速不应大于 3.05 m/s。

4)水源含沙量较大时，调压管(塔)底部应设置沉沙池。

5)调压管(塔)的进水口前应装设拦污栅，防止污物进入管道。

(4)分(取)水控制装置。管道灌溉系统中常用的分(取)水控制装置主要有闸阀、截止阀及结合低压管道系统特点研制的一些专用控制装置等。闸阀和截止阀大部分是工业通用产品。管道输水灌溉系统常用的工业阀门主要是公称压力不大于 1.6 MPa 的闸阀和截止阀，其主要作用是接通或截断管道中的水流。

3. 量水设备

为实现计划用水，按量计征水费，促进节约用水，在管道输水系统中安装量水设备。我国目前还没有专用的农用水表，在管道输水灌溉系统中通常采用工业与民用水表、流量计、流速仪、电磁流量计等进行量水。井灌区常用的量水设备为水表，水表可以累计用水量，量水精度可以满足计量需求，且牢固耐用，便于维修。在选用水表时，应遵循以下原则：

(1)根据管道的流量，参考厂家提供的水表流量一水头损失曲线进行选择，尽可能使水表经常使用流量接近公称流量。

(2)用于管道灌溉系统的水表一般安装在野外田间，因此选用湿式水表较好。

(3)水平安装时，选用旋翼式或水平螺翼式水表。

(4)非水平安装时，宜选用水平螺翼式水表。

五、低压管道输水灌溉工程规划原则与设计参数

低压管道输水灌溉工程规划布置的基本任务：在勘测和收集基本资料及掌握低压管道输水灌溉区基本情况和特点的基础上，研究规划发展低压管道输水灌溉技术的必要性和可行性，确定规划原则和主要内容。通过技术论证和水力计算，确定低压管道输水灌溉工程规模和低压管道输水灌溉系统控制范围；选定最佳低压管道输水灌溉工程规划布置方案；进行投资预算与效益分析，以彻底改变当地农业生产条件，建设高产稳产、优质高效农田及适应农业现代化的要求为目的。因此，低压管道输水灌溉工程规划与其他灌溉系统规划一样，是农田灌溉工程的重要工作，必须予以重视，认真做好。

(一)规划原则

(1)应收集掌握规划区地理位置、水文气象、水文地质、土壤农业生产、社会经济，以及地形地貌、工程现状等资料，了解当地水利工程运行管理水平，听取用户对管线布置、运行管理等方面的意愿。

(2)低压管灌系统的布设应与水源、道路、林带、供电线路和排水等紧密结合，统筹安排并尽量充分利用当地已有的水利设施及其他工程设施。

(3)在山丘地区，大中型自流灌区和抽水灌区内部及一切有可能利用地形坡度提供自然水头的地方，只要在最末级管道最不利出水口处有 0.3～0.5 m 的压力水头，应首先考虑布设自压式低压管灌系统。

(4)小水源如单井、群井、小型抽水灌区等应选用布设全移动式低压管灌系统。

(5)输水管网的布设应力求管线总长度最短，控制面积最大；管线平顺，无过多的弯转和起伏；尽量避免逆坡布置。

(6)田间末级暗管和地面移动软管的布设方向应与作物种植方向或耕作方向及地形坡度相适应，一般应取平行方向布置。

(7)田间给水栓或出水口的间距应依据现行农村生产管理体制和田园化规划确定，以方便用户管理和实行轮灌。

(8)水源水质应符合《农田灌溉水质标准》(GB 5084—2021)的规定。

(二)主要技术参数的确定

(1)灌溉设计保证率：根据当地自然条件和经济条件确定，不宜低于75%。

(2)管通灌溉系统水利用系数：井灌区应不低于0.95；渠灌区应不低于0.9。

(3)田间水利用系数：旱作灌区应不低于0.9，水稻灌区应不低于0.95。

(4)灌溉水利用系数：一般取0.85～0.9。井灌区不低于0.80，渠灌区不低于0.70。

六、低压管道输水灌溉工程规划设计方法

(一)基本资料的收集与整理

基本资料的收集与整理是进行低压管道输水灌溉工程规划设计的基础和前提，基本资料的准确与否将直接影响设计的质量。低压管道输水灌溉工程规划设计一般需要收集以下资料：

(1)近期与中长期发展规划。近期与中长期发展规划包括农田基本建设规划、农业发展规划、水利区划和水利中长期发展供求规划等，以及规划区今后人口增长、工业与农业发展目标、耕地面积与灌溉面积变化趋势和可供水资源量与需水量。

(2)地形地貌。灌区规划阶段用1∶10 000～1∶5 000地形图，管网布置用1∶2 000～1∶1 000局部地形图。局部地形图上要标明行政区划、灌区位置、控制范围边界线，以及耕地、村庄、沟渠、道路、林带、池塘、井泉、水库、河流、泵站和输电线路等。地形变化明显处要注明高程。

(3)水文气象。年、月、旬平均气温，最低、最高气温；多年、月平均降雨量，降雨特征，旱、涝灾情特点；年、月平均蒸发量，最大、最小月蒸发量；月或旬日照小时数；无霜期及始、终日期；土壤冻结及解冻时间，冻土层深度；主风向及风速等。

(4)土壤及其特性。土壤类型及分布，土壤质地和层次，耕作层厚度及养分状况，土壤主要物理化学性质等，如土壤的干密度、田间持水率、适宜含水率等。

(5)灌溉水源。

1)地下水：年内最高与最低埋深及出现时间，含水层厚度及埋藏深度、地下水水力坡度、流速、给水度、渗透系数及井的涌水量等有关资料；入渗补给量、入渗补给系数等参数。

2)河水：收集当地或相关水文站中不同水平年水位及流量的年内分配过程，水位流量关系曲线及年内含沙量的分配等资料。

3)水库塘坝：收集流域降雨径流情况、历年蓄水情况、水位库容曲线、水库调节性能及可供灌溉用水量。

(6)水利工程现状。掌握现有水利设施状况，在井灌区要收集已建成井的数量、分布、出水量、机泵性能、运行状况、历年灌溉面积等。对于引河和水库灌区还要收集水库和引水建筑物类别、有关尺寸、引水流量、灌溉面积、供水保证程度、各级渠道配套情况、设施完好状况、渠系水利用系数和灌溉水利用系数等。

(7)灌溉试验资料。收集当地或类似地区已有的灌溉试验资料，包括灌溉回归系数、降雨入渗补给系数、潜水蒸发系数、主要作物需水量，以及各生育阶段适宜土壤含水率需水规律、灌溉制度、灌水技术要素及渠灌区各级渠道水利用系数等。

(8)管材管件资料。调查厂家生产管材管件的规格、性能、造价和质量。当厂家出厂的产品有关技术参数不足时，还要通过试验取得设计所需要的数据。有关管材、管件种类等可参考相关厂家的产品目录。

(9)社会经济。社会经济包括规划区内人口、劳力，耕地面积、林果面积、作物种类、种植比例，粮棉等作物产量，农、林、牧、副各业产值，交通能源，建材状况等。

(二)水量供需平衡分析

水量供需平衡分析是低压管道输水灌溉工程规划设计中的重要内容。通过水量的供需平衡分析，可以合理确定工程的规模，即一定水源条件下可以发展的灌溉面积或一定灌溉面积需要的水源供水能力。这对充分挖掘水资源潜力，提高灌溉效益起着非常重要的作用。

灌溉水源来水量根据规划区水资源评价成果，结合配套设备能力确定可供水量，已成井灌区还应根据多年采补资料，对地下水可供水量加以复核；需水量应包括生活、农业、工业及生态等用水量。灌溉用水量根据作物组成、复种指数、作物需水、降水可利用量，并考虑未来可能的作物种植结构调整等计算确定。根据水源来水和用水用典型年法进行水量供需平衡计算，确定灌溉面积。

(三)管网规划布置

管网是将水源与各给水栓(出水口)之间用管道连接起来的形式，由于管网工程投资占管道系统总投资的70%以上，因此管网规划与布置是管道系统规划中关键的一部分。管网布置是否合理，对工程投资、运行状况和管理维护都有很大影响。因此，应对管网规划布置方案进行反复比较，最终确定合理方案，以减小工程投资并保证系统可靠运行。

管网布置之前，首先根据适宜的畦田长度和给水栓供水方式确定给水栓间距，然后根据经济分析结果将给水栓连接而形成管网。

1. 管网系统布置的原则

(1)一般情况下宜采用单水源管道系统布置，采用多水源汇流管道系统应经技术经济论证。

(2)管道布置宜平行于沟、渠、路，应避开填方区和可能产生滑坡或受山洪威胁的地带。

(3)管网布置形式应根据水源位置、地形、田间工程配套和用户用水情况，通过方案比较确定。

(4)管道级数应根据系统灌溉面积(或流量)和经济条件等因素确定。旱作物区，当系统流量小于 30 m^3/h 时，可采用一级固定管道；当系统流量为 30～60 m^3/h 时，可采用干、支管两级固定管道；当系统流量大于 60 m^3/h，可采用两级或多级固定管道，同时宜增设地面移动管道。水田区，可采用两级或多级固定管道。

(5)应力求管道总长度短，管线平直，应减少折点和起伏。

(6)田间固定管道长度宜为 40～100 m。

(7)支管走向宜平行于作物种植方向，支管间距平原区宜采用 50～150 m，单向灌水时取较小值，双向灌水时取较大值。

(8)给水栓应按灌溉面积均衡布设，并根据作物种类确定布置密度，单口灌溉面积宜为 0.25～0.6 hm^2，单向灌水取较小值，双向灌水取较大值。田间配套地面移动管道时，单口灌溉面积可扩大。

2. 管网规划布置的步骤

根据管网布置的原则，按以下步骤进行管网规划布置：

(1)根据地形条件分析确定管网形式。

(2)确定给水栓的适宜位置。

(3)按管道总长度最短布置原则，确定管网中各级管道的走向与长度。

(4)在纵断面图上标注各级管道桩号、高程、给水装置、保护设施、连接管件及附属建筑物的位置。

(5)对各级管道、管件、给水装置等列表分类统计。

3. 管网布置形式

在管网布置之前，首先根据适宜的畦田长度和给水栓供水方式确定给水栓间距，然后根据经济分析结果将给水栓连接而形成管网。下面主要介绍井灌区管网典型布置形式。

(1)机井位于地块一侧，控制面积较大且地块近似成方形，可布置成图 5-40、图 5-41 所示的形式。这些布置形式适用于井出水量为 60～100 m^3/h、控制面积为 10～20 hm^2、地块长宽比约等于 1 的情况。

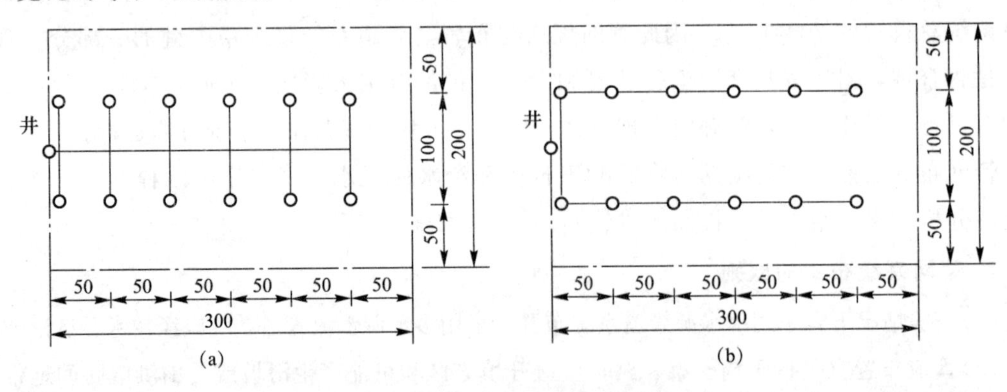

图 5-40　给水栓向一侧分水示意(单位：m)

(a)主字形布置；(b)Π 形布置

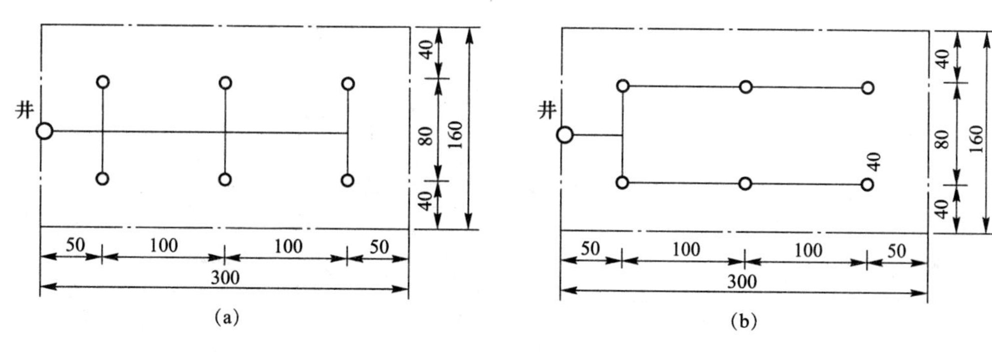

图 5-41　给水栓向两侧分水示意(单位：m)

(a)圭字形布置；(b)Π 形布置

(2)机井位于地块一侧，地块呈长条形，可布置成一字形、L 形、T 形，如图 5-42～图 5-44 所示。这些布置形式适用于井出水量为 20～40 m^3/h、控制面积为 3～7 hm^2、地块长宽比不大于 3 的情况。

(3)机井位于地块中心时，常采用图 5-45 所示的 H 形布置形式。这种布置形式适用于井出水量为 40～60 m/h、控制面积为 7～10 hm^2、地块长宽比不大于 2 的情况。当地块长宽比大于 2 时，宜采用图 5-46 所示的长一字形布置形式。

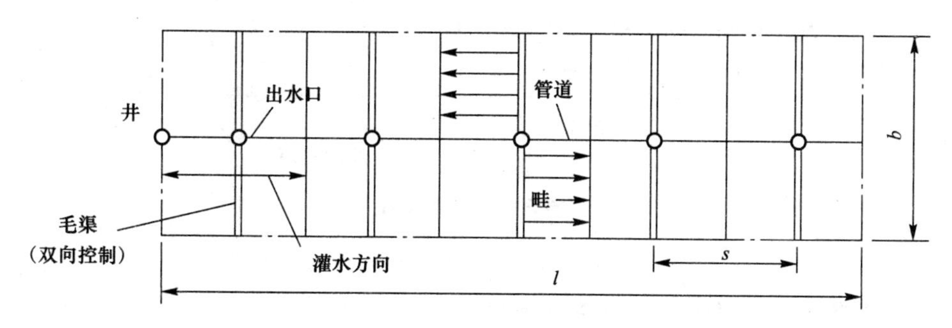

图 5-42　一字形布置

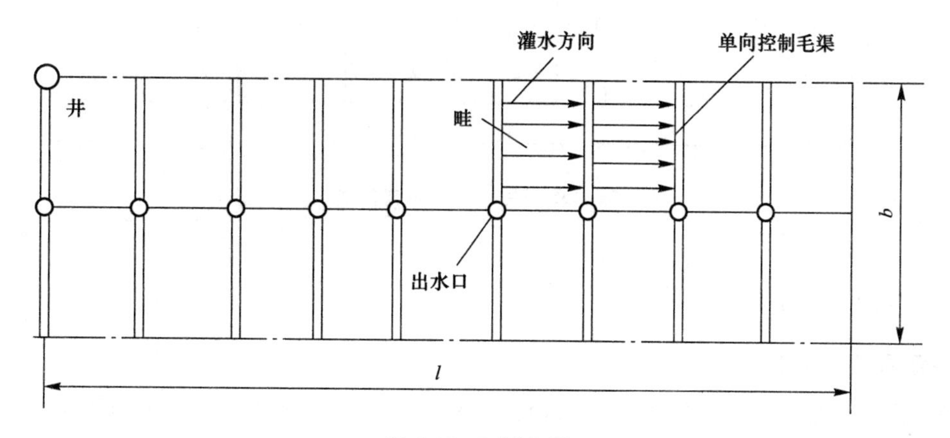

图 5-43　L 形布置

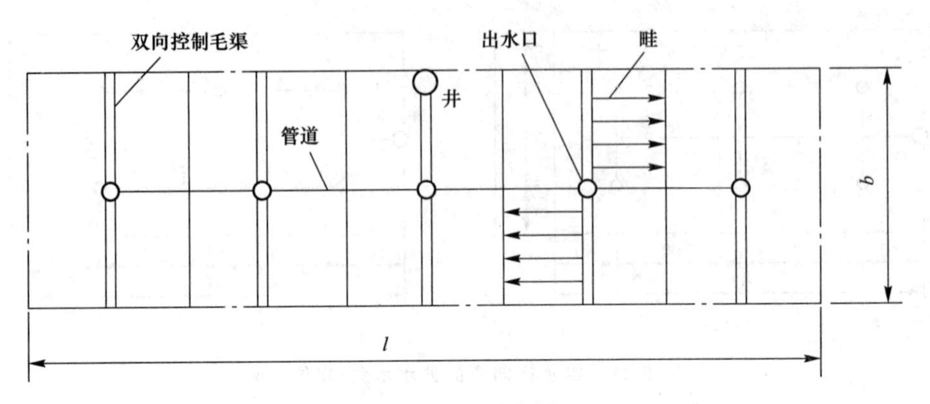

图 5-44　T 形布置

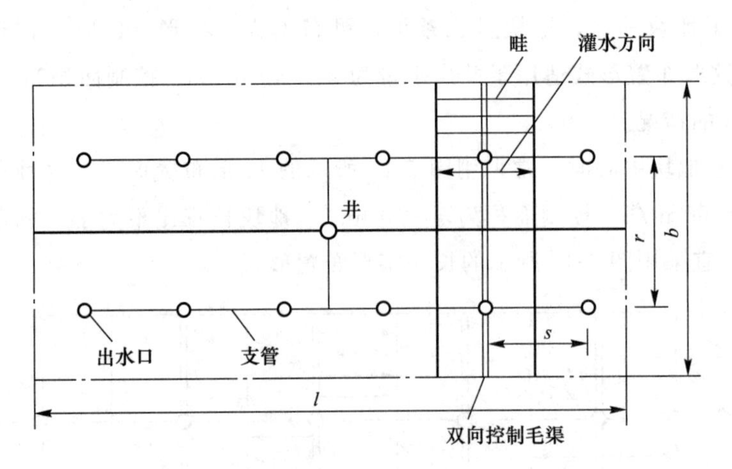

图 5-45　H 形布置

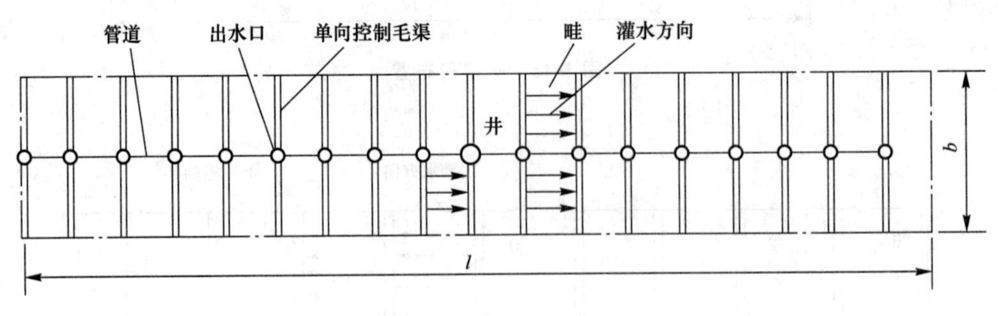

图 5-46　长一字形布置形式

(四)管网水力计算

1. 管网设计流量

管网设计流量是水力计算的依据，由灌溉设计流量决定。灌溉规模确定后，根据水源条件、作物灌溉制度和灌溉工作制度计算灌溉设计流量。然后以灌溉期间的最大流量作为管网设计流量，以最小流量作为系统校核流量。

(1)灌溉制度。

1)设计灌水定额。灌水定额是指单位面积一次灌水的灌水量或水层深度。在管网设计中，采用作物生育期内各次灌水量中最大的一次作为设计灌水定额，对于种植不同作物的灌区，通常采用设计时段内主要作物的最大灌水定额作为设计灌水定额。

$$m=1\ 000\gamma_s h(\beta_1-\beta_2) \tag{5-72}$$

式中 m——设计净灌水定额(m^3/hm^3)；

h——计划湿润层深度(m)；一般大田作物取 0.4～0.6 m，蔬菜取 0.2～0.3 m，果树取 0.8～1.0 m；

γ_s——计划湿润层土壤的干密度(kN/m^3)；

β_1——土壤适宜含水率上限(质量百分比)，取田间持水率的 0.85～1.0；

β_2——土壤适宜含水率下限(质量百分比)，取田间持水率的 0.6～0.65。

2)设计灌水周期。根据灌水临界期内作物最大日需水量值按式(5-73)计算理论灌水周期，因为实际灌水中可能出现停水，故设计灌水周期应小于理论灌水周期，即

$$\left.\begin{aligned} T_{理}&=\frac{m}{10E_d} \\ T&<T_{理} \end{aligned}\right\} \tag{5-73}$$

式中 $T_{理}$——理论灌水周期(d)；

T——设计灌水周期(d)；

m——设计净灌水定额(m^3/hm^3)；

E_d——控制区内作物最大日需水量(mm/d)。

控制区内种植不同作物时，如果采用不同作物灌水周期中的最短周期作为灌水周期，这样容易造成管网系统流量过大。因此，种植不同作物时，可按式(5-74)计算理论灌水周期：

$$T_{理}=\frac{mA}{\sum(E_{di}A_i)} \tag{5-74}$$

式中 E_{di}——设计时段内第 i 种作物的最大日需水量(mm/d)；

A——设计灌溉总面积(hm^2)；

A_i——第 i 种作物的灌溉面积(hm^2)。

式中，其他符号意义同前。

(2)设计流量。

1)灌溉系统设计流量。灌溉系统设计流量应由灌水率图确定。在井灌区，灌溉设计流量应小于单井的稳定出水量，可按式(5-75)计算：

$$Q_0=\sum_{i=1}^{e}\left(\frac{\alpha_i m_i}{T_i}\right)\frac{A}{t\eta} \tag{5-75}$$

式中 Q_0——灌溉系统设计流量(m^3/h)；

α_i——灌水高峰期第 i 种作物的种植比例；

m_i——灌水高峰期第 i 种作物的灌水定额(m^3/hm^2)；

T_i——灌水高峰期第 i 种作物的一次灌水延续时间(d);

A——设计灌溉面积(hm^2);

t——系统日工作小时数(h/d);

η——灌溉水利用系数;

e——灌水高峰期同时灌水的作物种类。

当只种植一种作物时，系统流量为

$$Q=\frac{mA}{Tt\eta} \tag{5-76}$$

式中 Q——灌溉设计流量(m^3/h);

m——设计的一次灌水定额(m^3/hm^2);

A——灌溉设计面积(hm^2);

T——一次灌水的连续时间(d);

t——每天灌水时间(h/d);

η——灌溉水利用系数。

当水源或已有水泵流量不能满足 Q 要求时，应取水源或水泵流量作为系统设计流量。

2)灌溉工作制度。灌溉工作制度是指管网输配水及田间灌水的运行方式和时间，是根据系统的引水流量、灌溉制度、畦田形状及地块平整程度等因素制定的，有续灌、轮灌两种方式。

①续灌方式。在灌水期间，整个管网系统的出水口同时出流的灌水方式称为续灌。在地形平坦且引水流量和系统容量足够大时，可采用续灌方式。

②轮灌方式。在灌水期间，灌溉系统内不是所有的管道同时通水，而是将输配水管分组，以轮灌组为单元轮流灌溉。系统轮灌组数是根据管网系统灌溉设计流量、每个出水口的设计出水量及整个出水口的个数按式(5-77)计算的，当整个系统各出水口流量接近时，式(5-77)化为式(5-78)。

$$N=INT\left(\sum_{i=1}^{n}\frac{q_i}{Q_0}\right) \tag{5-77}$$

$$N=INT\left(\frac{nq}{Q_0}\right) \tag{5-78}$$

式中 N——轮灌组数;

q_i——第 i 个出水口设计流量(m^3/h);

INT——取整符号;

n——系统出水口总数。

式中，其他符号意义同前。

轮灌组数划分的原则：每个轮灌组内工作的管道应尽量集中，以便于控制和管理；各个轮灌组的总流量尽量接近，离水源较远的轮灌组总流量可小些，但变动幅度不能太大；地形地貌变化较大时，可将高程相近地块的管道分在同一轮灌组，同组内压力应大致相同，偏差不宜超过20%；各个轮灌组灌水时间总和不能大于灌水周期；同一轮灌组内作物种类和种植方式应力求相同，以方便灌溉和田间管理；轮灌组的编组运行方式要有一定规律，以利于提高管道利用率并减少运行费用。同时，工作的各出水口的流量差值不应大于30%。

3)树状管网各级管道的设计流量。

$$Q=\frac{n_{栓}}{N_{栓}}Q_0 \tag{5-79}$$

式中 Q——灌溉设计流量(m^3/h)；

$n_{栓}$——管道控制范围内同时开启的给水栓个数；

Q_0——灌溉系统设计流量(m^3/h)；

$N_{栓}$——全系统同时开启的给水栓个数。

2. 水头损失计算

(1)沿程水头损失。在低压管道输水灌溉管网设计计算中，根据不同材料管材使用流态，通常采用式(5-80)计算有压管道的沿程水头损失。

$$h_f=f\frac{Q^m}{d^b}L \tag{5-80}$$

式中 f——沿途水头损失摩阻系数；

m——流量指数；

b——管径指数；

Q——灌溉设计流量(m^3/h)；

L——管长；

D——管径。

对于地面移动软管，由于软管壁薄、质软并具有一定的弹性，输水性能与一般硬管不同。过水断面随充水压力变化而变化，其沿程阻力系数和沿程水头损失不仅取决于雷诺数、流量及管径，而且明显受工作压力影响，此外，还与软管铺设地面的平整程度及软管的顺直状况等有关。在工程设计中，地面软管沿程水头损失通常采用塑料硬管计算公式计算后乘以1.1～1.5的加大系数，该加大系数根据软管布置的顺直程度及铺设地面的平整程度取值。

(2)局部水头损失计算。在工程实践中，经常根据水流沿程水头损失和局部水头损失在总水头损失中的分配情形，将有压管道分为长管与短管两种。前者沿程水头损失起主要作用，局部水头损失和流速水头可以忽略不计；后者局部水头损失和流速水头与沿程水头损失相比不能忽略。习惯上将局部水头损失和流速水头占沿程水头损失的5%以下的管道称为长管。反之，局部损失和流速水头占沿程水头损失的5%以上的管道称为短管。一般的低压管道工程常取局部水头损失为沿程水头损失的5%～10%。

3. 管径确定

管径确定的方法一般采用计算简便的经济流速法，还有借助于计算机进行管网优化的

计算方法。在井灌区和其他一些非重点的管道工程设计中，多采用计算工作量较小的经济流速法。该方法根据不同的管材确定适宜流速，然后由式(5-81)计算管径，最后根据商品管径进行标准化修正。

$$d=1\,000\sqrt{\frac{4Q}{3\,600\pi v}}=18.8\sqrt{\frac{Q}{v}} \tag{5-81}$$

式中 d——计算理论管径(mm)；

Q——计算管段的设计流量(m^3/s)；

v——管道内谁的经济流速(m/h)。

在确定管径时要考虑：管网任意处工作压力的最大值应不大于该处材料的公称压力；管道流速应不小于不淤流速(一般取 0.5 m/s)，不大于最大允许流速(通常限制在 2.5～3.0 m/s)；设计管径必须是已有生产的管径规格；在设计运行工况下，不同运行方式时的水泵工作点应尽可能在高效区内。

经济流速受当地管材价格、使用年限施工费用及动力价格等因素的影响较大。若当地管材价格较低，而动力价格较高，经济流速应选取较小值；反之则选取较大值。因此，在选取经济流速时应充分考虑当地的实际情况。表 5-16 列出了不同管材经济流速的参考值。

表 5-16 不同管材经济流速的参考值

管材	混凝土管	石棉水泥管	塑料管	薄膜管
流速/($m\cdot s^{-1}$)	0.5～1.0	0.7～1.3	1.0～1.5	0.5～1.2

4. 水泵扬程计算与水泵选择

(1)管道系统设计工作水头。管道系统设计工作水头按式(5-82)计算：

$$H_0=\frac{H_{max}+H_{min}}{2} \tag{5-82}$$

$$H_{max}=Z_2-Z_0+\Delta Z_2+\sum h_{f2}+\sum h_{j2}+h_0 \tag{5-83}$$

$$H_{min}=Z_1-Z_0+\Delta Z_1+\sum h_{f1}+\sum h_{j1}+h_0 \tag{5-84}$$

式中 H_0——管道系统设计工作水头(m)；

H_{max}——管道系统最大工作水头(m)；

H_{min}——管道系统最小工作水头(m)；

Z_0——管道系统进口高程(m)；

Z_1——参考点 1 地面高程，在平原井区参考点 1 一般为距水源最近的出水口(m)；

Z_2——参考点 2 地面高程，在平原井区参考点 2 一般为距水源最远的出水口(m)；

ΔZ_1，ΔZ_2——参考点 1 与参考点 2 处出水口中心线与地面的高差(m)，出水口中心线高程，应为所控制的田间最高地面高程加 0.15 m；

$\sum h_{f1}$，$\sum h_{j1}$——管道系统进口至参考点 1 的管路沿程水头损失与局部水头损失(m)；

$\sum h_{f2}$，$\sum h_{j2}$——管道系统进口至参考点 2 的管路沿程水头损失与局部水头损失(m)；

h_0——给水栓工作水头(m)，应根据生产厂家提供的资料选取，无资料时可按 0.3～0.5 m 选取。

(2)水泵扬程计算。灌溉系统设计扬程按式(5-85)计算：

$$H_p = H_0 + Z_0 - Z_d + \sum h_{f0} + \sum h_{j0} \tag{5-85}$$

式中 H_p——管道系统设计扬程(m)；

Z_d——机井动水位(m)；

$\sum h_{f0} + \sum h_{j0}$——水泵吸水管进口至管道进口之间的管道沿程水头损失与局部水头损失(m)。

式中，其他符号意义同前。

(3)水泵选型。根据以上计算的水泵扬程和系统设计流量选取水泵，然后根据水泵的流量—扬程曲线和管道系统的流量水头损失曲线校核水泵工作点。

为保证所选的水泵在高效区运行，对于按轮灌组运行的管网系统，可根据不同轮灌组的流量和扬程进行比较、选择水泵。当控制面积大且各轮灌组流量与扬程差别很大时，可选择两台或多台水泵分别对应各轮灌组提水灌溉。

低压管道输水灌溉工程的新配水泵宜选用国家公布的节能产品，水泵的型号除要满足系统设计流量和扬程外，还要考虑水源的形式，通常对水位埋深较浅且变幅不大的水源可选择离心泵，流量较大的可选双吸离心泵或混流泵；对于水位埋深较大，不能选用离心泵的浅井水源，如果扬程不大，可选单机级潜水电泵，流量较小的可考虑单相电机泵；对于水位埋深较大、扬程较大的水源(如深井)，可选用多级潜水电泵。

5. 水锤压力计算与水锤防护

在有压管道中，由于管内流速突然变化而引起管道中水流压力急剧上升或下降的现象，称为水锤。在水锤发生时，管道可能因内水压力超过管材公称压力或管内出现负压而损坏管道。在低压管道系统中，由于压力较小，管内流速不大，一般情况下水锤压力不会过高。因此，在低压管道计算中，只要按照操作规程，并配齐安全保护装置，可不进行水锤压力计算。但对于规模较大的低压管道输水灌溉工程，应该进行水锤压力验算。

七、低压管道灌溉工程规划设计示例

(一)基本情况

某井灌区主要以粮食生产为主，地下水丰富，多年来建成了以离心泵为主要提水设备、土渠输水的灌溉工程体系，为灌区粮食生产提供了可靠保证。由于近几年来的连续干旱，灌区地下水普遍下降，为发展节水灌溉，提高灌溉水利用系数，改离心泵为潜水泵提水，改土渠输水为低压管道输水。

井灌区内地势平坦，田、林、路布置规整，单井控制面积为 12.7 hm。地面以下 1.0 m

土层内为中壤土，平均堆积密度为14.8 kN/m，田间持水率为24%。

工程范围内有水源井一眼，位于灌区的中部。根据水质检验结果分析，该井水质符合《农田灌溉水质标准》(GB 5084—2021)的规定，可以作为该工程的灌溉水源，水源处有380 V三相电源。根据多年抽水测试，该井出水量为55 m^3/h，井径为220 mm，采用钢板卷管护筒，井深为20 m，静水位埋深为7 m，动水位埋深为9 m，井口高程与地面齐平。

(二)井灌区管灌系统的设计参数

(1)灌溉设计保证率：75%。

(2)管道系统水的利用率：95%。

(3)灌溉水利用系数：0.85。

(4)设计作物耗水强度：5 mm/d。

(5)设计湿润层深：0.55 m。

(三)制度及工作制度

1. 净灌水定额计算

净灌水定额采用式(5-72)计算。

$$m=1\,000\gamma_s h(\beta_1-\beta_2)$$

式中，$h=0.55$ m，$\gamma_s=14.8$ kN/m^3，$\beta_1=0.24\times0.95=0.228$，$\beta_2=0.24\times0.65=0.156\,0$，代入得$m=554.4$ m^3/hm^2。

2. 设计灌水周期

设计灌水周期采用式(5-73)计算。

$$T_{理}=\frac{m}{10E_d}$$

式中，$m=554.4$ m^3/hm，$E_d=5$ mm/d代入得$T_{理}=11.09$ d(取$T_{理}=10$ d)。

3. 毛灌水定额

毛灌水定额采用下式计算：

$$m_{毛}=\frac{m}{\eta}=\frac{554.4}{0.85}=652.2(m^3/hm^2)$$

4. 灌水次数与灌溉定额

根据灌区内多年灌水经验，小麦灌水4次，玉米灌水1次，则全年需灌水5次，灌溉定额为1 911 m^3/hm^2。

(四)设计流量及管径确定

1. 系统设计流量

系统设计流量采用下式计算：

$$Q_0=\frac{amA}{\eta Tt} \tag{5-86}$$

$$Q_0=\frac{amA}{\eta Tt}=\frac{1\times 554.4\times 12.7}{0.85\times 11\times 18}=41.8(\mathrm{m^3/h})$$

因系统流量小于水井设计出水量，故取水泵设计出水量为 $Q=50\ \mathrm{m^3/h}$，灌区水源能满足设计要求。

2. 管径确定

管径采用下式计算：

$$D=18.8\sqrt{\frac{Q}{v}}$$

$$D=18.8\sqrt{\frac{Q}{v}}=18.8\sqrt{\frac{50}{1.5}}=108.54(\mathrm{mm})(\text{选取 }\phi 110\times 3\text{ PE 管材})$$

3. 工作制度

(1)灌水方式：考虑运行管理情况，采用各出口轮灌。

(2)各出口灌水时间：采用下式计算：

$$t=\frac{mA}{\eta Q}$$

式中，$m=554.4\ \mathrm{m^3/hm^2}$，$A=0.5\ \mathrm{hm^2}$，$\eta=0.85$，$Q=50\ \mathrm{m^3/h}$，则

$$t=\frac{mA}{\eta Q}=\frac{554.4\times 0.5}{0.85\times 50}=6.5\ (\mathrm{h})$$

4. 支管流量

因各出水口采用轮灌工作方式，单个出水口轮流灌水，故各支管流量及管径与干管相同。

(五)管网系统布置

1. 布置原则

(1)管理设施、井、路、管道统一规划，合理布局，全面配套，统一管理，尽快发挥工程效益。

(2)依据地形、地块、道路等情况布置管道系统，要求线路最短，控制面积最大，便于机耕，管理方便。

(3)管道尽可能双向分水，节省管材，沿路边及地块等高线布置。

(4)为方便浇地、节水，长畦要改短。

(5)按照村队地片，分区管理，并能独立使用的原则。

2. 管网布置

(1)支管与作物种植方向相垂直。

(2)干管尽量布置在生产路、排水沟渠旁成平行布置。

(3)保证畦灌长度不大于 120 m，满足灌溉水利用系数要求。

(4)出水口间距满足《低压管道输水灌溉工程技术规范(井灌区部分)》(SL/T 153—1995)要求。

管网布置如图 5-47 所示。

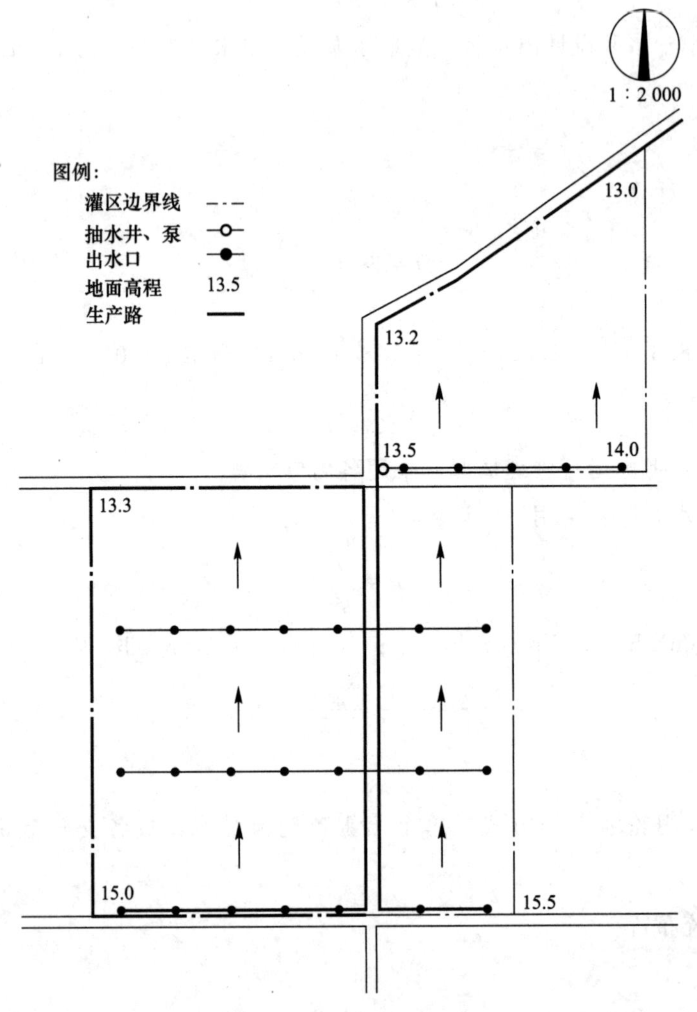

图 5-47　管网平面布置图

(六)设计扬程计算

(1)管道水力计算简图如图 5-48 所示。

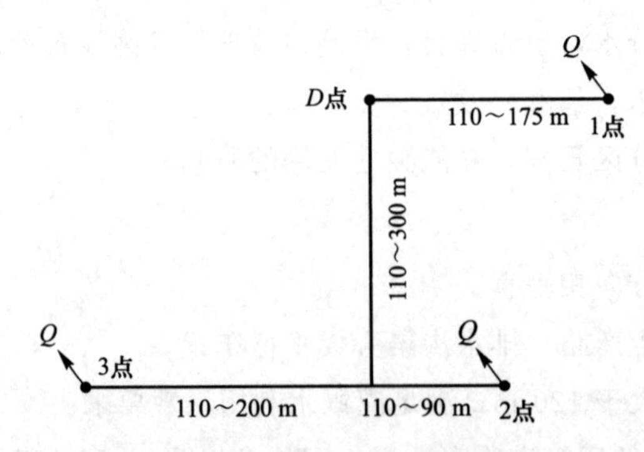

图 5-48　管道水力计算简图

(2)水头损失计算：采用下式计算：

$$h=1.1h_f$$

$$h_f=f\frac{Q^m}{d^b}L$$

$f=0.948\times105$(聚乙烯管材的摩阻系数)，$Q=50\ m^3/h$，m 取 1.77，d 为管道内径，取塑料管材为 $\phi110\times3$ PE 管材，$d=110-3\times2=104$ (mm)，b 为管径指数，取 4.77。

水头损失分三种情况，见表 5-17。

(3)设计水头计算，见表 5-17。

表 5-17　水头损失及设计水头计算结果

点号	出水点	$h=1.1h_f$	$H=Z-Z_0+\Delta Z+\sum h_f+\sum f_j$
1	D 点～1 点	4.44	9+(14−13.5)+4.44=13.94
2	D 点～2 点	9.89	9+(15.5−13.5)+9.89=20.89
3	D 点～3 点	12.68	9+(15−13.5)+12.68=23.18

由此可以看出，出水点 3 为最不利工作处，因此，选取 23.18 m 作为设计扬程。

(七)首部设计

根据设计流量 $Q=50\ m^3/h$，设计扬程 $H=23.18$ m，选取水泵型号为 200QJ50−26/2 潜水泵。

首部工程配有止回阀、碟阀、水表及进气装置。

(八)工程预算

工程预算见表 5-18。

表 5-18　机压管灌典型工程投资概预算表

内容	工程或费用名称	单位	数量	单价/元			合计/元		
				小计	人工费	材料费	小计	人工费	材料费
第一部分	建筑工程						3 511.3	2 238.35	1 272.95
一	输水管道						3 099.0	2 176.5	922.5
1	土方开挖	m^3	350	4.78	4.78		1 673.0	1 673.0	
2	土方回填	m^3	350	0.86	0.86		301.0	301.0	
3	出水口砌筑	m^2	4.5	250.0	45	205.0	1 125.0	202.0	922.5
二	井房						412.3	61.85	350.45
三	其他工程						412.3	61.85	350.45
1	零星工程	元							

续表

内容	工程或费用名称	单位	数量	单价/元			合计/元		
				小计	人工费	材料费	小计	人工费	材料费
第二部分	机电设备 及安装工程						33 307.95	1 589.95	31 718.0
一	水源工程						5 660.55	269.55	5 391.0
1	潜水泵	套	1	4 978.05	237.05	4 741.0	4 978.05	237.05	4 741.0
2	*DN*80 逆止阀	台	1	131.25	6.25	125.0	131.25	6.25	
3	*DN*80 蝶阀	台	1	131.25	6.25	125.0	131.25	6.25	125.0
4	启动保护装置	套		420.0	20.0	400.0	420.0	20.0	400.0
二	输供水工程						27 647.4	1 320.4	26 327.0
1	泵房连接管件	套	1	507.15	24.15	483.0	27 647.4	1 320.4	26 327.0
2	输水管	m	1 350	18.21	0.87	17.34	24 583.5	1 174.5	23 409.0
3	出水口	个	26	89.25	4.25	85.0	2 320.5	110.5	2 210.0
4	管件	个	5		2.25	45	236.25	11.25	225.0
第三部分	其他费用	元					2 618.77	272.27	2 346.5
1	管理费(2%)	元	36 819，25				736.39	76.57	659.82
2	勘测设计费 (2.5%)	元	38 476.12				920.48	95.70	824.78
3	工程监理质量 监督检测费(2.5%)	元	38 476.12				961.90	100.0	861.90
	第一至 第三部分之和						39 438.2		
第四部分	预备费						1 917.90		
	基本预备费(5%)	元	39 438.02				1 917.90		
	总投资						41 409.92		

任务四　典型灌溉工程案例分析

安徽省作为我国的农业大省之一，其人均水资源量及亩均水资源量均低于全国平均水平，在该地区采取合适的高效节水灌溉模式有利于破解农业水资源局限的瓶颈问题。项目区位于庐江县罗河镇东风村，面积为 13.3 hm^2，是罗河镇重点扶贫项目，多年平均降雨 1 200 mm，年平均气温 15.9 ℃。项目区塘坝水面面积为 7 900 m^2，塘坝水深为 1.5 m 左右。85%保证率可供水量 1.96 万 m^3。罗河复式温棚项目区种植作物主要为蔬菜，均为 60 m×6 m 的大棚组成，大棚间距为 1.5 m，棚内蔬菜分 4 垄种植，每垄间距为 1.5 m。项目区分为 A、B、C 3 个分区，其中 A 区有大棚 66 座，B 区有大棚 72 座，C 区有大棚 46 座。

滴灌系统由水源工程、首部枢组、输配水管网和灌水器组成。管网级数采用干管、分干管、支管、毛管四级固定管道，毛管为滴灌管，沿大棚布置，支管垂直于毛管布局，每条支管控制 2 个大棚。管道中的三通、弯头等附件选用与管材相配套的管件。滴灌系统每次轮灌 1 个分干管，共计 11 个轮灌组，最大轮灌组的流量为 33.6 m^3/h。支管将压力水流引入大棚，毛管采取滴灌管沿大棚每垄单行布置，滴灌管上滴头间为 0.3 m。

田块耕层土壤为砂壤土，取滴灌的允许灌水强度 $\rho_{允}=10$ mm/h；根据《微灌工程技术标准》(GB/T 50485—2020)的规定，蔬菜滴灌设计土壤湿润比为 60～90，取设计湿润比 $P=80\%$。

滴灌管内嵌压力补偿滴头，滴头间距为 0.3 m，单滴头设计流量 $q_d=2$ L/h，工作压力范围为 80～350 kPa。

种植区滴灌管的间距(SL)为 1.5 m，滴头间距(S_e)为 0.3 m；此时，其滴灌强度为 4.4 mm/h。由于示范区土壤为砂壤土，根据《微灌工程技术标准》(GB/T 50485—2020)规定，该类土壤的允许灌水强度 $\rho\leqslant[\rho]=10$(mm/h)。查阅产品参数，在砂壤土条件下滴头湿润带宽度 DW 可达 0.68 m，按上述布置的滴灌带，其实际土壤湿润比为 80%。根据该种滴管性能资料，系统实际湿润比为 80%，满足《微灌工程技术标准》(GB/T 50485—2020)中滴灌时的设计湿润比 $P_{设}=60\%\sim90\%$的要求。

由于本滴灌选用压力补偿式滴灌管，查产品说明，直径为 20 mm，滴头间距为 0.3 m，该产品平铺极限长度为 120 m，大于现有大棚长度 60 m，满足灌溉均匀度要求。

本滴灌系统取用的塘坝水中含有一定的有机物及杂质，因而进入管网的水采用二级过滤，首先采用自动反冲式砂石过滤器，后采用网式过滤器，两种过滤器串联，各级过滤器前后均设置 2.5 级压力表，以监测其工作状况。滴灌系统首部过滤器型号为 S100-W100，为砂石过滤器和筛网过滤器，推荐流量为 30～70 m^3/h，最大工作压力为 700 kPa，进出口直径为 100 mm。

项目建成后，实现了以下效益：

(1)节水。减少了水分的下渗和蒸发，提高水分利用率，节水率达 50%左右。

(2)节肥。实现了平衡施肥和集中施肥，减少了肥料挥发和流失，以及养分过剩造成的损失，水肥一体化与传统技术施肥相比节省化肥 40%～50%。

(3)减轻病虫害发生，减少了农药投入，农药用量减少 15%～30%，节省劳动力 15～20 个。

(4)增加产量，改善品质，水肥一体化技术可促进作物产量提高和产品质量的改善，增产 17%～28%。

项目小结

本项目的重点是喷灌和微灌系统的类型及特点，喷灌、微灌系统的选择，喷灌、微灌工程规划设计参数的确定，喷灌、微灌工程规划和设计。

思考与练习

一、思考题

1. 什么是喷灌？简述喷灌的优点和缺点。

2. 喷灌系统由哪些部分组成？

3. 喷灌有哪三个技术要素？喷灌设计时对三者各有什么要求？

4. 简述管道式喷灌系统干、支管的布置原则。

5. 喷头是如何分类的？喷头的主要几何参数和工作参数有哪些？

6. 选择喷头时应考虑哪些因素？

7. 喷头组合形式有哪几种？设计时如何选择喷头的组合形式？

8. 如何确定喷头的组合间距？

9. 如何计算喷灌灌水定额、灌水时间和喷灌周期？

10. 如何确定管道式喷灌系统干、支管内径？

11. 如何计算管道式喷灌系统水泵的设计流量和扬程？

二、练习题

半固定式喷灌工程设计。项目区水源基本情况为：新打机井做灌溉水源，区内机井动水位为 14～18 m，设计机井出水量为 32 m^3/h，井灌工程面积为 108 hm^2。项目区作物种植以花卉苗木为主，作物日蒸发蒸腾量 ET 为 4.5 mm/d。区内土壤为中壤土，计划湿润层深度为 40 cm，田间持水率 $\beta_{田}=25\%$，土壤密度为 1.45 g/cm^3，最大冻土层深度为 0.5～0.8 m，区内高低压线路及电力配套设施齐全，可以满足发展半固定式喷灌工程需求。

要求：1. 确定井灌区面积；

2. 进行单井喷灌系统设计。

参 考 文 献

[1]蔡焕杰，胡笑涛．灌溉排水工程学[M].3版．北京：中国农业出版社，2020.
[2]徐瑛丽，陈瑾．灌溉与排水工程技术[M].北京：中国水利水电出版社，2021.
[3]张孟希，刘娟，刘贵书．灌溉与排水工程技术[M].郑州：黄河水利出版社，2017.
[4]郭旭新，要永在．灌溉排水工程技术[M].3版．郑州：黄河水利出版社，2020.
[5]刘宏丽，佟强．灌溉排水工程技术[M].北京：中国水利水电出版社，2022.
[6]朱士江．灌溉排水工程学概论[M].北京：中国水利水电出版社，2021.
[7]王运圣．节水灌溉和控制技术研究[M].北京：中国农业科学技术出版社，2017.
[8]中华人民共和国住房和城乡建设部．GB 50288—2018 灌溉与排水工程设计标准[S].北京：中国计划出版社，2018.
[9]生态环境部，国家市场监督管理总局．GB 5084—2021 农田灌溉水质标准[S].北京：中国标准出版社，2021.
[10]生态环境部，国家市场监督管理总局．GB/T 50085—2007 喷灌工程技术规范[S].北京：中国标准出版社，2007.
[11]中华人民共和国住房和城乡建设部．GB/T 50485—2020 微灌工程技术标准[S].北京：中国计划出版社，2020.